中等职业教育电类专业规划教材

传感器技术及应用

姚锡禄　于　磊　主编

中国铁道出版社有限公司
CHINA RAILWAY PUBLISHING HOUSE CO., LTD.

内 容 简 介

本书以工农业生产和环境保护中的“检测”为主线，采用项目教学形式编写，项目的选取更贴近生产实际中最常规和最关键的检测内容。本书立足技能培养，突出应用、淡化理论、深入浅出、图文并茂，选取了大量应用实例，帮助学生理解和掌握传感器技术。全书共分 8 个项目：认识传感器与了解测量技术、力和压力测量、温度测量、物体接近检测、气体及湿度检测、位移测量、磁性检测和速度测量，每个项目后面均设计了部分思考练习题，帮助学生巩固知识。

本书适合作为中等职业学校电气类、机电类和机械工程类专业的教材，也可作为相关行业的培训用书。

图书在版编目（CIP）数据

传感器技术及应用/姚锡禄，于磊主编. — 北京：
中国铁道出版社，2012.4 (2020.7 重印)
中等职业教育电类专业规划教材
ISBN 978-7-113-14037-3

Ⅰ. ①传… Ⅱ. ①姚… ②于… Ⅲ. ①传感器－中等专业学校－教材 Ⅳ. ①TP212

中国版本图书馆 CIP 数据核字（2011）第 262401 号

书　　名：传感器技术及应用
作　　者：姚锡禄　于　磊

策　　划：周　欢　赵红梅　　　**读者热线：**(010) 83527746
责任编辑：赵红梅　鲍　闻
编辑助理：卢　昕
封面设计：付　巍
封面制作：白　雪
责任印制：樊启鹏

出版发行：中国铁道出版社有限公司（100054，北京市西城区右安门西街 8 号）
网　　址：http://www.tdpress.com/51eds/
印　　刷：三河市宏盛印务有限公司
版　　次：2012 年 4 月第 1 版　　2020 年 7 月第 4 次印刷
开　　本：787mm×1092mm　1/16　**印张：**10.5　**字数：**251 千
印　　数：4 001~5 000 册
书　　号：ISBN 978-7-113-14037-3
定　　价：26.00 元

出 版 说 明

为贯彻《国务院关于大力发展职业教育的决定》（国发[2005]35 号）精神，落实《教育部关于进一步深化中等职业教育教学改革的若干意见》（教职成[2008]8 号）关于“加强中等职业教育教材建设，保证教学资源基本质量”的要求，确保新一轮中等职业教育教学改革顺利进行，全面提高教育教学质量，保证高质量教材进课堂，我们遵循职业教育的发展特色，本着“依靠专家、研究先行、服务为本、打造精品”的出版理念，经过专家的行业分析及充分的市场调查，决定开发本系列教材。

本系列教材涵盖中等职业教育电类公共基础课及机电技术应用、电子技术应用、电子与信息技术、电子电器应用与维修、电气运行与控制、电气技术应用、电机电器制造与维修等专业的核心课程教材。我们邀请工业与信息产业职业教育教学指导委员会和全国机械职业教育教学指导委员会的专家及中国职业技术教育学会教学工作委员会的专家，依据教育部新的教改思想，共同研讨开发专业教学指导方案，并请知名专家教授、教学名师、学术带头人及“双师型”优秀教师参与编写，教材体例和教材内容与专业培养目标相适应，且具有如下鲜明的特色：

（1）按照职业岗位的能力要求，采用基础平台加专门化方向的课程结构，设置专业技能课程。公共基础课程和专业核心课程相得益彰，使学生快速掌握基础知识和实践技能。

（2）紧密联系生产劳动和社会实践，突出应用性和实践性，并与相关职业资格考核要求相结合，注重培养“双证书”技能人才。

（3）采用“理实一体化”、“任务引领”、“项目驱动”、“案例驱动”等多种教材编写体例，努力呈现图文并茂的教材形式，贯彻“做中学、做中教”的教学理念。

（4）强大的行业专家、职业教育专家、一线的教师队伍，特别是“双师型”教师的加入，为教材的研发、编写奠定了坚实的基础，使本系列教材全面符合中等职业教育的培养目标，具有很高的权威性。

（5）立体化教材开发方案，将主教材、配套素材光盘、电子课件等资源有机结合，具有网上下载习题及参考答案、考核认证等优势资源，有力地提高教学服务水平。

优质教材是职业教育重要的组成部分，是广大职业学校学生汲取知识的源泉。建设高质量符合职业教育特色的教材，是促进职业教育高效发展、为社会培养大量技能型人才的重要保障。我们相信，本系列教材的出版对于中等职业教育的教学改革与发展将起到积极的推动作用，同时希望更多的专家和一线教师加入到我们的研发和创作团队中来，为更好地服务于职业教育，奉献更多的精品教材而努力。

中国铁道出版社

前　言

当前，人类已经进入科学技术飞速发展的信息化时代，而信息的采集、交换和利用都要依赖各种各样、形形色色的传感器。传感器技术被誉为信息技术的三大支柱之一，显而易见，此技术在现代科学技术领域中占有极其重要的地位。任何一个自动化生产或控制系统中，所使用传感器的种类和数目都是相当庞大的。因此，了解、掌握和应用传感器成为对各层次工程技术人员的基本要求。尤其是对电气运行与控制、机电技术应用、自动控制、自动化仪表等专业来说，更应该是一门必修课。

本书是根据 2010 年教育部颁布的《中等职业学校专业目录》中上述相关专业所要求的相关课程内容而编写的一本教材，力求内容新颖、形式灵活、叙述简练。由于传感器的种类繁多，所涉及的知识领域非常广泛，为了便于学生理解，本书以“检测”为主线，所选择的传感器都是目前应用最广泛且技术成熟的传感器装置，采用“项目教学法”模式，力争实现“项目”引领、“任务”推动、促进教学质量的提高。本教材淡化理论，突出实践应用，通过讲解传感器应用实例和一些“做一做”的活动，培养学生实际操控常用传感器的能力。

本书共有 8 个项目：认识传感器与了解测量技术、力和压力测量、温度测量、物体接近检测、气体及湿度的检测、位移测量、磁性检测和速度测量。课程总学时建议为 60 学时，打*号的为选学内容，可酌情处理。

本书主编是天津市第一轻工业学校的姚锡禄和天津市劳动保护学校的于磊，参编人员有：天津市第一轻工业学校的曹继宗、天津劳动保护学校的刘薇、大连轻工业学校的张吉林。其中姚锡禄编写了项目 1、项目 2；张吉林编写了项目 3；于磊编写了项目 4、项目 6；曹继宗编写了项目 5；刘薇编写了项目 7、项目 8。最后由姚锡禄统稿。本书特聘天津科技大学自动化学院院长杨世凤教授审阅。另外，李志刚、张文辉、李文艳、朱世晶、董学彤等同志在资料整理、绘图等方面做了大量工作。在此一并表示衷心的感谢！

项目教学是一种新的教学模式，如何搞得更好，仍有待于探索，另外传感器技术发展迅猛，限于编者的学识与能力，肯定有很多不足之处，恳请广大读者批评指正。

编　者

2011 年 12 月

目　录

目 录

项目 1　认识传感器与了解测量技术

项目描述：

通过对传感器定义、特点、作用、组成等相关基本知识的介绍，使读者了解传感器的地位、作用及发展方向，并主要讲述了测量技术的基本知识、测量误差的基本概念及相关的计算。

学习目标：

（1）理解传感器的定义；

（2）熟悉传感器的基本组成；

（3）了解传感器的分类和发展方向；

（4）熟悉测量误差及相关概念；

（5）掌握测量结果的数据处理。

技能目标：

学会观察和辨识机电设备、自动化生产线及其他设备中的传感器。

任务 1　认识传感器

看一看：观察一下，在生活和学习实践中使用了哪些传感器？图 1–1 所示为数字体温表，图 1–2 所示为电子秤。

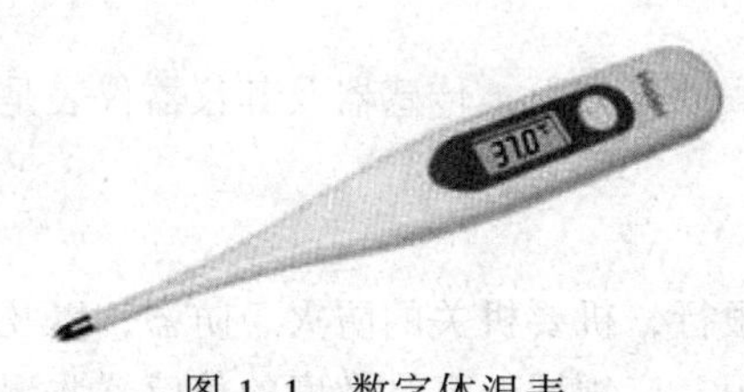

图 1–1　数字体温表

图 1–2　电子秤

知识链接

1．传感器的地位与作用

现在我们所处的是一个信息时代，信息技术主宰着社会生产。以信息为中心的技术革命通过信息链影响着整个社会。信息链由信息获取，信息处理和信息传输三个环节组成，被称为信息技术的三大支柱，即信息获取科学与技术、计算机科学与技术和通信与网络技术。其中信息获取科学与技术是源头、是关键、是基础。传感器是获取信息的工具，传感器技术是信息获取的核心技术之一。

无论是来自工业生产过程或是来自自然界的物质信息都要通过传感器进行采集才能获取，人们曾将一个自动化生产系统类比于一个人的生产活动，图 1-3 所示为人与生产系统各部分的对应关系。

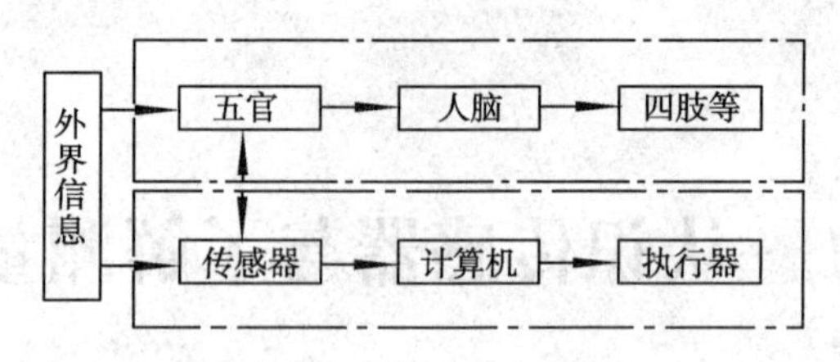

图 1-3　人机对应关系

传感器相当于人的五官，计算机（控制器）相当于人的大脑，而执行器机械运动部分相当于人的四肢。尽管当前传感器并不完善，但是传感器的耐高温、耐高湿的能力以及高精度，超细微等方面的特点远远超过了人的感觉器官。

当前，传感器的种类不下两万种，海、陆、空，衣、食、住、行，无处不在，其作用如下：

1）工业生产的倍增器

通常一部高级轿车需要 200～300 个传感器；一架飞机需要大约 3 600 个传感器，一个发电站需要近万个传感器；一个钢厂需要 2 万多个传感器……。正是由于以传感器为前端的测量仪器系统保证了各类工业生产的稳定，产品的质量和效率，从而才有巨额的产值、效益与市场的倍增。而这些传感器测量系统仅占企业固定资产中很少的一部分（约 10%～15%），运行时的损耗也很小，因此它们对于工业生产具有“四两拨千斤”的拉动作用。

2）科学研究的“先行官”

人类对自然界、宇宙空间一切的科学探索都离不开传感器及其仪器仪表的测量系统，都是借助于先进的仪器才能获得重大的科学发现。

3）军事上的“战斗力”

现代武器装备几乎都是配备了相关的控测传感器及其控制仪器仪表，例如激光测距、激光制导等。

4）确认证据的“物化法官”

在产品质检、环境污染检测、识别指纹、假钞等方面，传感器及其仪器仪表是确认证据的科学依据。

5）安全的屏障

在煤矿瓦斯监测，化工生产的安全预警，银行，机要机关的防火、防盗，以及森林防火，国家领空、领海和边界安全等方面均采用大面积、广领域、高灵敏度的传感器监测系统。

2．传感器的定义与组成

国家标准（GB/T 7665—2005《传感器通用术语》）中关于传感器的定义为：能感受规定的被测量并按一定的规律转换成可用的输出信号的器件或装置。

传感器的定义所表达的内涵和特点包括以下几点：

① 传感器是一种以测量为目的的器件或装置，所测量的是各种各样的物理量、化学量、生物量及自然界中一切可感知的量。

② 一个指定的传感器只能感受和响应规定的被测量，且对规定的被测量具有最大的灵敏度和最好的选择性，例如，我们希望一只测量压力的传感器，工作中不受环境温度变化的影响。

③ 传感器的输出信号为“可用信号”，当前最常见，最方便实用的就是电信号。

④ “按一定的规律转换”就是要求传感器的输入与输出要有一定的对应关系和转换精度。

综上所述，传感器可以简述为：把被测的各种非电量转换成电量的器件或装置。

传感器一般由敏感元件、转换元件和测量电路三部分组成，其结构框图如图 1-4 所示。

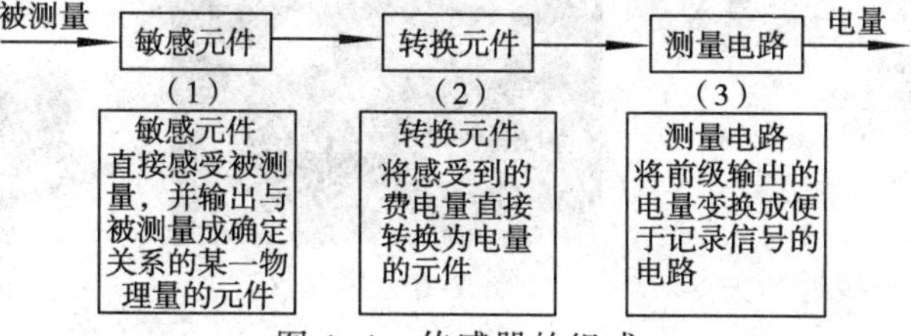

图 1-4　传感器的组成

当前，已开发出来的传感器种类繁多，有些传感器很简单，有些则较为复杂，大多数是开环系统。最简单的传感器由一个敏感元件（兼转换元件）组成，它感受被测量时直接输出电量，如热电偶传感器。有些传感器由敏感元件和转换元件组成，没有测量电路，如压电式加速度传感器。有些传感器转换元件不止一个，须经过若干次转换。需要指出的是，并非所有的传感器都是由敏感元件、转换元件依次组成，如热敏电阻，光电器件等，是直接转换而无敏感元件；另外一些传感器则是其敏感元件和转换元件合二为一，如固态压阻式压力传感器等。测量电路的类型视转换元件的分类而定，经常采用的有桥式电路、高阻输入电路、脉冲调宽电路等。

3．传感器的分类

传感器技术是一门知识密集型技术。传感器的原理各种各样，它与许多基础学科有关，分类方法也很多，目前广泛采用的分类方法如表 1-1 所示。

表 1-1　传感器的分类

分类方法	传感器种类	说明
按输入量	位移传感器、速度传感器、温度传感器、压力传感器等	传感器以被测物理量命名
按工作原理	应变式传感器、电容式传感器、电感式传感器、压电式传感器、热电式传感器等	传感器以工作原理命名
按物理现象	结构型传感器	传感器依赖其结构参数变化实现信息转换
	物性型传感器	传感器依赖其敏感元件物理特性的变化实现信息转换
按能量关系	能量转换型传感器	直接将被测量的能量转化为输出量的能量
	能量控制型传感器	由外部供给传感器能量，而由被测量来控制输出的能量
按输出信号	模拟式	输出为模拟式
	数字式	输出为数字式

4．认识常用传感器

观察： 观察一些常用的传感器外形，了解敏感元件的位置、输入端、输出端，观察生活中存在哪些带有传感器的设备或电器（可以采用电化教学手段）。

操作： 从工业控制设备的技术资料或家用电器的说明中搜寻传感器使用的相关知识。例如图 1-5 所示为工业用各类接近开关；图 1-6 所示为测温的红外热像仪；图 1-7 所示为称重车。

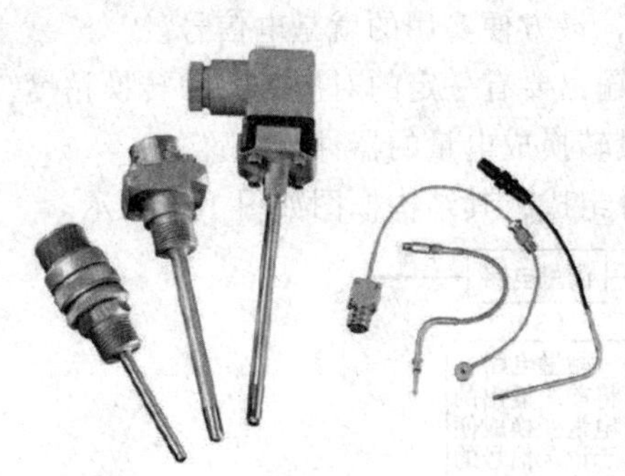

图 1-5　工业用各类接近开关

图 1-6　热像仪

图 1-7　称重车

任务 2　了解测量及误差

知识链接

1．测量

在传感器技术中，测量是人们应用传感器，通过一定的技术手段和方法，对被测对象收集信息，取得数量概念的过程。它是一个比较过程，即将被测量与和它同性质的标准量进行比较，从而获得被测量准确的数量概念。

测量的结果可以是一个数字量，也可以是一个模拟量，如某种连续的图线，无论其形式如何，测量的结果总应包括两部分：即大小（包括正负）和相应的单位。测量结果不注明单位，其结果没有任何意义。

测量是一个过程，包括比较、平衡、校正误差和显示结果，其核心是比较，有时还必须进行一定的变换，因为能够直接给出定量概念的被测量并不多，绝大多数的被测量都要变换为某一个中间变量，然后才能给出定量的概念。例如，人的感官对温度只能给出定性的冷暖感觉，而要得到定量的概念，则需要利用物质热胀冷缩的原理，把温度变换为中间变量，如酒精或汞柱的长度，然后进行比较和测量。因此变换是实现测量的必要手段。

测量的目的就是求取被测量的真值。但是由于种种客观因素，真值往往无法获得。因此任何测量总是存在误差，随着科学技术的发展，当我们每一次都使用更先进的仪器和方法进行测量时，就是逐步在减少误差，并逼近真值的过程。

2．测量误差及分类

造成测量误差的原因是多方面的，表示误差的方法也是多种多样，在测量中由不同因素产生的误差，是混合在一起同时出现的，为了便于分析和研究误差的性质、特点、和消除方法，有必要对各种误差进行分类。

1）按表示方法分类

误差可以用绝对误差和相对误差来表示。

（1）绝对误差

Δ 表示绝对误差，它是指某一物理量的测量值 A_x 与真值 A_0 之间的差值，即 $\Delta=A_x-A_0$。

确切的真值无法求得，所以常用基准器的量值代表真值，称为“约定真值”，为了使用方便，大多数情况下，将“约定真值”称为“真值”。绝对误差是有量纲的。

（2）相对误差

有的误差不足以反映测量值偏离真值的程度，为了说明测量精确度的高低，引入了相对误差这一概念。相对误差常用百分比的形式来表示，一般多取正值。相对误差有以下几种：

① 实际相对误差 γ_A：实际相对误差 γ_A 是用绝对误差 Δ 与真值 A_0 的百分比值来表示，即

$$\gamma_A = \frac{\Delta}{A_0} \times 100\% \tag{1-2}$$

② 示值（标称）相对误差 γ_X：示值相对误差 γ_X 是用绝对误差 Δ 与测量仪器示值 A_X 的百分比值来表示，即

$$\gamma_X = \frac{\Delta}{A_X} \times 100\% \tag{1-3}$$

③ 满度（引用）相对误差 γ_m：满度（引用）相对误差 γ_m 是用绝对误差 Δ 与仪器满度值 A_m 的百分比来表示，即

$$\gamma_m = \frac{\Delta}{A_m} \times 100\% \tag{1-4}$$

在上式中，当 Δ 取最大值 Δ_m 时，若仪表的下限为零（$A_{min}=0$），满度相对误差 γ_m 常用来确定仪表的精度等级 S，即

$$S = \left|\frac{\Delta_m}{A_m}\right| \times 100 \tag{1-5}$$

若仪表的下限不为零（$A_{min} \neq 0$）则有

$$S = \left|\frac{\Delta_m}{A_{max} - A_{min}}\right| \times 100 \tag{1-6}$$

其中 A_{max} 和 A_{min} 分别置仪表刻盘上的上限和下限。

精度等级 S 规定取一系列标准值。在我国电工仪表中常用的精度等级有以下七种：0.1，0.2，0.5，1.0，1.5，2.5，5.0。仪表的精度从仪表面板上的标志就可以判断出来。通常可以根据精度等级 S 以及仪表的测量范围，推算出该仪表在测量过程中可能出现的最大绝对误差 Δ_m，从而正确选择适合测量要求的仪表。

【例 1】现有 0.5 级的 0～400℃的和 1.5 级的 0～100℃的两个温度计，要测量约 50℃的温度，应采用哪一个温度计较好？

解：当用 0.5 级的温度计测量时，可能出现的最大示值相对误差为

$$\gamma_{x1} = \frac{\Delta_{m1}}{A_x} \times 100\% = \frac{400 \times 0.5\%}{50} \times 100\% = 4\%$$

$$\gamma_{x2} = \frac{\Delta_{m2}}{A_x} \times 100\% = \frac{100 \times 1.5\%}{50} \times 100\% = 3\%$$

经计算可知，使用 1.5 级的温度计测量时，其示值相对误差比使用 0.5 级的温度计测量时的示值相对误差小，因此更为合适。

由此可知，在选用仪表时，应兼顾精度等级和量程。根据经验，通常希望示值落在仪表满度值的 2/3 处附近，效果最好。

2）按误差的性质分类

① 系统误差：在相同测量条件下多次测量同一物理量，测量误差的大小和符号保持恒定或按某一确定规律变化，此类误差称为系统误差。误差的特征是：具有一定规律性，其产生的

原因具有一定的可知性。可以通过调整仪器部件，实验或引入修正值的方法予以修正。

② 随机误差：在相同测量条件下多次测量同一物理量，其误差没有固定的大小和符号，呈无规律的随机变化，此类误差称为随机误差。由于随机误差具有偶然性，在测量过程中很难消除，但是随机误差在多次重复测量中服从统计规律，在一定条件下，可以用增加测量次数，测量结果采用算术平均值的方法加以控制。

③ 粗大误差（过失误差）：明显偏离约定真值的误差称为粗大误差。这是由于测量者在测量过程中方法不当，或读错，记错数据所引起的误差，大多数是人为的因素。只要操作者精神集中，态度认真，操作正确，这种误差完全可以避免。

表 1–2 中综合归纳了三种误差的比较。

表 1-2　三种误差比较

误差种类	产生原因	表现特征	解决方法
系统误差	测量设备的缺陷或环境干扰	误差值恒定或按一定规律变化	调整测量设备或引入修正值
随机误差	大量的偶然因素	误差值不定，不可预测	多次测量，结果取算术平均值
过失误差	人为因素	测量值明显偏离真值	正确操作，避免错误

小知识——传感器和仪表精度

精度可细分为精密度、准确度和精确度。

精密度：表示一组测量值的偏离程度，即多次测量时，表示测得值重复性的高低。如果多次测量的值都很接近，则说明随机误差小，称为精密度高。精密度是与随机误差相联系的。

准确度：表示一组测量值与真值的接近程度。测量值与真值越接近，系统误差越小，其准确度越高。准确度是与系统误差相联系的。

精确度：它反应系统误差与随机误差合成大小的程度。在实验测量中，精密度高的，准确度不一定高；准确度高的，精密度不一定高；但精确度高的，则精密度和准确度都高。

3．认识常用电工仪表的精度

准备出若干块各类电工仪表，教会学生能识别精度标志，并能读出精度等级，如图 1–8～图 1–10 所示。

图 1–8　电流表

图 1–9　电压表

图 1–10　功率因数表

思考与练习

1.填空题

（1）传感器通常由__________、__________、__________。

（2）被称为信息技术的三大支柱是__________、__________和__________。其中__________是源头，是关键，是基础。

（3）传感器是__________的工具，传感器技术是__________的核心技术之一。

（4）传感器是一种________为目的的器件或装置，所测量的是各种各样的________、________、________及自然界中一切可感知的量。

（5）在传感器技术中，测量是人们应用__________，通过一定的__________和方法，对被测对象__________，取得__________的过程。

（6）测量的目的就是求取被测量的__________。但是由于种种客观因素__________往往无法获得，因此任何测量总是存在__________。

2.选择题（将唯一正确答案的序号填入括号内）

（1）（　　）是指传感器中能感受被测量的部分。

A. 转换元件　　B. 敏感元件　　C. 测量电路

（2）被测量信息经采集，转换后其输出信仍很微弱，需要将其放大或转换容易传输、处理、记录和显示的形式。完成这一功能的部分称为（　　）。

A. 转换元件　　B. 敏感元件　　C. 测量电路

（3）无论哪一种形式的测量，测量的结果总应包含两部分，即（　　）。

A. 大小和单位　　B. 数字量和模拟量　　C. 数值和误差

（4）当Δ取最大值Δ_m时，仪表的下限为零，（　　）常用来确定仪表的精度等级。

A. 示值相对误差　　B. 实际相对误差　　C. 满度相对误差

（5）（　　）可以通过实验或引入修正值方法予以修正。

A. 随机误差　　B. 系统误差　　C. 粗大误差

（6）在相同测量条件下多次测量同一物理量，其误差没有固定的大小和符号，呈无规律地变化，称为（　　）。

A. 随机误差　　B. 系统误差　　C. 粗大误差

3．简答题

（1）简述传感器的作用。

（2）从传感器的定义中可以悟出传感器实质是一种什么装置？

（3）测量是一个什么过程？包括哪些环节？

（4）简述一下误差的种类。

4．计算题

（1）有一台测温仪表，测量范围分别为-200～+800℃，精度为 0.5 级。现用它测量 500℃的温度，求仪表引起的绝对误差和实际相对误差。

（2）现有一个 1.5 级的万用表，测量电压的量程有 10 V 和 15 V 两挡，要测 8 V 电压，应选哪个量程，为什么？

（3）有三台测温仪表量程均为 600℃，精度等级分别为 2.5 级，2 级和 1.5 级，现测温度为 500℃的物体，允许相对误差不超过 2.5%，问选哪一台最合适（从精度和经济性综合考虑）？

项目 2　力和压力测量

项目描述：

力是物理基本量之一，测量各种动态、静态力的大小是十分重要的。在广泛的测量力的实践中，往往还包括对力矩、应力的测量及称重。压力的测量一般是指对各种流体压力的测量，在生产过程中，压力测量与调节控制系统的应用十分广泛。

力的测量需要通过力传感器间接完成，力传感器是将各种力学量转换为电信号的器件。力传感器有许多种，从力–电变换原理来看有电阻式、电感式、电容式、压点式、压磁式和压阻式等。其中大多需要弹性敏感元件或其他敏感元件的转换。本项目通过学习应变片式、压阻式、电容式和压电式传感器的结构、工作原理及测量力和压力的方法，使读者掌握使用这些传感器，在不同条件下，正确的测量方法，通过应用实例和一些制作活动，使读者产生兴趣并获得锻炼。

知识目标：

（1）熟悉几种典型的、具有代表性的力传感器的工作原理及应用；

（2）了解电阻应变片的应用及测量电路；

（3）了解压电材料的主要特性。

技能目标：

（1）掌握电阻应变片传感器的测量方法；

（2）掌握电容传感器在实际中的应用条件及测量方法；

（3）掌握压电式传感器的测量方法。

任务 1　认识弹性敏感元件

知识链接

1．简述

大多数力传感器的测量结构如图 2–1 所示。

图 2–1　力传感器的测量示意图

弹性敏感元件是最常用、非常重要的力敏感元件。弹性敏感元件是一种在力的作用下产生形变，当外力去掉后又能完全恢复其原来状态的元件。要求具有良好的弹性、足够的精度以及良好的稳定性和抗腐蚀性。常用的材料有特种钢等。

弹性敏感元件在传感器中把力、压力、力矩、振动等被测参量转换成应变量或位移量，然后再通过各种转换元件把应变量或位移量转换成电量。弹性敏感元件的基本特性包括刚度、灵敏度等。刚度是弹性敏感元件在外力作用下变形大小的量度，一般用 K 表示为

$$K = \frac{\Delta F}{\Delta x} \tag{2-1}$$

式中：F 为作用在弹性元件上的外力；x 为弹性元件产生的变形。

灵敏度是指弹性敏感元件在单位力作用下产生变形的大小，在力学中称为弹性元件的柔度。它是刚度的倒数，用 k 表示为

$$k = \frac{\Delta x}{\Delta F} \tag{2-2}$$

弹性敏感元件的动态特性与它的固有频率 f_0（或固有振动角频率 ω_0）有很大的关系，其固有振动角频率 ω_0 为

$$\omega_0 = \sqrt{\frac{K}{m}} \tag{2-3}$$

式中：K 为刚度；m 为元件的质量。

在工作中，传感器的工作频率应避开弹性敏感元件的固有频率 f_0，往往希望 f_0 高一些。

弹性敏感元件在工作过程中还存在分子间的摩擦，所以还存在弹性滞后和弹性后效应问题，在精微测量中有一定的影响。

2．弹性敏感元件的分类

弹性敏感元件在形式上可分为两大类，即将力转化为应变或位移的变换力的弹性敏感元件和将压力转换为应变或位移的变换压力的弹性敏感元件。

1）变换力的弹性敏感元件

此类元件大都采用等截面柱式、圆环式、等截面薄板、悬臂梁等结构，如图 2-2 所示。

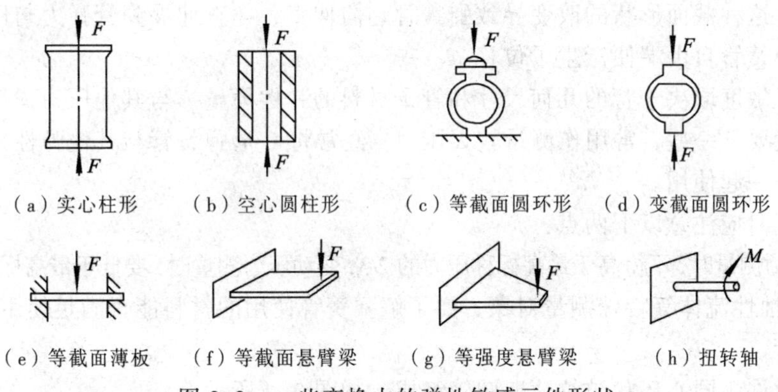

（a）实心柱形　（b）空心圆柱形　（c）等截面圆环形　（d）变截面圆环形

（e）等截面薄板　（f）等截面悬臂梁　（g）等强度悬臂梁　（h）扭转轴

图 2-2　一些变换力的弹性敏感元件形状

（1）等截面圆柱式

等截面圆柱式弹性敏感元件，根据截面形状可分为实心圆截面形状及空心圆截面形状等，如图 2-2（a）、图 2-2（b）所示，它们结构简单，承受载荷大，便于加工。实心圆柱形可测量大于 10 N 的力，空心圆形只能测量 1～10 N 的力。

（2）圆环式

圆环式元件比圆柱式元件输出的位移量大，具有较高的灵敏度，适用于测量较小的力。如图 2-2（c）、图 2-2（d）所示，但它的工艺性较差，加工精度很难达到要求。由于圆环式元

件各变形部位应力不均匀，采用应变片测力时，应将应变片贴在其应变最大的位置上。

（3）等截面薄板式

薄板式元件厚度小，故又称膜片，如图 2-2（e）所示，当膜片边缘固定，膜片的一面受力时，膜片产生弯曲变形，因而产生径向和切向应变。在应变处贴上应变片，就可以测出应变量，从而可测得作用力的大小。

（4）悬臂梁式

如图 2-2（f）所示，悬臂梁一端固定一端自由，结构简单、加工方便，应变和位移较大，适用于测量 1～5 kN 的力。

图 2-2（g）所示为变截面等强度悬臂梁，它的厚度相同，横截面不相等，沿梁长度方向任一点的应变都相等，便于贴应变片，也提高了精度。

（5）扭转轴

扭转轴是一个专门用来测量扭转的弹性元件，如图 2-2（h）所示，它利用扭转轴弹性体把扭矩变换为角位移，再把角位移转换为电信号输出。

2）变换压力的弹性敏感元件

这类弹性敏感元件常见的有弹簧管、波纹管、波纹膜片、膜盒和薄壁圆筒等，它可以把流体产生的压力变换成位移量输出。

（1）弹簧管

弹簧管又称布尔登管，它是弯成各种形状的空心管，但使用最多的是 C 形薄壁空心管，管子的截面形状有许多种，如图 2-3 所示。

C 形弹簧管的一端封闭但不固定，成为自由端，另一端连接在管接头上，且被固定。当流体压力通过管接头进入弹簧管后，在压力 F 的作用下，弹簧管的横截面力图变成圆形，截面的短轴力图伸长，这种截面形状的改变导致弹簧管趋向伸直，一直伸展到管弹力与压力作用相平衡为止，这样弹簧管自由端便产生了位移。

弹簧管的灵敏度取决于管的几何尺寸和管子材料的弹性模量。与其他压力弹性元件相比，弹簧管的灵敏度要低一些，常用作测量较大压力。经常将 C 形弹簧管与其他弹性元件组合成压力弹性敏感元件一起使用。

使用弹簧管时应注意以下两点：

① 静止压力测量时，不得高于最高标称压力的 2/3，变动压力测量时，要低于最高标称压力的 1/2。

② 对于腐蚀性流体等特殊测量对象，要了解弹簧管使用的材料能否满足使用要求。

（2）波纹管

波纹管是由许多同心环状皱纹薄壁圆管组成，如图 2-4 所示。

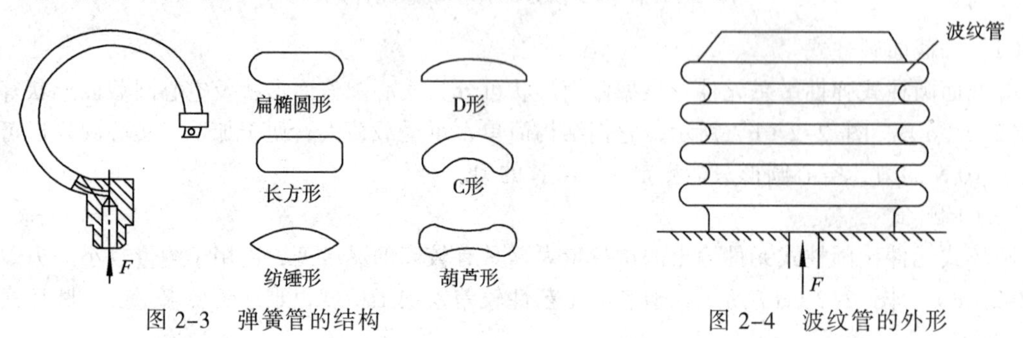

图 2-3 弹簧管的结构

图 2-4 波纹管的外形

波纹管的轴向在流体压力作用下极易变形，有较高的灵敏度。在形变允许范围内，管内压力与波纹管的伸缩力成正比，利用这一特性，可以将压力转换成位移量。

波纹管主要用作测量和控制压力的弹性敏感元件。由于其灵敏度高，在小压力和压差测量中使用较多。

（3）波纹膜片和膜盒

平膜片在压力或力作用下位移量最小，因而常把平膜片加工制成具有环状同心波纹的圆形薄膜，这就是波纹膜片。其波纹形状有正弦形、梯形和锯齿形，如图 2-5 所示，膜片的厚度在 0.05～0.3 mm 之间，波纹的高度在 0.7～1 mm 之间。

波纹膜片中心部分留有一个平面，可焊上一块金属，便于同其他部件连接，当膜片两面受到不同压力作用时，膜片将弯向压力低的一面，其中心部分产生位移。

为了增加位移量，可以把两个波纹膜片焊接在一起组成膜盒，它的挠度位移量是单个的两倍。

波纹膜片和膜盒多用做动态压力测量的弹性敏感元件。

（4）薄壁圆筒

薄壁圆筒弹性敏感元件的结构如图 2-6 所示，圆筒的壁厚一般小于圆筒直径的 1/20，当筒内腔受流体压力时，筒壁均匀受力，并均匀地向外扩张，所以在筒壁的轴线方向产生拉伸和应变。

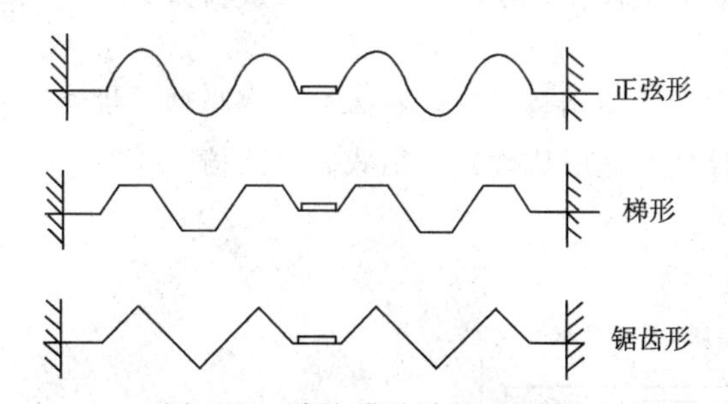

图 2-5　波纹膜片波纹的形状

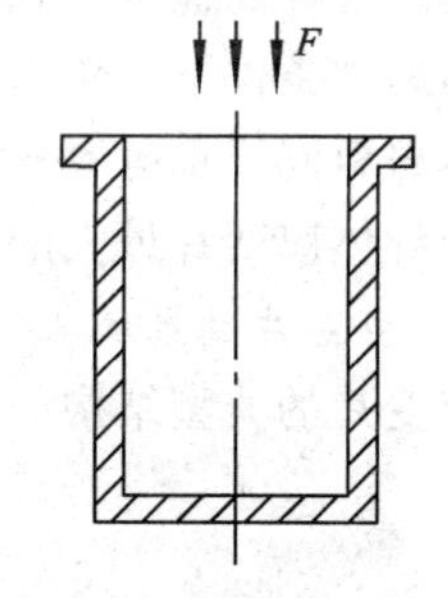

图 2-6　薄壁圆筒弹性敏感元件的结构

薄壁圆筒弹性敏感元件的灵敏度取决于圆筒的半径和壁厚，与圆筒长度无关。

技能与实训：观察弹性敏感元件，从外形上掌握弹性敏感元件的分类。

任务 2　使用电阻应变片式传感器测量力

做一做：验证应变效应。

取一段细电阻丝，用一台精度较高的数字电阻表（分辨率为 1/2 000 以上），测量其初始值，然后将电阻丝均匀拉长（勿断），再测量其阻值，会发现电阻有所增加。

早在 1856 年，英国物理学家 W.Thomson 发现，金属导体在受外力作用时，会产生相应的应变，其阻值也随之变化，这种物理现象称为金属材料的电阻应变效应。

知识链接

1. 认识电阻应变片的结构

金属应变片是电阻或传感器的一种，它广泛用于测量力等非电信号，它的工作原理是基于电阻的应变效应。

1）应变片的分类

按电阻应变片敏感栅材料的不同，可分为金属应变片和半导体应变片两大类。图 2-7 所示为几种不同类型的电阻应变片。

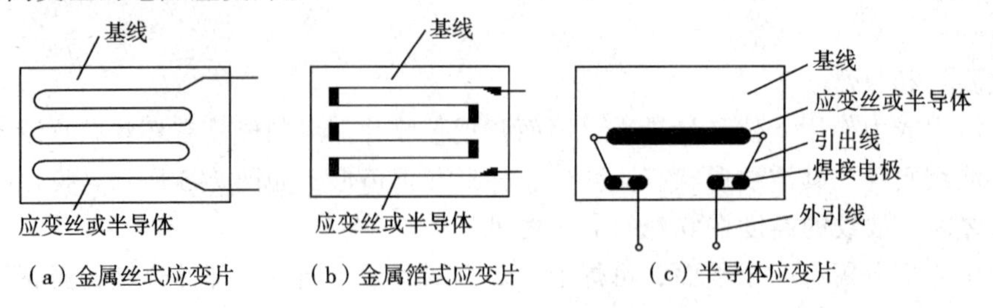

（a）金属丝式应变片　（b）金属箔式应变片　（c）半导体应变片

图 2-7　电阻丝应变片结构形式

金属应变片敏感栅形式有丝式、箔式、薄膜式等。金属丝式应变片是最早应用的品种。现在这类金属应变片逐渐被性能更好的金属箔式应变片所代替。

箔式应变片的优点：箔栅尺寸精确，因而阻值一致性好，便于批量生产，箔栅形状可根据需要而设计，扩大了使用范围；箔栅表面积大，可以在较大电流下工作；输出信号大，有利于提高测量精度；其缺点是不适于高温环境下工作。

薄膜式应变片的优点：允许在大电流密度下工作，工作温度范围宽，从-197～+317℃。可在核辐射等恶劣条件下工作。

半导体材料同样也有应变效应，半导体应变片应用较普遍的有体型、薄膜型、扩散型和外延型等。半导体应变片最大的优势是灵敏度较高，一般比丝式、箔式高十几倍。

2）电阻应变片的结构

电阻应变片的典型结构如图 2-8 所示。

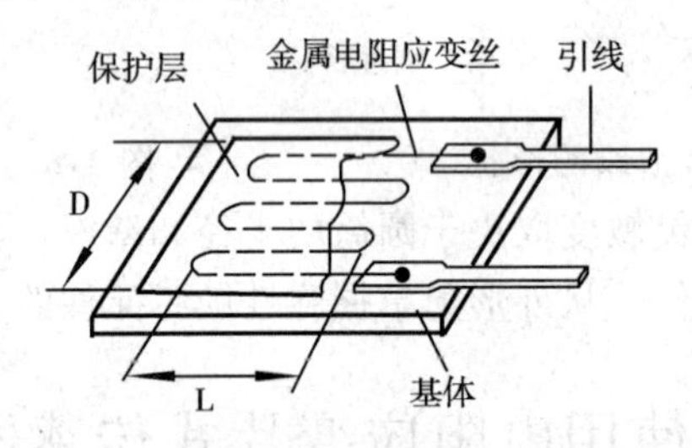

图 2-8　金属电阻应变片的结构

合金电阻丝以曲折形状（栅形），用黏接剂粘贴在绝缘基片上，两端通过引线引出，丝栅上面再粘贴一层绝缘保护膜。把应变片粘贴于所需测量变形物体表面，敏感栅随被测体表面变形而使电阻值改变，从而感知形变的大小。

3）电阻应变片的测量电路

电阻应变片的电阻应变 $\varepsilon_R=\Delta R/R$ 与电阻应变片的纵向应变 ε_X 的关系在很大范围内是线性的，即

$$\varepsilon_R=\frac{\Delta R}{R}=K\varepsilon_X \qquad (3-4)$$

式中：$\Delta R/R$——电阻应变片的电阻应变；K——电阻丝的灵敏度。

为了把应变片电阻的微小变化测量出来，需要用转换电路将电阻应变片电阻值的变化转

换为电压或电流的变化，再由仪表显示数据，工程中通常用桥式电路作为电阻应变片的测量电路。

按照电桥的电源性质不同，桥式电路可分为直流电桥和交流电桥，一般多采用直流电桥。电桥电路如图 2-9 所示。

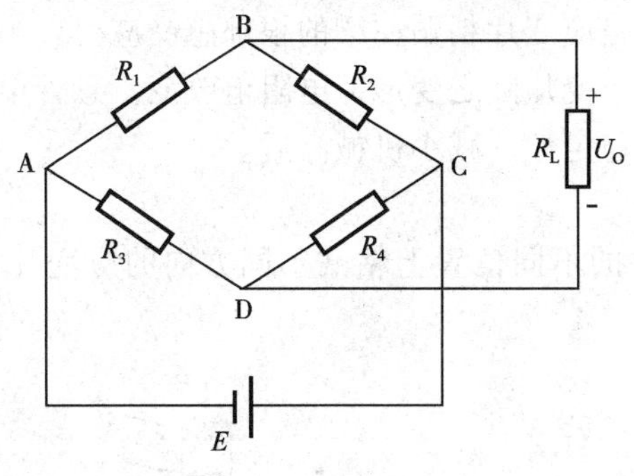

图 2-9　直流电桥

图中 E 为电源电压，R_1、R_2、R_3、R_4 为桥臂电阻，R_L 为负载电阻。当 $R_L \to \infty$ 时，电桥输出电压为

$$U_O = E\left(\frac{R_1}{R_1+R_2} - \frac{R_3}{R_3+R_4}\right) \tag{2-5}$$

当电桥平衡时，U_O=0 则有 $R_1R_4=R_2R_3$，或 $\frac{R_1}{R_2}=\frac{R_3}{R_4}$ 即电桥平衡，其相邻两臂电阻的比值应相等。

当初始 $R_1=R_2=R_3=R_4$ 时，电桥的输出电压 $U_O = \frac{E}{4}\cdot\frac{\Delta R_1}{R_1}$ 即某一桥臂电阻相对变化量为 $\Delta R/R_1$ 时，则电桥的输出电压与 $\frac{\Delta R_1}{R_1}$ 成正比，与各桥臂电阻的阻值大小无关。

2．电阻应变片式传感器组件

1）筒式压力传感器

传感器的弹性元件如图 2-10 所示。

应变管的一端为盲孔，另一端为法兰盘，与被测系统连接。当被测压力与应变管的内腔相通时，应变管部分产生应变，在薄壁筒上的应变片产生形变，使测量电桥失去平衡。这种压力传感器测量范围在 10^6～10^7Pa 或更高的范围。其结构简单、使用面宽，在测量火炮、火箭的动态压力方面得到广泛的应用。

2）膜片压力式传感器

用于测量气流体压力的膜片或压力传感器，如图 2-11 所示。

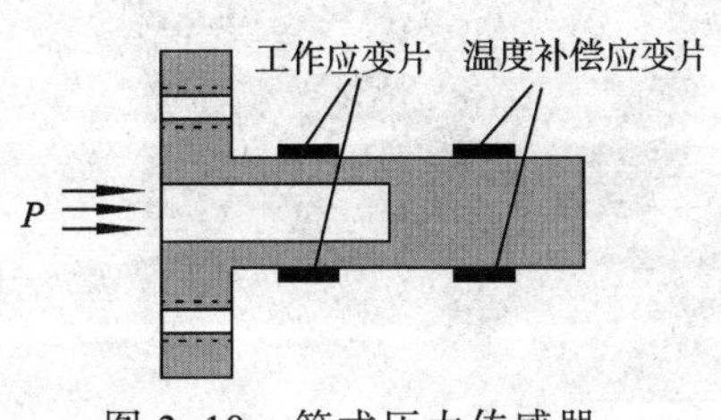

图 2-10　筒式压力传感器

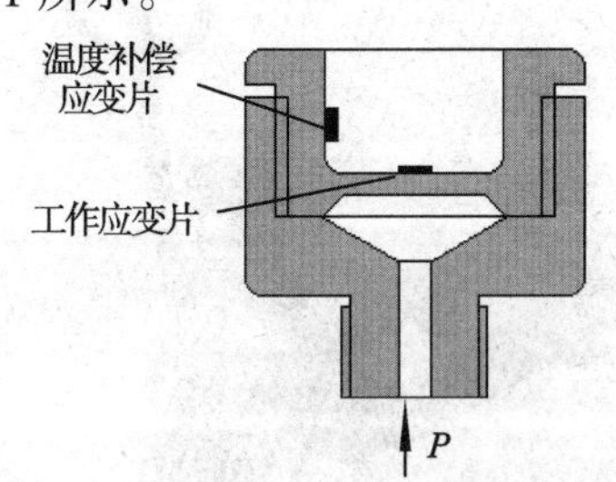

图 2-11　膜片压力式传感器

当流体的压力作用在弹性元件膜片的承压面上时，膜片变形，使粘贴在膜片另一面的电阻应变片随之产生形变，电阻值改变。这时测量电路中的电桥失去平衡，产生输出电压。

3）组合式压力传感器

组合式压力传感器用于测量较小压力，其结构如图 2-12 所示，由波纹膜片或膜盒，波纹管等弹性敏感元件构成。电阻应变片粘贴在梁的根部感受应变。当元件感受压力后，推动推杆使梁发生变形，从而使电阻应变片随之变形，电阻值改变。悬臂梁的刚性较大，用于组合式压力传感器，可以提高测量的稳定性，减小机械滞后。

4）力和转矩传感器

在不同的弹性敏感元件的不同位置上粘贴不同方向的应变片可以制成测量不同力和转矩的传感器，如图 2-13 所示。

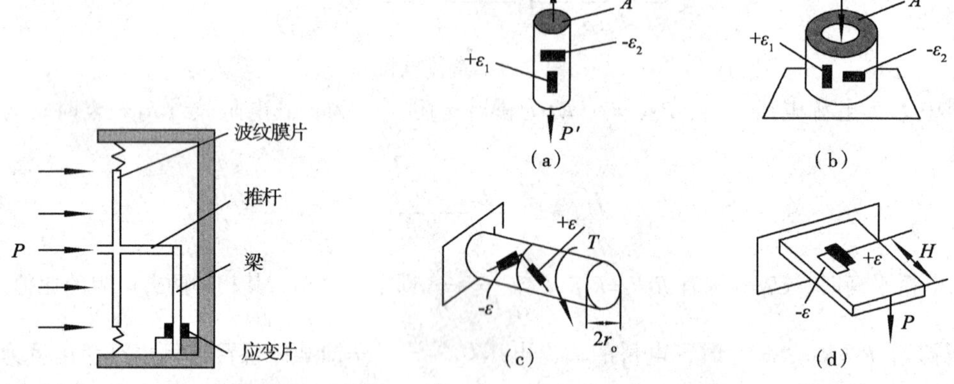

图 2-12　组合式压力传感器　　　　图 2-13　粘贴式应变片力和转矩传感器简图

拉伸应力作用下的细长杆和压缩应力作用下的短粗圆柱，如图 2-13（a）、（b）所示。测量时都可以在轴向布置一个或几个应变片，同时在圆周方向上布置同样数目的应变片，后者测量符号相反的横向应变，从而构成差动式。另一种弯曲梁和扭转轴上的应变片也可构成差动式，如图 2-13（c）、（d）所示。

实践应用

各类电子和数字显示的称重器其核心元件均是电阻应变片式传感器，下面图片显示了各类的称重装置，仓库中常用的称重车如图 2-14 所示，图 2-15 所示是汽车衡，通过转换电路和计算机处理，直接在显示屏上显示数据。

图 2-14　称重车

图 2-15　汽车衡

任务 3 使用压阻式传感器测量压力

固态压阻式传感器是利用硅的压阻效应和集成电路技术制成的新型传感器。它具有灵敏度高、动态响应快、测量精度高、稳定性好、工作温度范围宽、体积小、便于批量生产等特点，因此得到了广泛的应用。

知识链接

1．认识压阻式传感器结构

固态压阻式传感器是在一块硅片上集成了压敏电阻、补偿线路、信号转换电路以至数字微处理器，制成了智能型传感器，这是一种很有发展前途的传感器，其实物如图 2-16 所示。

图 2-16 固态压阻式传感器

2．压阻式传感器的工作原理

单晶硅受到了力作用后，其电阻率将随作用力而变化，这种物理现象称为压阻效应。半导体硅材料电阻的变化率 $\Delta R/R$ 主要由电阻率的变化 $\Delta\rho/\rho$ 引起，即取决于硅材料的压阻效应。在弹性形变限度内，硅的压阻效应是可逆的，即在应力作用下硅的电阻发生变化，而应力除去时，硅的电阻又恢复到原来的数值。硅的压阻效应因硅晶体的取向不同而不同。

固态压阻式传感器的核心是硅膜片。通常多选用 N 型硅晶片作硅膜片，在其上扩散 P 型杂质，形成四个阻值相等的电阻条。图 2-17 为硅膜片芯体的结构图。将芯片封接在传感器的壳体内，再连接出电极引线就制成了典型的压阻式传感器。

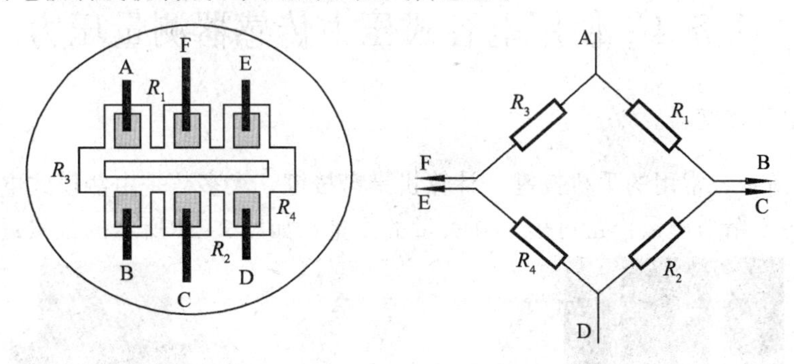

图 2-17 压阻式传感器膜片芯体结构

实践应用

由于压阻式传感器具有频率响应高、体积小，精度高、灵敏度高等优点，所以在航空、石油、化工、动力机械、兵器工业及医学等方面得到了广泛的应用。

在机械工业中，可用于测量冷冻机、空调机、空气压缩机的压力和气流流速，以监测机器的工作状态。

在航空工业上，用来测量飞机发动机的中心压力。在进行飞机风洞模型中可以采用微型压阻式传感器安装在模型上，以取得准确的实验数据。

在兵器工业上测量枪炮膛内的压力，也可以对爆炸压力及冲击波进行测量。另外此类传感器还广泛应用在医疗事业中，目前已有各种微型传感器用来测量心血管、颅内、尿道、眼球内的压力。

随着微电子、计算机技术的发展、固态压阻式传感器发展得会更快。

1. 压力测试

固态压阻式传感器的结构如图 2-18 所示，传感器硅膜片两边有两个压力腔，一个是和被测压力相连接的高压腔，另一个是低压腔，通常和大气相通。当膜片两边存在压力差时，膜片上各点存在应力。膜片上的四个电阻在应力作用下，阻值发生变化，电桥失去平衡，其输出的压力与膜片两边压力差成正比。

2. 自动门开关控制

当前自动门开关控制有的应用光学控制，而有相当数量的自动门开关采用压力控制。如图 2-19 所示，当有人走至门前时，门自动打开，其原理是在门的前后各设置一个压力传感器，当人走到门前，触发压力传感器，输出一个开关信号，驱动有关传动机构打开门，并经过一段延时后门关上，如在这段延迟时间里又收到触发信号，自动门将保持打开状态。

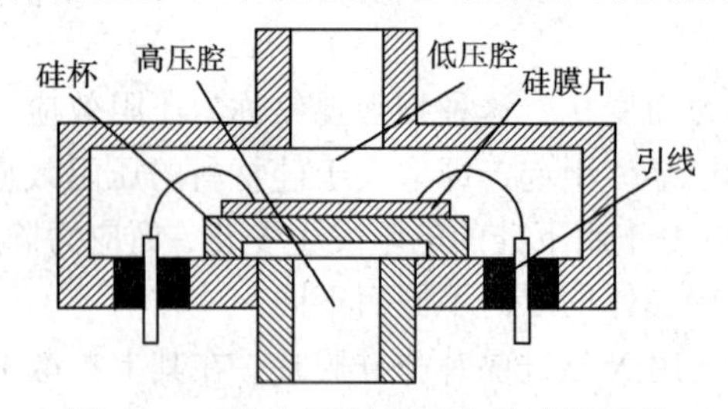

图 2-18 固态压阻式压力传感器结构

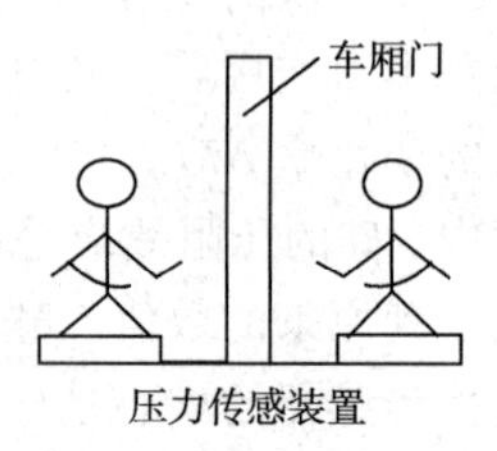

图 2-19 自动门的自动开关控制示意图

任务 4 使用电容式压力传感器测量压力

看一看： 认识电容传感器。

如图 2-20 所示，常用的手机按键，计算机键盘按键，大多数是由触摸式电容传感器构成。电容传感器可用于精微测量，也可用于开关量的测量，如图 2-21 所示的是接近开关。

图 2-20 触摸式电容传感器应用于手机按键

图 2-21 电容式接近开关

知识链接

1. 电容式传感器的构成及特点

1）电容式传感器的结构及工作过程

电容式传感器是一种将被测非电量变化转换为电容量变化的传感器，其结构框图如图 2-22 所示。

图 2-22　电容式传感器的结构框图

其工作过程为：被测非电量经过电容转换元件，转换为电容变化量，然后输入到测量电路中得到电压（电流或频率）变化量，经标度变换显示出非电量值，其工作过程如图 2-23 所示。

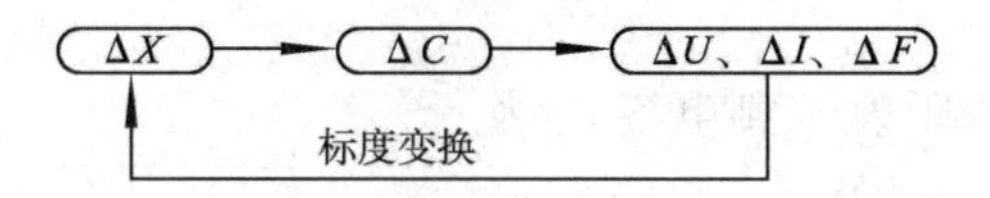

图 2-23　电容式传感器的工作过程

2）电容式传感器的特点

电容式传感器的优点：

① 测量范围大，灵敏度高。

② 结构简单，适应性强。

③ 稳定性好，由于电容器极板多为金属材料，极板间的介质多为无机材料，因此可以在高温、低温、强磁场、强辐射下长期工作。尤其是能解决高温高压环境下的检测难题。

④ 动态响应好，可测极低的压力，很小的速度、加速度；灵敏度、分辨率均非常高，能感受 0.001mm 甚至更小的位移。

电容式传感器的缺点：

① 输出阻抗高、负载能力差、易受外界干扰的影响。

② 寄生电容响应大，降低了传感器的灵敏度。使传感器工作不稳定，影响测量精度。

2. 电容式传感器的工作原理

虽然电容器的种类很多，但平行板电容器仍是最基本的原型。其结构如图 2-24 所示。

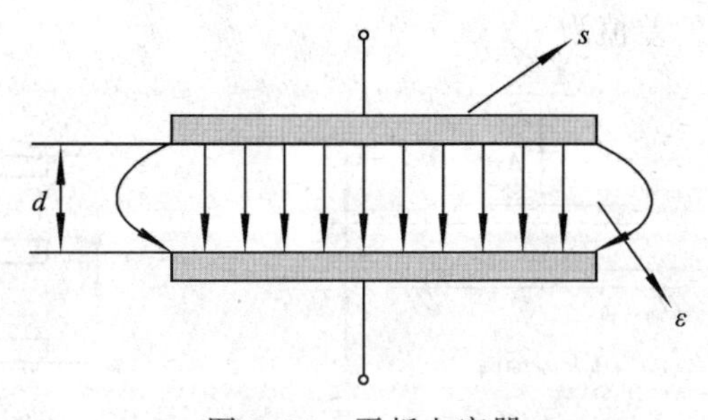

图 2-24　平板电容器

决定电容 C 的公式为

$$C=\frac{\varepsilon s}{d}=\frac{\varepsilon_r\varepsilon_0\cdot s}{d} \quad (2-6)$$

式中：s——极板相对面积；

d——极板间的距离；

ε_r——相对介电常数；

ε_0——真空介电常数；

ε——电容极板间介质的介电常数。

式中 ε、s、d 发生变化时，电容 C 也随之变化，如果保持其中两个参数不变，而仅改变其中一个参数，就可以把该参数的变化转换为电容的变化，通过测量电路就可以转换为电荷量输出。因此，电容式传感器可分为变极距型、变面积型和变介质型。

1）变极距型电容传感器

如图 2-25 所示，保持平行板电容器的 ε 和 s 不变，只改变电容器两极板之间距离 d，电容 C 则发生变化。利用电容器的这一特性制做的传感器称为变极距型电容传感器，此类传感器常用于压力的测量。

设 ε 和 s 不变，初始极距为 d_0 则电容 C_0 为

$$C_0=\frac{\varepsilon s}{d_0} \quad (2-7)$$

电容器受到外力作用，极距减小 Δd，则电容为 C_1，如图 2-25（b）所示。

$$C_1=C_0+\Delta c=\frac{\varepsilon s}{d_0-\Delta d}=\frac{C_0}{1-\frac{\Delta d}{d_0}}=\frac{C_0(1+\frac{\Delta d}{d_0})}{1-(\frac{\Delta d}{d_0})^2} \quad (2-8)$$

若 $\frac{\Delta d}{d_0}<<1$，则 $1-(\frac{\Delta d}{d_0})^2\approx 1$，式（2-8）可简化为 $C_1=C_0+\Delta C=C_0(1+\frac{\Delta d}{d_0})$

$$\frac{\Delta C}{C_0}=\frac{\Delta d}{d_0} \quad (2-9)$$

即 C_1 与 Δd 成线性关系。

同理也可以证明，电容器受外力作用，极距增加 Δd，电容 C_2 也与 Δd 成线性关系。

为了提高传感器的灵敏度，减小非线性误差，实际应用中大都采用差动式结构，如图 2-26 所示。上、下是两个定片，中间的极板是可以上下移动的动片。通常中间的动片是处在平衡位置，不受外力时，$d_1=d_2=d_0$ 所以 $C_1=C_2$，两电容差值 $C_1-C_2=0$，中间极板若受力向上移 Δd，则 C_1 增加，C_2 减小，两电容的差值为

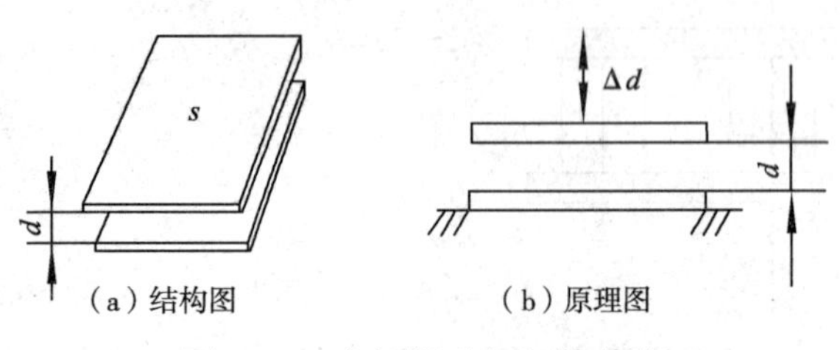

图 2-25　变极距型电容传感器

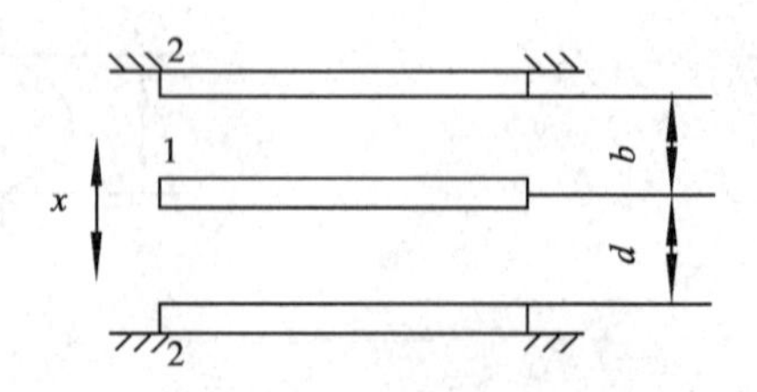

图 2-26　差动式电容传感元件

$$\Delta C = C_1 - C_2 = C_0 + \frac{C_0\Delta d}{d_0} - C_0 + \frac{C_0\Delta d}{d_0} = \frac{2C_0\Delta d}{d_0}$$

$$\frac{\Delta C}{C_0} = \frac{2\Delta d}{d_0} \tag{2-10}$$

可见，电容传感器做成差动型之后，灵敏度提高一倍。

2）变面积型电容传感器

变面积型电容传感器结构原理如图2-27所示。

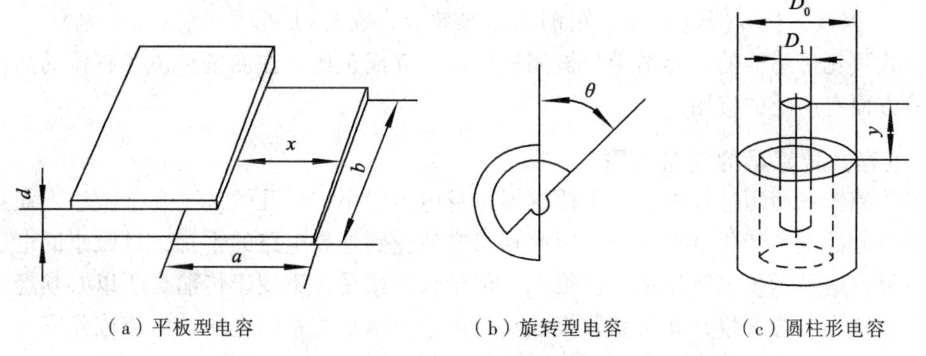

（a）平板型电容　（b）旋转型电容　（c）圆柱形电容

图2-27　变面积式电容结构原理图

对于图2-27（a）所示，电容器正对的极板位移 x 后，电容容量由 $C_0(\frac{\varepsilon ab}{d})$ 变为 C_x，即

$$C_x = \frac{\varepsilon(a-x)\ b}{d} = C_0(1-\frac{x}{a}) \tag{2-11}$$

电容量变化为

$$\Delta C = C_x - C_0 = -\frac{xC_0}{a} \tag{2-12}$$

变面积型电容传感器的电容变化 ΔC 是线性的，而且灵敏度 k 为一个常数，在测量线位移、角位移方面有着广泛的应用。图2-28所示为面积差动电容器结构，传感器的输出和灵敏度均提高了一倍。

3）变介电常数电容传感器

由于各种介质的相对介电常数不同，如果在电容器两极板间插入不同介质，电容器的电容量就会不同，利用这种原理制作的电容传感器称为变介质型电容传感器，如图2-29所示。

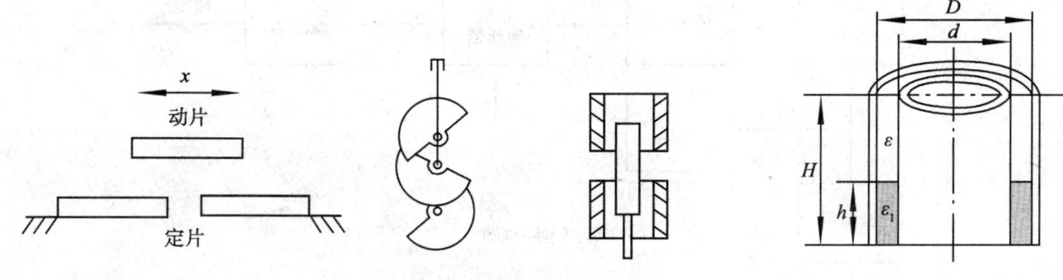

（a）平板形差动电容　（b）旋转形差动电容　（c）圆柱形差动电容

图2-28　变面积差动电容工作原理图

图2-29　变介质型电容传感器

该被测介质的相对介电常数为 ε，介质高度 h，传感器的总高度为 H，内筒外径为 d，外筒的内径为 D，则初始电容为

$$C_0=\frac{K\varepsilon H}{\ln\frac{D}{d}} \tag{2-13}$$

传感器的电容为

$$C=C_0+\frac{K(\varepsilon_1-\varepsilon)}{\ln\frac{D}{d}}h \tag{2-14}$$

式中：K——因数，当 d 接近 D 时，可略去边缘效应，取 K=0.55。

由该式可见传感器的电容增量与被测液位高度 h 成正比。在测量液位、料位的高度及材料的厚度等方面有广泛的应用。

3．电容式传感器的测量电路

电容传感器在使用过程中，由于传感器本身电容很小，仅几微法至几十微法，而且由被测量变化所引起的电容变化量都很小，因此相当容易受到外界电路的干扰，且微小的电容器还不能直接被目前的显示仪表所显示，也很难为记录仪所接受，不便于传输，所以必须经过测量电路检出这一微小电容增量，并将其转换成与其成单值函数关系的电压，电流或频率。

目前常用的测量电路有桥式电路、调频电路、运算放大电路等。

1）桥式电路

将电容传感器作为电桥的一个桥臂，采用差动式电容传感器时，将两个电容接入相邻的两臂上，如图 2-30 所示。调节电容 C 使桥路平衡，输出电压 U_o 为零。当传感器电容 C_x 变化时，电桥失去平衡，输出一个和电容 C_x 成正比例的电压信号。U_i 为交流信号源，其幅度、频率稳定，波形一定。桥路输出信号经放大，相敏整流和低通滤波，最后获得平滑的输出。

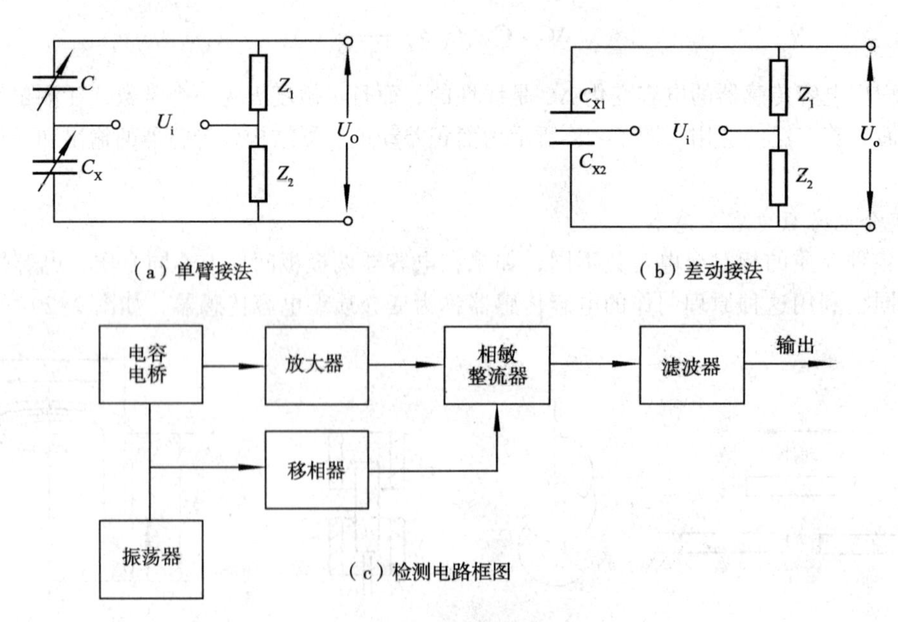

图 2-30　桥式测量电路

此类交流电桥测量精度高，适合频率低于 100 kHz 以下使用。

2）调频电路

将电容传感器接入高频振荡器的 LC 振荡回路中，作为回路的一部分。当被测量变化使传感器电容改变时，振荡器的振荡频率 $f=\dfrac{1}{2\pi\sqrt{LC}}$ 也随之改变。式中，L 为振荡回路的电感、C 为振荡回路的总电容。

测定频率经鉴频器和放大电路后将频率变化转换成电压幅值的变化。调频电路如图 2-31 所示。

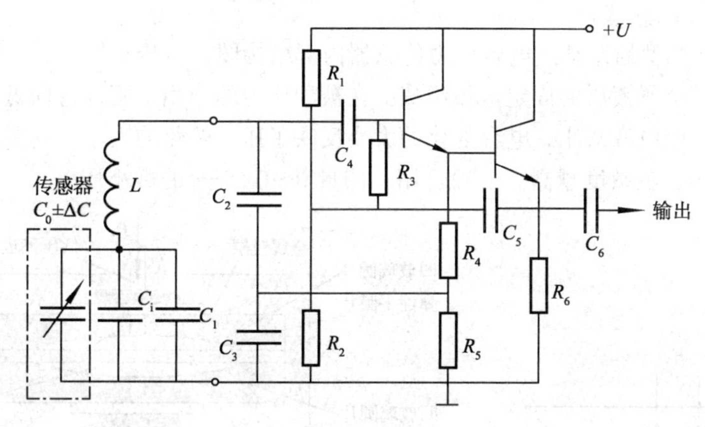

图 2-31　调频电路

当被测信号为零时，$\Delta C=0$ 振荡器有一个固有频率 f_0 为

$$f_0=\frac{1}{2\pi\sqrt{L(C_1+C_i+C_0)}} \tag{2-15}$$

当被测信号不为零时，$\Delta C\neq 0$，此时频率为

$$f=\frac{1}{2\pi\sqrt{L(C_1+C_i+C_0\pm\Delta C)}}=f_0\pm\Delta f \tag{2-16}$$

该测量电路灵敏度高，可测 0.01μs 的微小位移变化，信号的输出易于用数字仪器测量，并可与计算机通信。

3）运算放大器电路

将电容传感器接入运算放大器电路中，作为电路反馈元件，采用反相输入方式，如图 2-32 所示，u_i 是信号源电压，C_o 是固定电容，C_x 是传感器电容，在开环放大倍数和输入阻抗较大的情况下，其输出电压为

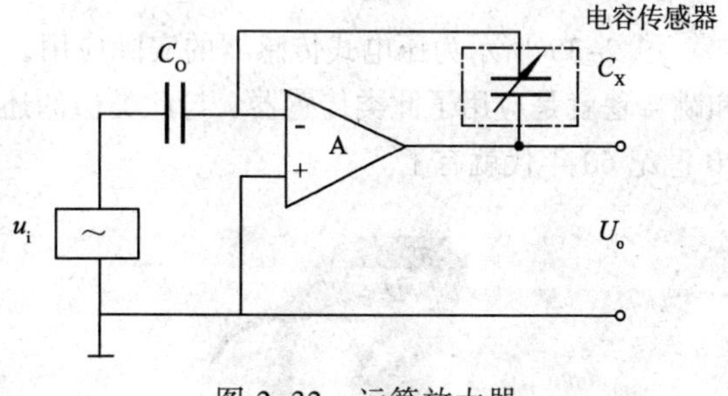

图 2-32　运算放大器

$$u_o=-u_i\frac{C_o}{C_x} \tag{2-17}$$

将 $C_x=\dfrac{\varepsilon s}{d}$ 代入式（2-17），则有

$$u_o=-u_iC_o\cdot\frac{d}{\varepsilon s} \tag{2-18}$$

表明 u_o 与极距 d 成线性关系。

实践应用

1．电容式荷重传感器

图 2-33 为电容式荷重传感器结构图，当圆孔受荷重变形时，电容值将改变，在电路上各电容并联，因此总电容增量将正比于被测平均荷重 F。此种传感器的特点是测量误差小，受接触面影响小；采用高频振荡电路的测量电路，把检测放大等电路置于孔内；利用直流供电，输出也是直流信号；无感应现象，工作可靠，温度漂移补偿很小。

2．电容式压力传感器

图 2-34 为一种典型的差动式电容压力传感器内部结构图，该传感器由金属活动膜片（可动电极）和玻璃片加上金属镀层的固定电极组成。在被测压力的作用下膜片弯向低压一边。从而使一个电容增加，另一个电容减小，电容变化的大小反映了压力变化的大小，其灵敏度取决于初始间隙，初始间隙越小，灵敏度越高，一般可用于测量 0～0.75 Pa 的微小压差。

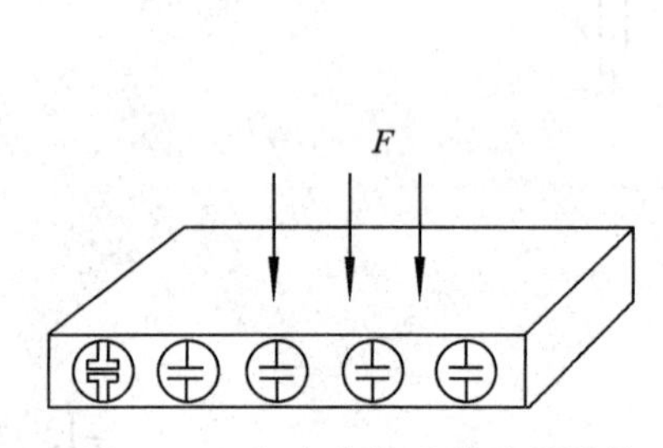

图 2-33　电容式荷重传感器结构

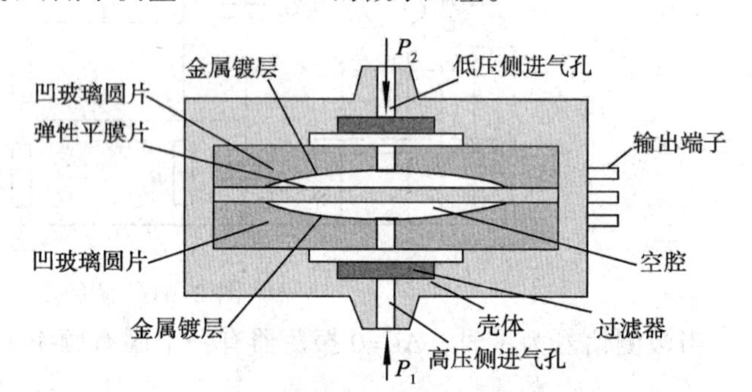

图 2-34　差动式电容压力传感器内部结构

任务 5　使用压电式传感器测量压力

看一看：认识压电式传感器。

图 2-35 所示为压电式传感器的实际应用，身体素质训练和健身用的压电式步态分析跑步机和跳舞毯就是应用了此类传感器，与此类似的还有脚踏报警器等。用压电陶瓷制作的扬声器早在 20 世纪 60 年代就有了。

（a）步态分析跑步机

（b）跳舞毯

图 2-35　步态分析跑步机与跳舞毯

压力式传感器的工作原理是基于某些电介质材料的压电效应，是典型的无源传感器。当电介质材料因受力作用而变形时，其表面会产生电荷，实现非电量测量。压电式传感器体积小、重量轻、工作频带宽，是一种力敏传感器件。它可测量各种动态力，也可测量最终能变换为力的那些非电物理量，如加速度、机械冲击与振动等。

知识链接

1．压电效应及压电材料

某些晶体受一定方向外力作用而发生机械变形时，相应地在一定的晶体表面产生符号相反的电荷，外力去掉后，电荷消失。力的方向改变时，电荷的符号也随之改变，这种现象称为压电效应（正压电效应）。具有压电效应的晶体称为压电晶体，又称压电材料或压电元件。

压电材料还具有与此效应相反的效应，即当晶体带电或处于电场中时，晶体的体积将产生伸长或缩短的变化，这种现象称为电致伸缩效应或逆压电效应。因此，压电效应属于可逆效应。

用于传感器的压电材料或元件一般有压电晶体（如石英晶体）、压电陶瓷（如钛酸钡）和高分子压电材料三类。

1）石英晶体的压电效应

天然结构的石英晶体呈六角形晶柱，如图 2-36（a）所示，可以利用金刚石刀具将晶体切割出一片片的方形薄片，如图 2-36（b）所示，薄片可以采用双面镀银进行封装，成为很好的压电传感器材料。

（a）天然石英

（b）切割后的薄片

图 2-36　石英晶体外观

如图 2-37 所示，用三条互相垂直的轴来表示石英晶体的各个方向：纵向轴称为光轴（z 轴），经过棱线并垂直于光轴的称为电轴（x 轴）；与光轴、电轴同时垂直的称为机械轴（y 轴）。通常把沿电轴方向力的作用下产生电荷的压电效应称为纵向压电效应；而把沿机械轴方向力的作用下产生电荷的压电效应称为横向压电效应。

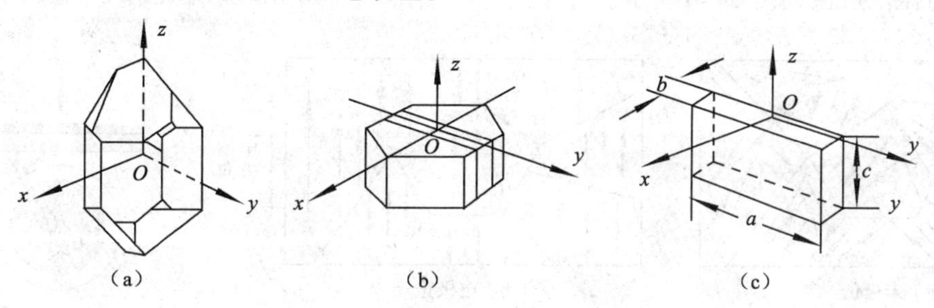

图 2-37　石英晶体的光轴、电轴和机械轴

当晶片在沿 x 轴方向作用力 F_x 作用时，会在与 x 轴方向垂直的表面产生电荷，其大小为

$$q_x=d_{11}F_x$$

式中：d_{11} 称为纵向压电系数，单位 $C \cdot N^{-1}$（库仑每牛顿），典型值 $2.31\ C \cdot N^{-1}$，双下角标的第一位表示产生电荷表面所垂直的轴，第二位表示外力平行的轴：x 轴为 1、y 轴为 2、z 轴为 3。

当晶片在沿 y 轴方向有作用力 F_y 作用时，会在与 y 轴方向垂直的表面产生电荷，其大小为

$$q_y=-d_{11}\frac{a}{b}F_y \qquad (2\text{-}18)$$

从以上两式可以看出，纵向压电效应与元件尺寸无关，而横向压电效应与元件尺寸有关；式中的负号表示两者产生电荷的极性相反。综上所述，晶体切片上电荷的符号与受力方向的关系用图 2-38 表示。

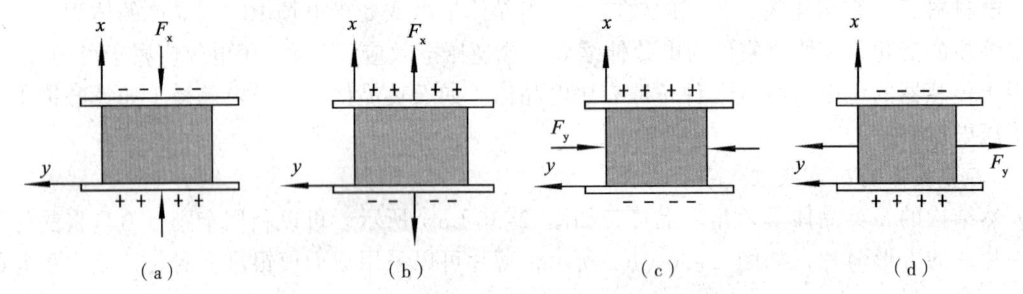

图 2-38　晶体切片上电荷符号与受力方向的关系

2）压电陶瓷的压电效应

压电陶瓷是人工制造的多晶体压电材料，它比石英晶体的压电灵敏度高得多，而制造成本却较低，因此目前国内外生产的压电元件绝大多数都采用压电陶瓷。常用的压电陶瓷材料有锆钛酸系列压电陶瓷（PZT）和非铅系列压电陶瓷（如钛酸钡）。

压电陶瓷属于铁电体物质，是一种人造的多晶体压电材料。它由无数细微的电畴组成。在无外电场时各电畴杂乱分布，其极化效应相互抵消，因此原始的压电陶瓷不具有压电特性。只有在一定的温度下（100～170 ℃），对两个极化面加高压电场进行人工极化后，陶瓷体内部保留有很强的剩余极化强度，如图 2-39 所示。

对压电陶瓷片沿极化方向（z 轴方向）施力时，则在垂直于该方向的两个极化面上产生正、负电荷，其电荷量 q_z 与力 F_z 成正比，即

$$q_z=d_{33}F_z \qquad (2\text{-}19)$$

式中：d_{33} 仍为纵向压电系数，但其值较大，可达几十至数百库仑每牛顿。实用的压电陶瓷片的结构形式与压电极性如图 2-40 所示。

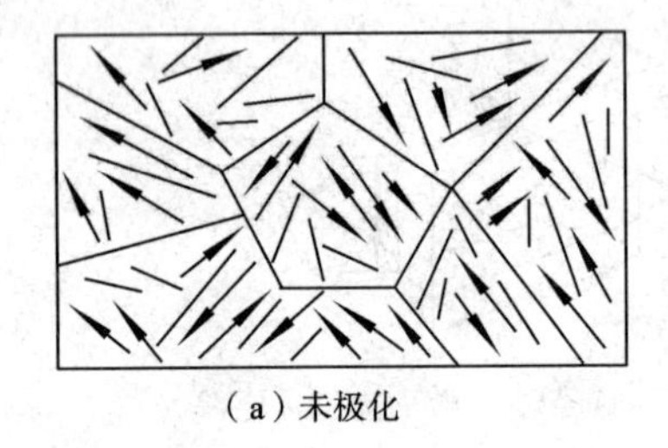

（a）未极化

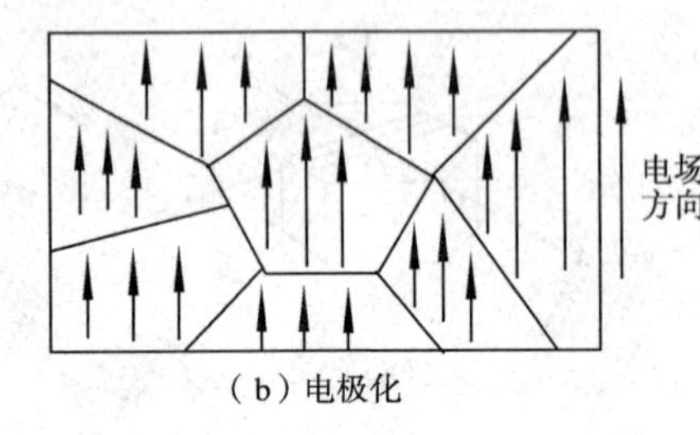

（b）电极化

图 2-39　压电陶瓷的极化

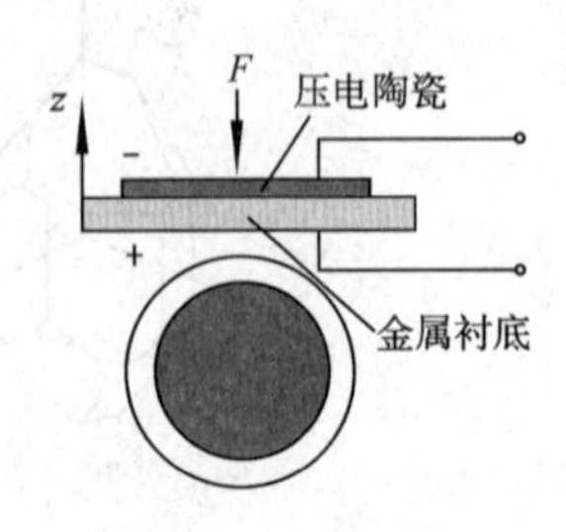

图 2-40　压电陶瓷片

3）高分子压电材料的压电效应

典型的高分子压电材料有聚偏二氟乙烯（PVDF）聚氟乙烯（PVF），改性聚氯乙烯（PVC）等。高分子压电材料有很强的压电特性，同时还具有类似铁电晶体的迟滞特性和热释电特性，因此广泛应用于压力、加速度、温度和无损检测等测量场合。尤其在医学领域，由于它与人体阻抗十分接近，且便于和人体贴紧接触、安全舒适、灵敏度高、频带宽，广泛用作脉搏计、血压计、起搏器、器官移植等的传感元件。PVDF 有很好的柔性和加工性能，可根据需要制成薄膜或电缆套管等形状。它不易破碎、具有防水性，可以大量连续拉制，制成较大的面积或较长的尺度，价格便宜，频率响应范围宽，测量动态范围可达 80 dB。图 2-41 所示为高分子压电材料制成的压电薄膜和电缆。

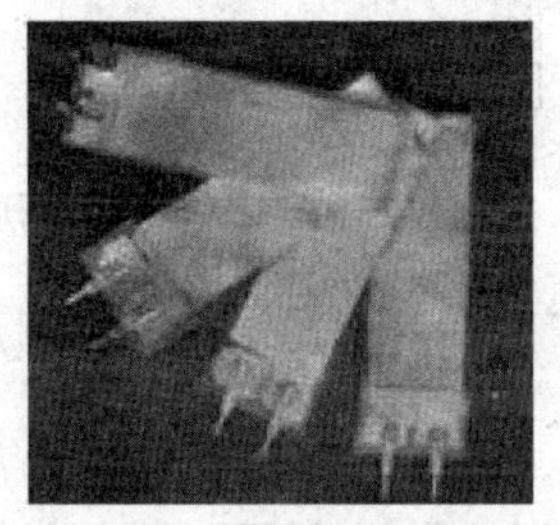

（a）薄膜

（b）电缆

图 2-41 压电薄膜和压电电缆

2．压电传感器的结构

压电传感器的被测量通常是作用力或能从某种途径将被测量转换成力的物理量。由于力的作用而在压电材料上产生的电荷，只有在无泄漏的情况下才能保存，即需要测量回路具有无限大的输入阻抗。这实际上是不可能的，因此压电传感器不能用于静态测量。压电材料在交变力的作用下，电荷可以不断补充，可以供给测量回路一定的电流，故适于动态测量。

在压电传感器中，压电材料通常采用两片或两片以上粘合在一起。因为电荷极性的关系，压电元件有串联和并联两种接法，如图 2-42 所示。并联接法适用于测量缓慢变化的信号，并以电荷为输出量。串联适用于测量电路。有高输入阻抗，以电压为输出量。

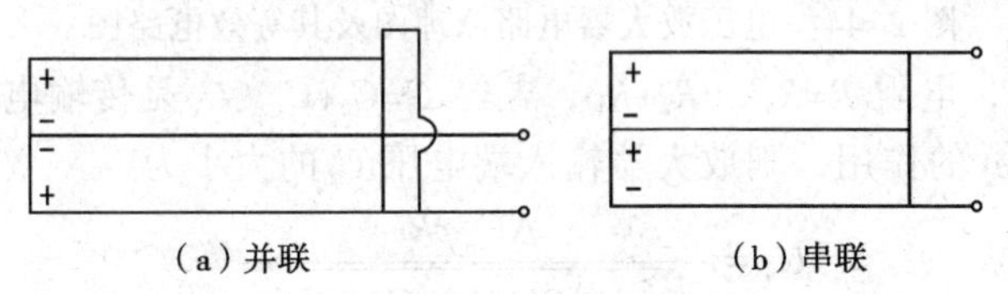

（a）并联　　　（b）串联

图 2-42 压电元件连接方法

压电元件在传感器中，必须有一定的预紧力，以保证两片压电元件始终受到压力且感受到的作用力相同，保证输出电压（或电荷）与作用力成线性关系。同时，预紧力又不能太大，否则，会影响灵敏度。

3.压电式传感器的测量电路

1）压电式传感器的等效电路

压电式传感器可以看做一个电荷发生器。同时，它也是一个电容器，晶体上聚集正负电荷的两表面相当于电容的两个极板，极板间物质等效于一种介质，则电容量为

$$C_a = \frac{\varepsilon_r \varepsilon_0 s}{d}$$

式中：s——压电片的面积；

d——压电片的厚度；

ε_r——压电材料的相对介电常数。

ε_0——真空中的介电常数。

因此，压电传感器可以等效为与一个电容相串联的电压源；也可以等效为一个电荷源，如图 2-43 所示。

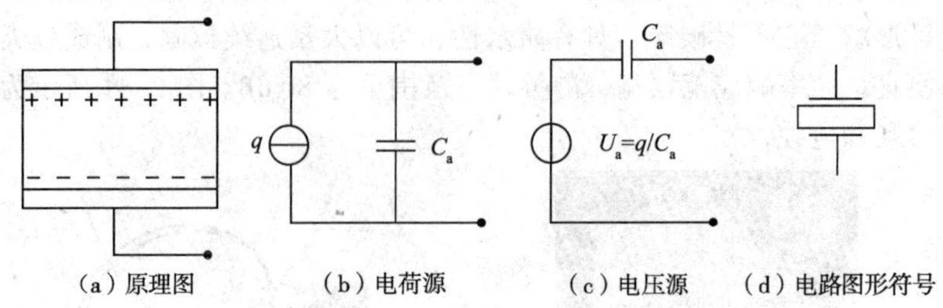

（a）原理图　（b）电荷源　（c）电压源　（d）电路图形符号

图 2-43　压电元件的等效电路和电路符号

2）压电式传感器的测量电路

压电传感器本身的内阻抗很高，而输出能量较小，因此它的测量电路通常需要接入一个高输入阻抗的前置放大器。压电传感器的输出可以是电压信号，也可以是电荷信号，因此前置放大器也有两种形式：电压放大器和电荷放大器。

（1）电压放大器（阻抗变换器）

图 2-44（a）、2-44（b）分别为电压放大器的电路原理图、等效电路图。

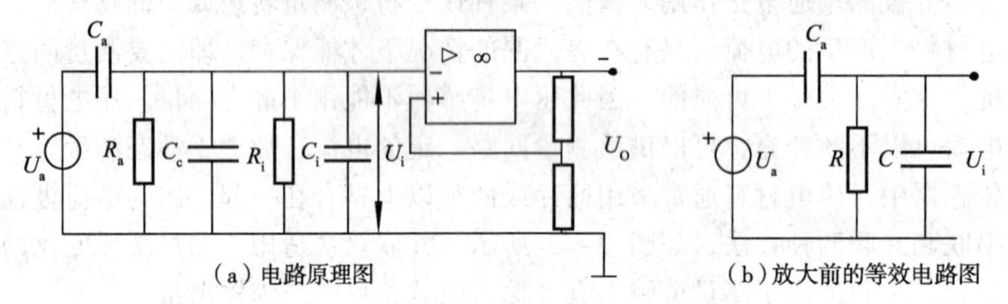

（a）电路原理图　（b）放大前的等效电路图

图 2-44　电压放大器电路原理图及其等效电路图

在图 2-44（b）中，电阻 $R=R_aR_i/(R_a+R_i)$，电容 $C=C_c+C_i$，C_c 是传输电缆的等效电容，压电元件受正弦力 $f=F_m\sin\omega t$ 的作用，则放大器输入端电压 U_i 的大小为

$$U_i=\frac{\Delta F_m \varphi R}{\sqrt{1+\varphi^2R^2(C_i+C_a+C_c)^2}} \tag{2-20}$$

在理想情况下，传感器的电阻值 R_a 与前置放大器输入电阻 R_i 都为无穷大，即 ωR（C_i+C_a+C_c）>>1 则输入电压幅值为

$$U_{im}=\frac{\Delta F_m}{C_i+C_a+C_c} \tag{2-21}$$

综合分析可知：

前置放大器输入电压 U_{im} 与频率无关。

压电传感器有很好的高频响应特性。

压电传感器不能用于静态力的测量。

压电传感器与放大器之间的电缆长度决定 C_c 大小，不能随意更换。

（2）电荷放大器

电荷放大器常作为压电传感器的输入电路，由一个反馈电容 C_f 和高增益放大器构成，当略去 R_a 和 R_i 并联电阻后，电荷放大器等效电路如图 2-45 所示。

运算放大器的增益为 A，电荷放大器的输出电压 $U_o=\dfrac{A_q}{C_a+C_c+C_i+(1+A)\ C_f}$，放大器的增益 A 为 10^4～10^6，远大于 1，若 $C_a+C_c+C_i<<AC_f$，则 $U_o\approx\dfrac{q}{C_f}$ 即输出电压与电缆电容无关，而与 q 成正比，这就是电荷放大器的特点。

实践应用

1. 压力传感器及电路

压力传感器用于流体压力计、水位计、加速度计、倾斜仪等。石英压力传感器的结构原理，如图 2-46 所示。在平行于石英振子的悬臂梁表面加力，作用力按一定比例关系转换成石英的振荡频率，通过传感器，以两石英的振荡频率差作为输出，该传感器可以测量振动频率达 10Hz 的作用力。

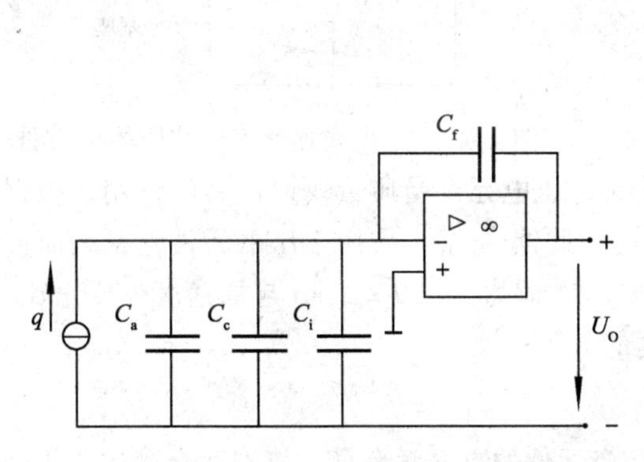

图 2-45　电荷放大器等效电路图

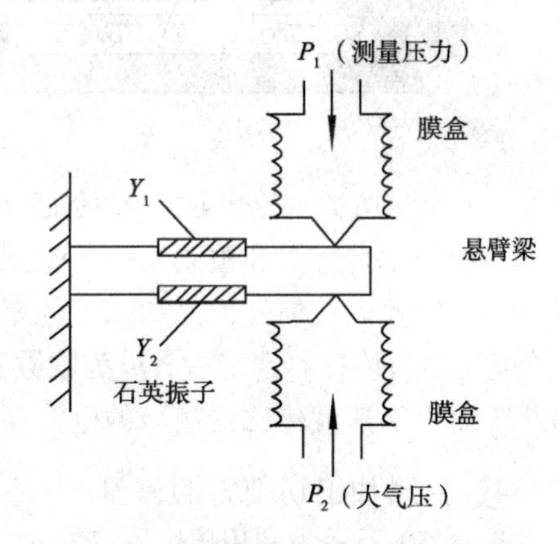

图 2-46　石英压力传感器结构原理图

图 2-47 是石英压力传感器的测量电路。VT_1、VT_2 组成差动放大电路，在被测压差为零时，经差动放大电路的发射极输出电流为零，再经 VT_3 转换成零电压输出。若被测量不为零，输出电压就反映了被测压力。

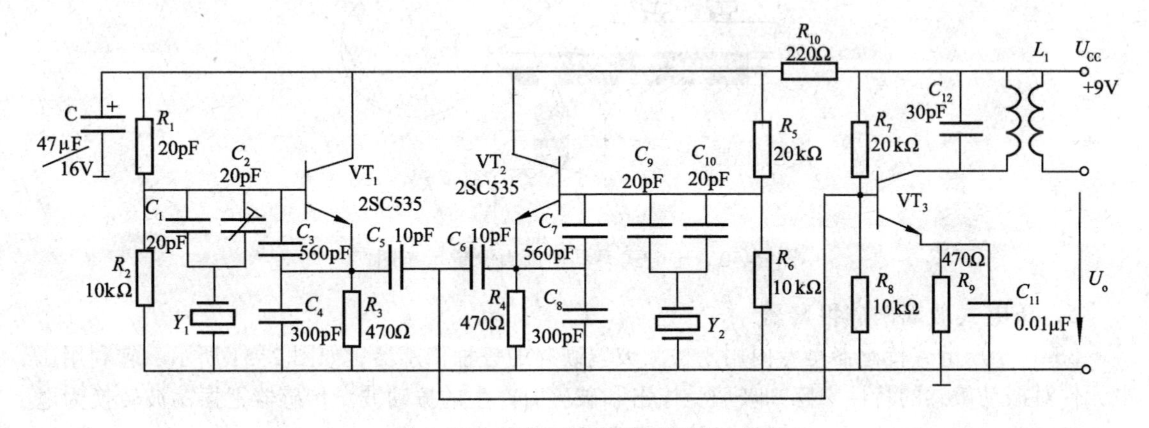

图 2-47　石英压力传感器测量电路

2．压力式测力传感器

图 2-48 为压电式单向测力传感器结构图，它可以直接测量物体的重力及各种弹力，他主要由石英晶体、绝缘套、电极、上盖、基座及电子束焊接等组成。

传感器上盖为传力元件，外缘壁厚 0.1～0.5 mm，当外力作用时，它将产生弹性变形，将力传递到石英晶体上。石英晶片采用 x 轴方向切片，利用其纵向压电效应实现力—电转换。石英晶片的尺寸约为 8mm × 1mm。传感器的测力范围为 0～50 N，最小分辨率为 0.01 N，固有频率约为 50～60 kHz，整个传感器质量为 10 g。

3．压电式加速度传感器

图 2-49 为一种压电式加速度传感器结构图。它主要由压电元件、质量块、预压弹簧、基座及外壳等组成。核心部分装在外壳内，并用螺栓加以固定。

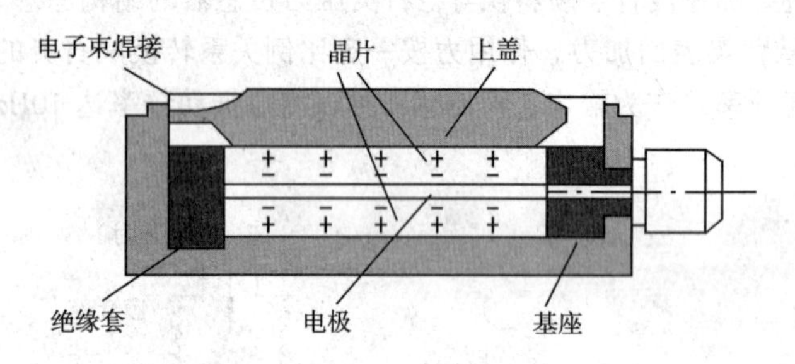

图 2-48 压电式测力传感器

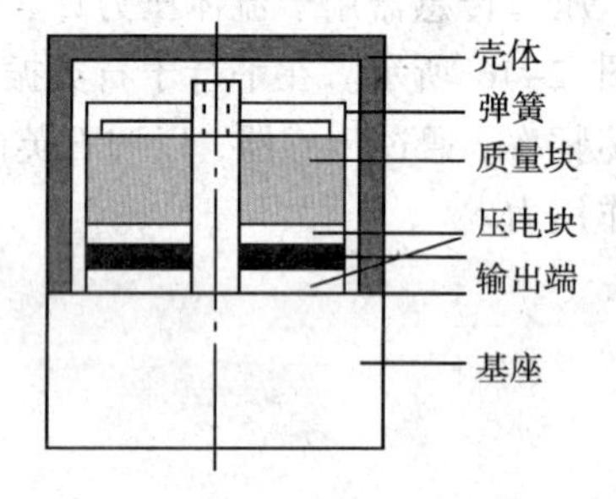

图 2-49 压电式加速度传感器的结构图

当加速度传感器和被测物一起受到冲击力振动时，压电元件受质量块惯性力的作用，根据牛顿第二定律，此惯性力是加速度的函数，即 $F=ma$，此惯性力 F 作用于压电元件上，因而产生电荷 q，当传感器选定后，m 为常数，则传感器输出电荷为 $q=\Delta F=\Delta ma$ 与加速度 a 成正比。因此，测得加速度传感器输出的电荷便可知加速度的大小。

4．金属加工切削力的测量

图 2-50 所示为利用压电陶瓷测量，由于压电陶瓷元件的自振频率高，特别适合测量变化剧烈的载荷，图中压电传感器位于车刀前部的下方，当进行切削加工时，切削力通过刀具传给压电传感器，压电传感器将切削力转换为电信号输出，记录下电信号的变化便测得切削力的变化。

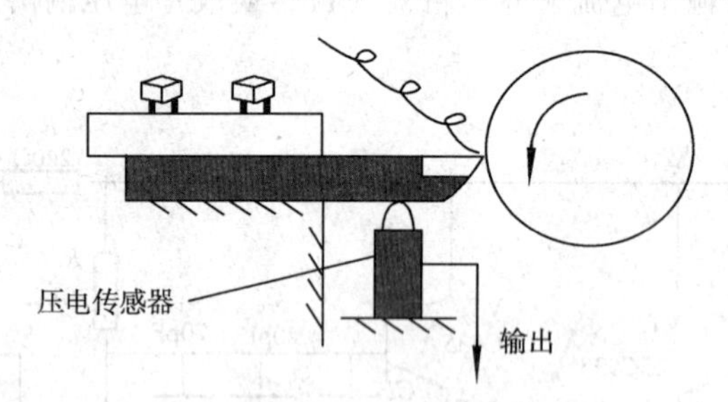

图 2-50 压电式刀具切削力测量示意图

5．压电式玻璃破碎报警器

BS-D27 压电式传感器是专门用于检测玻璃破碎的一种传感器，如图 2-51 所示。它利用压电元件对振动敏感的特性来感知玻璃受撞击和破碎时产生的振动波。传感器把振荡波转换为电压输出，输出电压经放大、滤波、比较等处理后提供给报警系统。

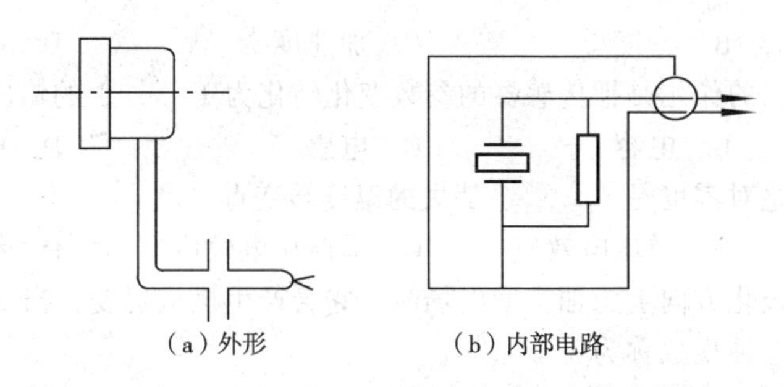

图 2-51　BS-D27 压电式玻璃破碎传感器

报警器的电路使用时传感器用胶粘贴在玻璃上，然而通过电缆和报警电路相连。为了提高报警器的灵敏度，信号经放大后，需经带通滤波器滤波，要求选定的频谱通带的衰减要尽量小，而带外频谱衰减要尽量大。由于玻璃振动的波长在音频范围内，这就使滤波器成为电路中的关键。当传感器输出信号高于设定的阈值时，才会输出报警信号，驱动报警执行机构工作。

玻璃破碎报警器可广泛应用于文物保管、贵重物品保管及其他商品柜台等场合。

6．集成压电式传感器

集成压电式传感器是一种高性能、低成本动态微压传感器，如图 2-52 所示。

图 2-52　集成压电传感器

产品采用压电薄膜作为换能材料，动态压力信号通过薄膜变成电荷量，再经传感器内部放大电路转换成电压输出。该传感器具有灵敏度高，抗过载及冲击力强、抗干扰性好、操作简便、体积小、重量轻、成本低等特点、广泛应用于医疗、工业控制、交通、安全防卫等领域，例如：

① 脉搏计数探测；
② 按键键盘、触摸键盘；
③ 振动、冲击、碰撞警报；
④ 振动加速度测量；
⑤ 管道压力波动；
⑥ 其他机电转换、动态力检查等。

思考与练习

1．填空题

（1）导体、半导体应变片在应力作用下电阻值发生变化，这种现象称为__________效应。

（2）电阻应变片在实际应用中，常用的补偿方法是__________和__________。

（3）电容式传感器根据其容量公式，依次改变其中一个参数，可以构成__________种电容式传感器，依次称为____。

（4）压电式传感器是一种典型的__________传感器，它以某种电介质的__________为基础。

（5）在沿着电轴 x 方向力的作用下，产生电荷的现象称为__________压电效应；而把沿着机械轴 y 方向力的作用下，产生电荷的现象称为__________压电效应。

2．选择题（将唯一正确答案的序号填入括号中）

（1）通常用应变式传感器测量（　　）。

A．温度 B．密度 C．加速度 D．电阻

（2）电桥测量电路的作用是把传感器的参数变化转化为（ ）的输出。

A．电阻 B．电容 C．电感 D．电压

（3）压电材料的绝对零度是（ ）消失的温度转变点。

A．压电效应 B．逆压电效应 C．横向压电效应 D．纵向压电效应

（4）在电介质的极化方向上施加交变电场时，它会产生机械形变，当去掉外加电场时，电介质形变随之消失。这种现象称为（ ）。

A．逆压电效应 B．压电效应 C．正压电效应 D．均不是

（5）压电陶瓷具有非常高的压电系数，是因为（ ）。

A．天然具有的压电特性

B．人工合成后产生的压电特性

C．极化处理后材料内存有很强的剩余场极化

D．高温烧结时产生的压电特性

3．简答题

（1）什么是应变效应？

（2）电阻应变片为什么要进行温度补偿？

（3）半导体应变片有什么优点？

（4）什么是压电效应？举例说明压电晶体是怎样产生压电效应的。

（5）常用的压电材料有哪些？

（6）为什么说压电式传感器只适用于动态测量，而不能用于静态测量？

4．计算题

图 2-53 为一个直流应变电桥。图中 E=4 V,R_1=R_2=R_3=R_4=120 Ω

试求：（1）R_1 为金属应变片，其余为外接电阻器，当 R_1 的增量为 ΔR_1=1.2 Ω时，电桥的输出电压 U_o=?

（2）R_1、R_2 都是应变片，且批号相同，感应应变的极性和大小相同，其余为外接电阻器，电桥输出电压 U_o=?

（3）R_1、R_2 都是应变片，但 R_2 与 R_1 感受应变的极性相反，且 ΔR_1=−ΔR_2=1.2 Ω，电桥输出电压 U_o=?

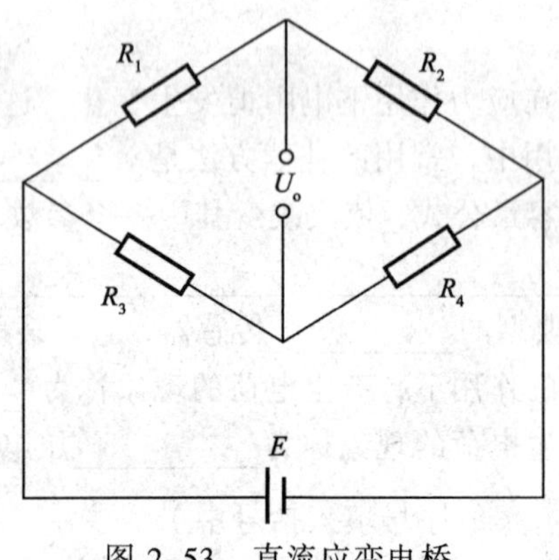

图 2-53 直流应变电桥

项目3　温 度 测 量

项目描述：

温度是表征物体冷热程度的物理量，自然界中的一切过程无不与温度密切相关。它是工农业生产和科学研究中需要经常测量和控制的主要参数，也是与人类生活、生态环境紧密相关的一个重要参数。由于温度测量的普遍性，温度传感器的数量在各种传感器中居首位，温度测量技术也是当今发展最快、应用最广的技术之一。

本项目通过几种常用温度传感器的介绍、学习和相关的实践操作，使读者了解工业生产中常用的温度测量器件和测量方法。

知识目标：

（1）了解常用温度传感器的基本结构、工作原理。

（2）熟悉热电阻、热电偶、红外线等温度传感器的基本特性和测温方法。

（3）了解温度测量和控制在相关领域中的应用。

技能目标：

（1）学会识别一般的温度传感器元件和测温仪表，掌握选择测温仪表的原则。

（2）学会使用热电阻、热电偶及其他常用测温传感器件。

（3）学会利用手册查阅测温元件技术参数，能解决简单的温度检测问题。

小知识——温度测量概述

在人类社会的生产、科研和日常生活中温度的测量占有重要的地位。但是温度不能直接测量，需要借助某种物体的某种物理参数随温度冷热不同而明显变化的特性进行间接测量。

温度的表示须有温度标准，即温标，世界上有多种温标，我国最常用的是摄氏温标，符号为 t，单位为摄氏度（℃）。而在理论研究和科学实验上常采用热力学温标，热力学温标确定的温度称为热力学温度，符号为 T，单位为开尔文 K，热力学温度是国际上公认的最基本温度。它与摄氏温度的换算关系为

$$T=t+273.15\ (\mathrm{K}) \tag{3-1}$$

进行间接温度测量使用的温度传感器，通常是由感温元件和温度显示两部分组成，其结构框图如图 3-1 所示。

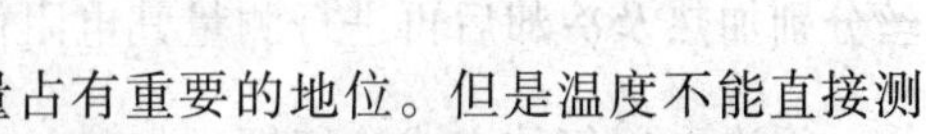

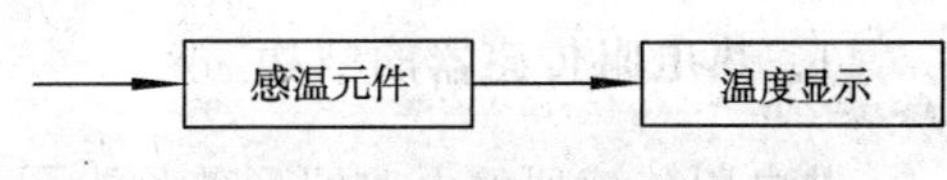

图 3-1　温度传感器结构框图

温度传感器的数量和种类很多，一般按照测温方式分为两大类，即接触式测温和非接触式测温。

接触式测温应用的温度传感器是指其感温元件与被测物接触。此类传感器具有结构简单，工作稳定可靠及测量精度高等优点。而非接触式测温应用的温度传感器其感温元件不与被测物接触，因此

具有测量温度高，不干扰被测物温度、安全等优点，这些传感器的基本情况如表 3-1 所示。

表 3-1　常用温度检测传感器

测温方式	温度计种类		温度范围/℃	优　点	缺　点
接触式测温传感器	膨胀式	玻璃液体	-50 ~ 600	结构简单，使用方便，测量准确，价格低廉	测量上限和精度受玻璃质量限制，不能记录和远传
		双金属	-80 ~ 600	结构简单紧凑，牢固可靠	精度低，量程和使用范围有限
	压力式	液体	-30 ~ 600	抗振、坚固、防爆、价格低廉	精度低，测温距离短，滞后大
		气体	-20 ~ 350		
		蒸汽	0 ~ 250		
	热电偶	铂铑-铂	0 ~ 1600	测温范围广，精度高，便于远距离、多点、集中测量和自动控制	需冷端温度补偿，低温段测量精度较低
		镍铬-镍铝	0 ~ 900		
		镍铬-康铜	0 ~ 600		
	热电阻	铂电阻	-200 ~ 500	测量精度高，便于远距离、多点、集中测量和自动控制	不能测量高温，需注意环境温度的影响
		铜电阻	-50 ~ 150		
		热敏电阻	-50 ~ 300		
非接触式测温传感器	辐射式	辐射式	400 ~ 2000	测温时不破坏被测温度场	低温段测量不准确，环境条件会影响测量准确度
		光学式	700 ~ 3200		
		比色式	900 ~ 1700		
	红外线	热敏探测	-50 ~ 3200	测温时不破坏被测温度场，响应快，测温范围大，适合测量温度分布	容易受外界干扰，标定困难
		光电探测	0 ~ 3500		
		热电探测	200 ~ 2000		

任务 1　使用金属热电阻测量温度

做一做： 在室温下，使用精度高一点的数字万用表测量一段细铜丝的电阻值，然后将细铜丝分别加热及冷却后再进行测量其电阻值，观察有什么变化。

无论采用何种方式给细铜丝加热，一定要注意安全，加强防护，若使用电炉加热时，细铜丝不能接触到电炉丝。实验的结果表明，细铜丝的电阻值是随着温度变化而变化的，从分子运动学观点来看，当导体温度上升时，由于导体内部分子无规则的热运动加剧，而电荷的定向移动受阻，因而电阻增大；反之，则电阻减小，这种特性称正温度特性，大多数金属导体均具有正温度特性，热电阻测温就是利用金属导体的这种特性来实现的。

知识链接

1. 热电阻传感器的结构

热电阻传感器的电路图形符号为 $t\ R_T$，作为工业用热电阻传感器，一般要求制作热电阻的材料应具有较大的温度系数和电阻率。物理化学性质稳定，复现性好，目前应用最多的是铂（Pt）电阻和铜（Cu）电阻。图 3-2 与图 3-3 所示为工业上常用的各类铠装热电阻和装配式热电阻。

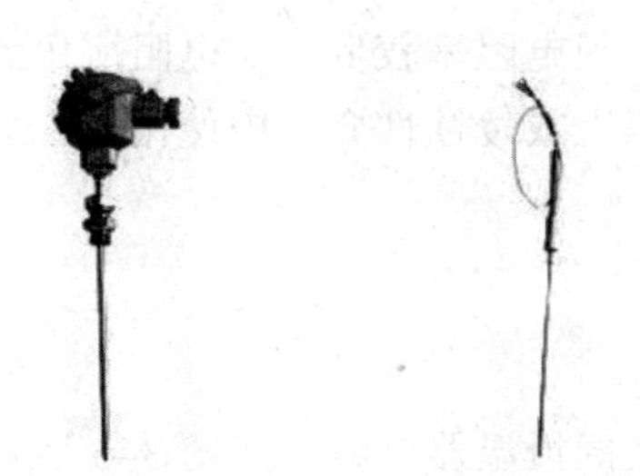

（a）防水式铠装热电阻 （b）补偿导线式铠装热电阻 （c）圆接插式铠装热电阻

图 3–2 各类铠装热电阻

图 3–3 装配式热电阻传感器

热电阻传感器的结构如图 3–4 所示。

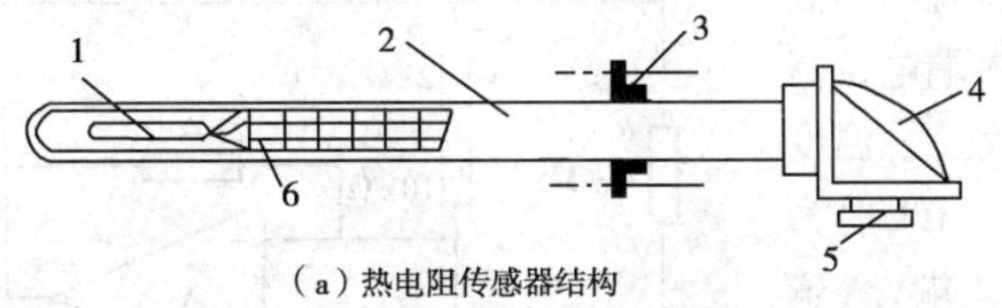

（a）热电阻传感器结构

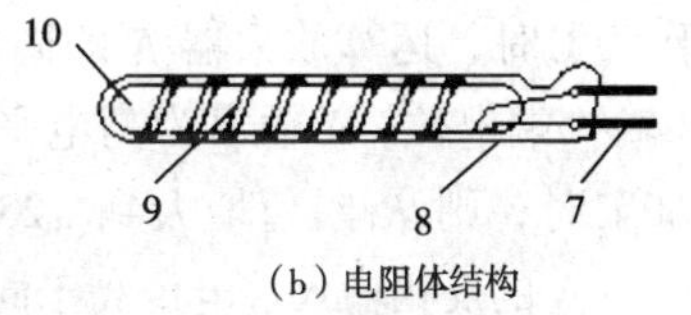

（b）电阻体结构

图 3–4 热电阻传感器结构

1—电阻体；2—不锈钢套管；3—安装固定件；4—接线盒；5—引线口；6—瓷绝缘套管；
7—引线端；8—保护膜；9—电阻丝（加热用）；10—心柱

热电阻传感器是由电阻体、绝缘管、保护套管、引线和接线盒组成，如果外接引线较长时，引线电阻的变化会使测量结果有较大的误差，可采用三线式或四线式连接。

2．热电阻的温度特性

热电阻的温度特性，是指热电阻 R_t 随温度变化而变化的特性，即 $R_{t\text{-}t}$ 之间函数关系。

1）铂热电阻的电阻—温度特性

铂电阻的特点是测温精度高，稳定性好，其应用范围为–200 ~ +850℃。

铂电阻的电阻—温度特性方程，在–200 ~ 0℃的温度范围内为

$$R_t=R_0[1+At+Bt^2+Ct^3(t-100)] \tag{3–2}$$

在 0 ~ 850℃的温度范围内为

$$R_t=R_0(1+At+Bt^2) \tag{3–3}$$

式中：R_t 和 R_0 分别是温度为 t 和 0℃时的铂电阻值：A、B 和 C 为常数，其数值为

$$A=3.9684\times10^{-3}/℃ \quad B=-5.847\times10^{-7}/℃^2 \quad C=-4.22\times10^{-12}/℃^4$$

当 t=0℃时铂电阻值为 R_0，我国规定工业用铂热电阻有 0℃，R_0=10Ω 和 R_0=100Ω 两种规格，它们的分度号为 Pt10 和 Pt100，其中 Pt100 为常用。铂热电阻不同分度号亦有相应分度表，即 $R_{t\text{-}t}$ 的关系表，这样在实际测量中，只要测得热电阻的阻值 R_1，便可从分度表上查出对应的温度值。

2）铜热电阻的电阻—温度特性

由于铂是贵金属，成本高。所以在测量精度要求不高，温度范围在–50 ~ +150℃时普遍采用铜电阻。铜电阻与温度间的关系为

$$R_t=R_0(\alpha_1 t+\alpha_2 t_2+\alpha_3 t^3) \tag{3–4}$$

由于 α_2、α_3 比 α_1 小得多，上式可简化为

$$R_t\approx R_0(1+\alpha_1 t) \tag{3–5}$$

式中：R_t 是温度为 t 时铜电阻值；R_0 是温度为 0℃时铜电阻值；α_1 是常数，α_1=4.28×10^{-3}/℃。

铜电阻的 R_0 分度号 Cu50 为 50Ω；Cu100 为 100Ω。

铜易于提纯，价格低廉，电阻—温度特性线性较好。但电阻率较低，铜电阻所用的阻丝细且长，机械强度较差，热惯性较大，在温度高于 100°C 以上或侵蚀性介质中使用时，易氧化，稳定性差。因此，只能用于低温及无侵蚀性的介质中。

3．热电阻测温电路

1）二线式铂热电阻恒温电路

这是一种用来检测印刷电路板上功率晶体管周围温度的恒温器电路，如图 3–5 所示。

运算放大器采用正反馈，相当于一个比较器，阈值信号就是温度，当温度超过 60℃时，电路输出信号，进行自动调温。

R_T 采用 100Ω 的铂热电阻，当功率晶体管周围温度低于 60℃时，运算放大器 A 的同相输入端电位高于反相输入端电位，A 输出为高电平（无效）；温度超过 60℃时，则 R_T 阻值增大到 123.64Ω（0℃时为 100 Ω），A 的反相输入端电位高于同相输入端，A 输出低电平，从而控制有关电路进行温度调节。

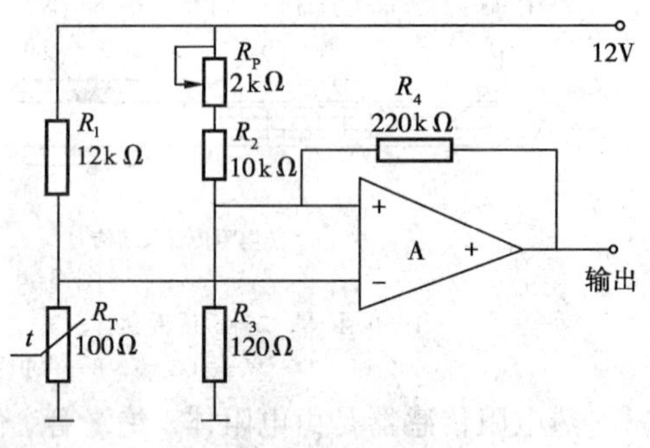

图 3–5 二线式铂热电阻接线实例

2）三线式测温电路实例

图 3–6 所示为三线式测温电路实例，电路中，铂热电阻 R_T 与高精度电阻 R_1 ~ R_3 组成桥路，而且 R_3 的一端通过导线接地。R_{W1}、R_{W2} 和 R_{W3} 是导线的等效电阻。R_{W1} 和 R_{W2} 分接在两个相邻桥臂中，只要导线对称，便可实现温度补偿。放大电路常采用三运放构成仪表放大器，使其具有高的输入阻抗和共模抑制比。调整时，调整基准电源 U_T 使 R_2 两端电压为准确的 20 V 即可。

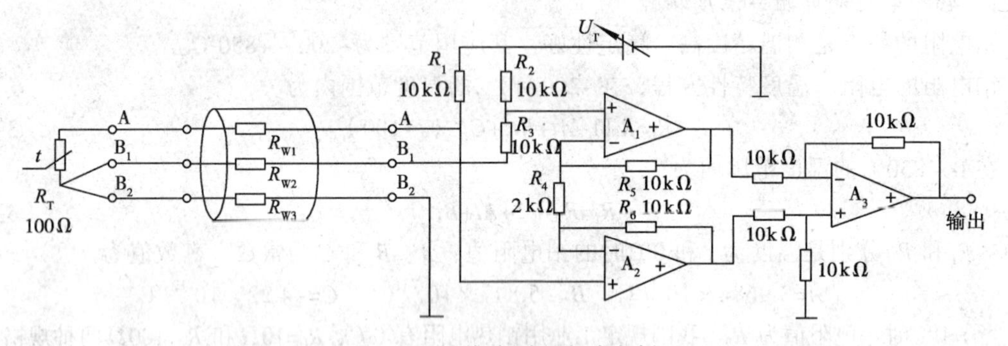

图 3–6 三线式测温电路实例

3）四线式测温电路实例

图 3–7 所示为四线式测温电路实例。该电路需要采用线性好的恒流源电路，恒流源电路输出 2 mA 的电流。R_T 两端电压通过 R_{W2} 和 R_{W3}，直接输入由 A_1 ~ A_3 构成的仪表放大器的输入端。由于放大器的输入阻抗非常高，因此，流经 R_{W2} 和 R_{W3} 两导线中的电流近似为 0，R_{W2} 和 R_{W3} 可以忽略不计。R_1、C_1 和 R_2、C_2 构成低通滤波器，用于补偿高频时运放电路的共模抑制比的降低。R_{W1} 和 R_{W4} 串联在恒流源电路中，用于限制恒流源电路和放大器的工作电压范围，而对测量精度影响不大，测量精度依赖于恒流电路输出电流的调整。调整时可以用适当的电阻来代替实际的传感器和电缆。

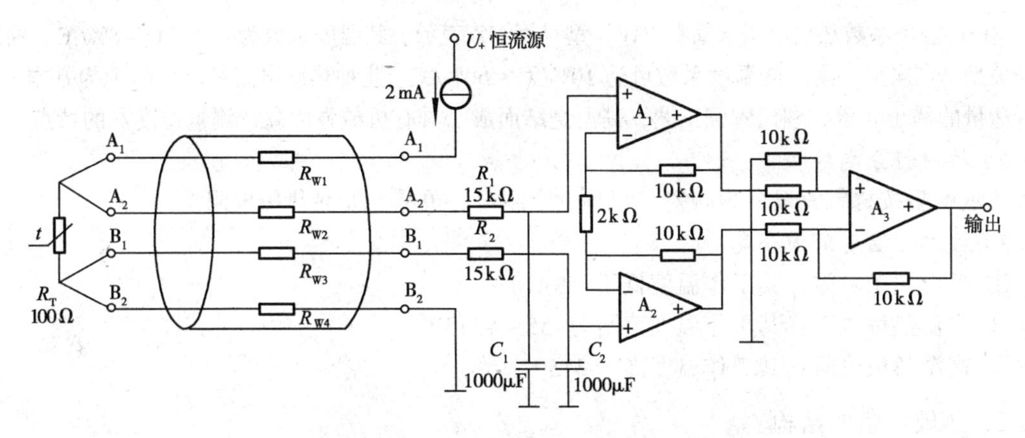

图 3-7　四线式测温电路实例

任务 2　使用热敏电阻式传感器测量温度

半导体材料的电阻率温度系数是金属材料的 10～100 倍，有的甚至更高，当前半导体种类很多，根据选择的半导体材料不同，电阻率温度系数可有从-（1～6）%/℃～+60%/℃范围内的各种数值。用半导体材料制作的热敏原件通常称为热敏电阻，如图 3-8 所示。

知识链接

1．热敏电阻的类型

热敏电阻可按电阻的温度特性、结构、形状、用途、材料及测量温度范围等进行分类。

1）按温度特性分类

热敏电阻按温度特性可分为三类，其温度特性曲线如图 3-9 所示。

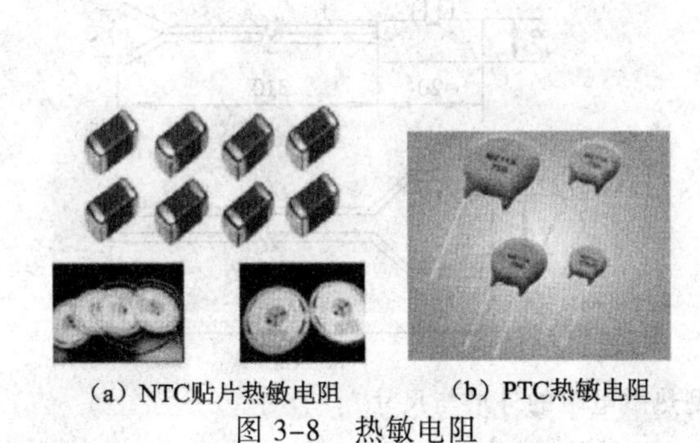

（a）NTC贴片热敏电阻　（b）PTC热敏电阻

图 3-8　热敏电阻

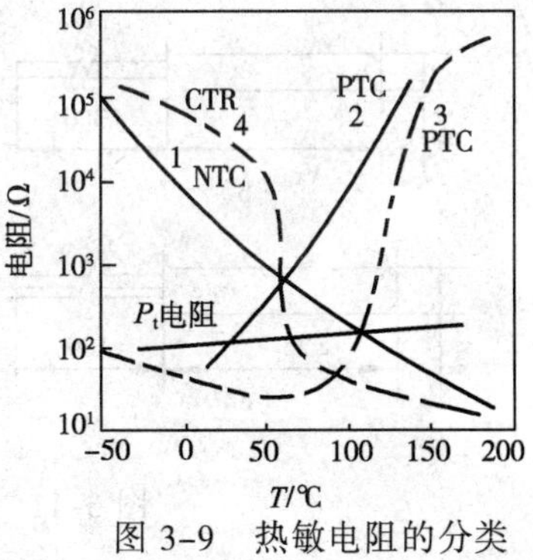

图 3-9　热敏电阻的分类

1—NTC；2—线性 PTC；3—非线性 PTC；4—CTR

① 负温度系数热敏电阻：简称 NTC，型号用 MF 表示。在工作温度范围内，电阻随温度上升而非线性下降，温度系数为-（1～6）%/℃，如图 3-9 中曲线 1 所示，此类热敏电阻是以氧化锰、氧化钴和氧化铝等金属氧化物为主要原料。采用陶瓷工艺制成，具有灵敏度高、稳定性好、响应快、寿命长、价格低等优点。多用在自动控制电路中。

② 临界负温度系数热敏电阻，简称 CTR。CTR 是一种开关型 NTC，在临界温度附近，阻值随温度上升而急剧减小，如图 3-9 中曲线 4 所示。

③ 正温度系数热敏电阻，简称PTC，型号用MZ表示。其温度系数为0.5%/℃～8%/℃，曲线3为开关型，在居里点附近的温度系数可达10%/℃～60%/℃。此种热敏电阻是以钛酸钡为基本材料，掺入适量的稀土元素，利用陶瓷工艺，高温烧结而成。具有机械强度高，测量温度宽的特点。

2）按材料分类

热敏电阻按材料一般分为陶瓷、塑料、金刚石、单晶、非晶热敏电阻等。

3）按工作温度范围分类

① 低温热敏电阻：其工作温度低于-55℃。

② 常温热敏电阻：其工作温度范围为-55～+315℃。

③ 高温热敏电阻：其工作温度高于315℃。

2．热敏电阻的结构

常用热敏电阻的结构如图3-10所示，主要有片型、杆型和珠型。精密热敏电阻的外形和尺寸如图3-11所示。

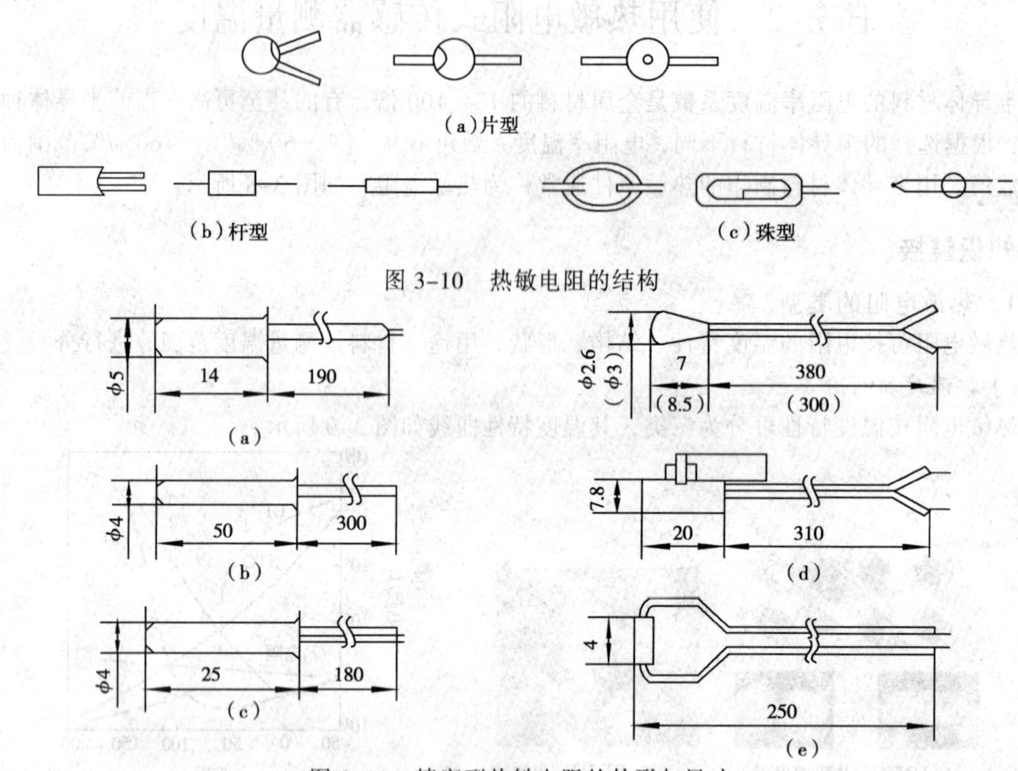

图3-10 热敏电阻的结构

图3-11 精密型热敏电阻的外形与尺寸

实践应用

热敏电阻应用广泛，常用于家用空调、汽车空调、水箱、冷柜和一些电动类家电及低温干燥箱、恒温箱等场合的温度测量和控制。

1．NTC热敏电阻水箱单点温度控制电路

单点温度控制是常见的温度控制形式，如图3-12所示。

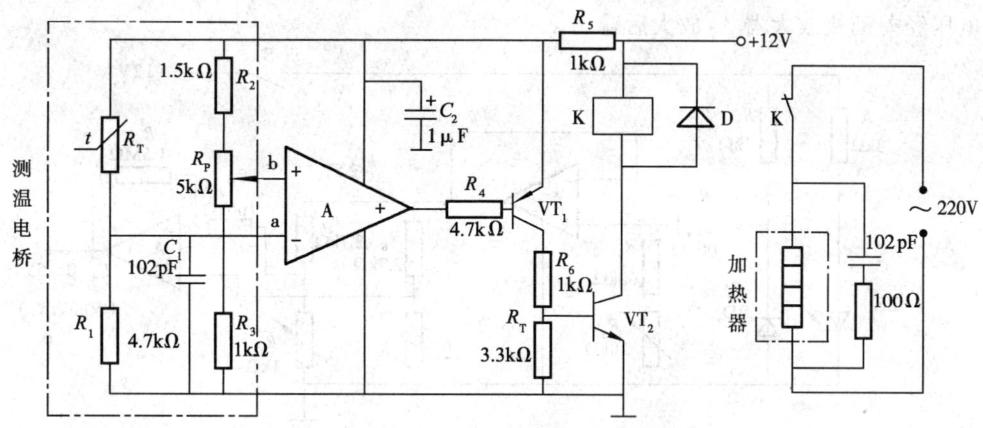

图 3-12 热敏电阻单点温度控制原理图

由运算放大器 A 组成一个比较器，反相输入端与同相输入端分别为 a、b，调整 b 端电位 U_b，即设置阈值温度 T_b，初始时继电器不通电，常闭触点 K 闭合，加热器通电加热。当温度上升，热敏电阻 R_T 阻值下降，a 点电位升高至 $U_a>U_b$ 时，比较器输出低电平 VT_1 导通，随即 VT_2 也导通，继电器通电，常闭触点 K 断开，加热器断电停止加热；温度下降，热敏电阻 R_T 阻值上升，a 点电位下降至 $U_a<U_b$ 时，比较器输出高电平，VT_1 截止，VT_2 也截止，继电器断电，常闭触点 K 闭合，加热器通电加热。

2．热敏电阻测量真空度

真空度测量的方法比较多，利用热敏电阻实现真空度的测量，其电路原理如图 3-13 所示。

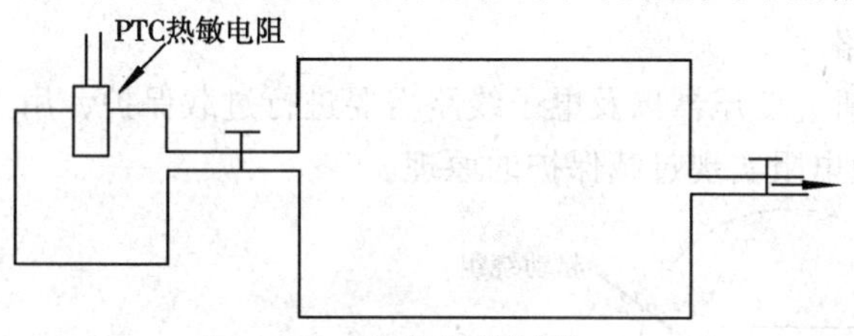

图 3-13 真空度的测量

PTC 热敏电阻用恒定电流加热，一方面使自身温度升高，同时也向周围介质散热，在单位时间内从电流获得的能量与向周围介质散发的能量相等，达到热平衡时，电阻获得相应平衡温度，且有一对应固定的电阻值。当被测介质的真空度升高时，玻璃管内的气体变得稀少，气体分子间碰撞进行热传递的能力降低，热敏电阻吸收的能量与散发的能量不平衡，因此温度上升，电阻值随即增大，其阻值大小反映了被测介质真空度的高低。

3．PTC 热敏电阻组成的测温电路

0～100℃的测温电路是应用广泛的电路之一，实现的形式也是多种多样，图 3-14 所示为采用正温度系数热敏电阻组成的电路。

稳压管 VD_Z，提供稳定电压，由 R_3、R_4、R_5 分压，调节 R_5 使电压放大器 A_1 输出 2.5V 稳定的电桥工作电压，并使热敏电阻工作电流小于 1mA，避免过热影响测量精度，PTC 热敏电阻 R_t 在 25℃时阻值为 1kΩ，R_8 也选择 1kΩ，室温 25℃ 时电桥调平衡，温度偏离 25℃ 时电桥失衡。

输出电压经差动式放大器 A_2 放大后输出。

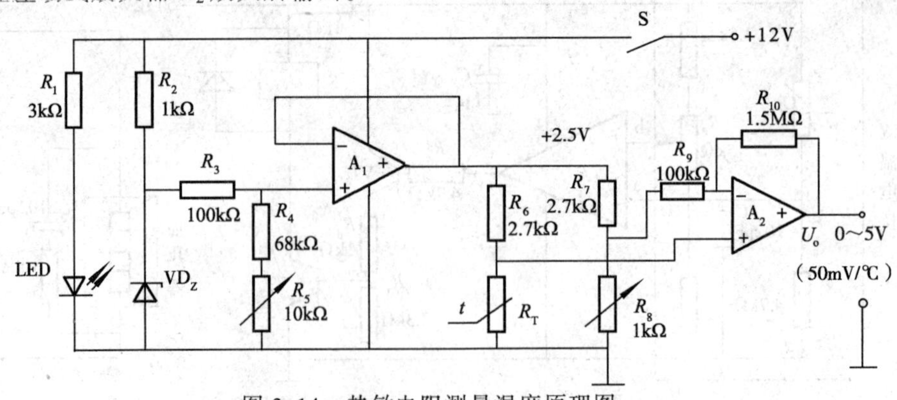

图 3-14 热敏电阻测量温度原理图

4．单相异步电动机的起动

对于起动时需要较大功率，运转时功率又较小的单相交流异步电动机（如：冰箱压缩机、空调机等），往往采用起动后将起动绕组通过离心开关将其断开。如采用 PTC 热敏电阻作为起动线圈自动通断的无触点开关时，则效果更好，寿命更长，如图 3-15 所示。

电动机刚起动时，PTC 热敏电阻尚未发热，阻值很小，起动绕组处于通路状态，对起动电流几乎没有影响。起动后，热敏电阻自身发热，温度迅速上升，阻值增大；当阻值远大于起动线圈 L_2 阻抗时，就可以认为切断了起动线圈，只由工作线圈 L_1 正常工作，此时电动机已起动完毕，进入单相运行状态。

5．过载保护电路

通信设备、电动机、变压器以及电子线路需要进行过载保护，用热敏电阻实现比较方便，图 3-16 表示了用热敏电阻实现过载保护的原理。

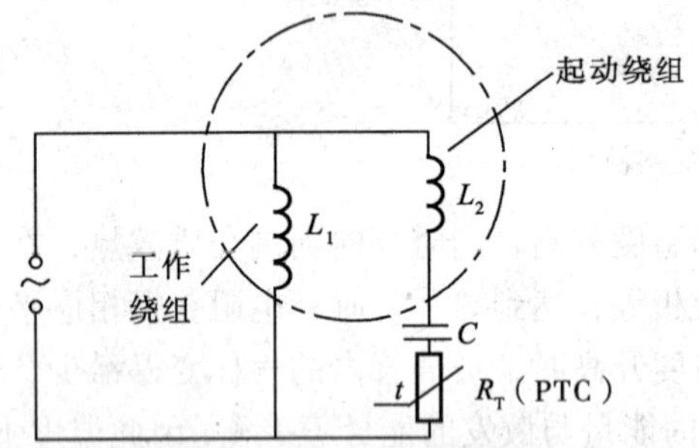

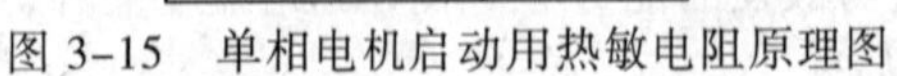
图 3-15 单相电机启动用热敏电阻原理图

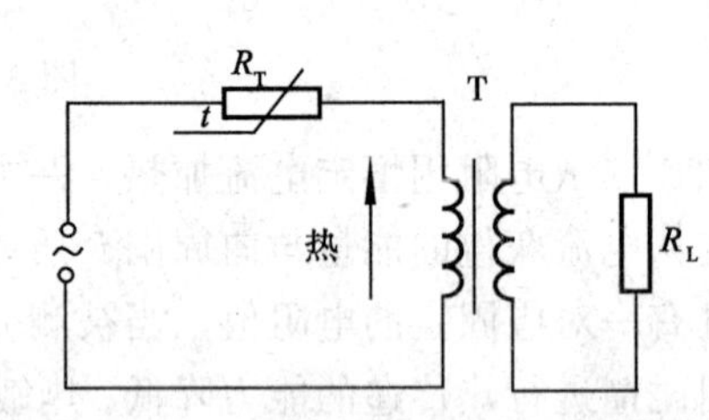

图 3-16 用热敏电阻实现过载保护原理图

在正常情况下，PTC 热敏电阻的常温电阻相对较小，不影响电路工作。当有异常大的电流通过电路或负载过热时，PTC 电阻的温度会迅速上升，电阻值在短时间急速增大，能起到限制电流的作用，可以保护电路。

6．管道流量测量

管道流量的测量是工业生产中常遇到的一种测量类型，实现的方法也很多，用热敏电阻来测量管道流量，是常用的方法之一。图 3-17 显示了其工作原理。

利用热敏电阻测量管道流量的原理是：基于流体流速（流量）与散热的关系，用热敏电阻桥式电路测量管道流量。R_{t1} 和 R_{t2} 特性完全相同，分别置于管道和不受介质流速影响的小室中，介质静止时电桥调平衡，输出电压为零；介质流动时，带走 R_{t1} 上的热量，使 R_{t1} 温度降低，阻值随之变化，电桥失去平衡，输出电压值与介质流速有关。

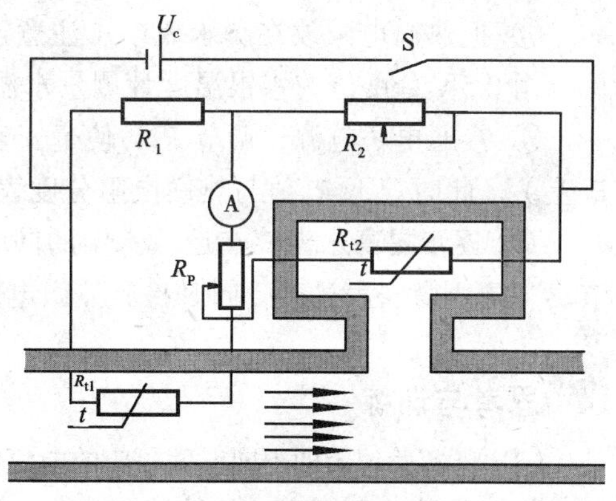

图 3-17　管道流量测量原理图

【技能与方法】制作一个半导体热敏电阻温度计

设计制作温度计用于测量水的温度，测温范围 0 ~ 100℃。设计热敏电阻温度计的电路如图 3-18 所示。取 R_2=R_3，R_1 值等于测温范围最低温度（0℃）时热敏电阻的阻值。R_4 是校正满刻度电流用的，取 R_4 值等于测温范围最高温度（100℃）时热敏电阻的阻值。

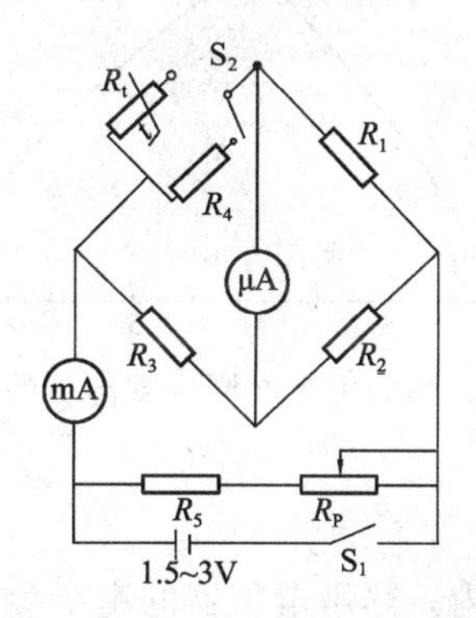

图 3-18　热敏电阻温度计的电路图

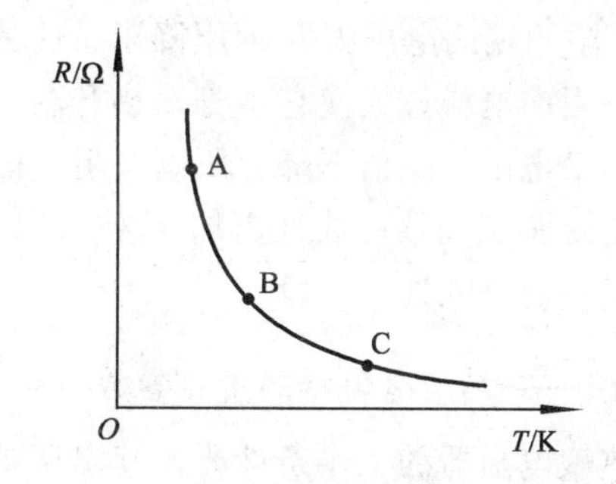

图 3-19　NTC 热敏电阻的电阻—温度特性曲线

测量时，首先把 S_2 接在 R_4 端，改变 R_P 使微安表指示满刻度，然后再把 S_2 接在 R_t 端，如果在 0℃时，R_t =R_1，R_3=R_2，电桥平衡，微安表指示为零，温度越高，R_t 值也就越小（NTC），电桥越不平衡，通过表头的电流也就越大。这样就可以用通过表头的电流来征被测温度的高低。

在此方案中，最关键的是热敏电阻的非线性问题，图 3-19 所示为一只 NTC 热敏电阻的电阻—温度特性曲线（*R*–*T* 曲线），由于热敏电阻特性曲线的非线性，直接影响了测量的精度，为保证测量的精度，应使热敏电阻尽量工作在线性段范围（即 AB 段），所以在选择热敏电阻时，尽量选择其 *R*–*T* 曲线线性范围大一些的电阻，否则只能缩小其测量范围。

制作一个半导体热敏电阻温度计的过程如下：

① 选取热敏电阻，如型号是 RRC6 型的小型热敏电阻，查相关的手册中的 NTC-RRC6 的分度表，找出 0℃和 100℃所对应的电阻值。可以根据自身条件，采用能了解其相关分度表的其他型号的 NTC 热敏电阻。也可以采用制造冰水（0℃）相混合与沸水（100℃）的温度环境，测出热敏电阻在此环境下对应的电阻值（忽略线性问题）。

② 将上述经选取的热敏电阻和 R_4 接在图 3-18 所示的电桥支臂中，R_1 选取电阻箱，R_2=R_3=4kΩ，检流计用 50μA 的微安表。R_P 用 10 kΩ 电位器，R_5 选用 2 ~ 4.7 kΩ 电阻，毫安表可取 5mA，电桥中电流不要超过 3mA。

③ 把热敏电阻放在暖水瓶中（注意连接导线的绝缘保护），向瓶中放入冰水混合物，然后使用 0.5℃分度值的水银温度计测量水温，使其达到 0℃。

④ 接通电桥电源，调节 R_P，使毫安表读数不大于 1mA，再调节 R_1，使电桥平衡（S_2 接到 R_t 上），此时记下 R_1 值与热敏电阻分度表上的数值做对比。

⑤ 逐步提高水温，在记下水温的同时，记下微安表的数值，在温度接近沸点时，要放慢节奏，防止微安表过载，同时检验热敏电阻在 100℃时的电阻值。

思考与训练

（1）将实验记录即不同温度对应的电流值分组列表，检验热敏电阻的 *R–T* 特性曲线的线性范围。

（2）热敏电阻温度计的设计制作中，能否将温度传感器换成 PTC，要做怎样的调整。

测量时电桥干路中电流不能超过一定值，这是由热敏电阻的伏安特性决定的。热敏电阻在同一室温下的伏安特性如图 3–20 所示。当电流 *I* 上升到一定值后，电阻两端的电压 *U* 反而下降了，这是由于通过热敏电阻的电流过大使它本身发热升温，温度升高又使热敏电阻的阻值下降，所以电阻上的压降减小。这样使 *R–T* 曲线的线性更加变坏，所以在设计上应避免电流进入这一阶段。

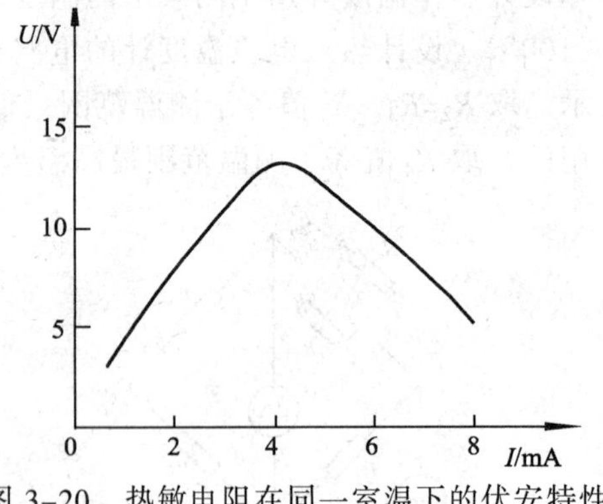

图 3–20 热敏电阻在同一室温下的伏安特性

小知识——热敏电阻器的主要参数

各种热敏电阻器的工作条件要在其出厂参数允许范围之内。热敏电阻器的主要参数有十余项：标称电阻值、使用环境温度（最高工作温度）、测量功率、额定功率、标称电压（最大工作电压）、工作电流、温度系数、材料常数、时间常数等。其中标称电阻值是在 25℃、零功率时的电阻值，实际中总是存在一些误差，其误差应在 ± 10%之内。普通热敏电阻器的工作温度范围较大，可根据需要从–55 ~ +315℃选择，需要注意的是，不同型号热敏电阻器的最高工作温度差异很大，如 MF11 片状负温度系数热敏电阻器最高温度为+125℃，而 MF53–1 的最高温度仅为+70℃，在使用时一定要注意。

任务 3 使用热电偶测量温度

热电偶传感器是在 1821 年由德国物理学家赛贝克发明的，它是首先将温度信号转换为电信号输出的测温传感器，是目前接触式测温中应用最广泛的热电式传感器之一。热电偶测温范围宽、测量精度高，性能稳定、结构简单、动态响应好，信号可以远传，是工业生产中常用的测温元件，在工业温度传感器中占有极其重要的地位。

知识链接

1．热电偶的分类与结构

热电偶按用途、安装位置和方式，材料等分为不同类型，但其基本组成大致相同。

1）普通装配式热电偶

这种热电偶又称工业装配式或普通型热电偶。一般由热电极、绝缘套管、保护套管和接线盒等几部分构成，如图 3-21 所示。

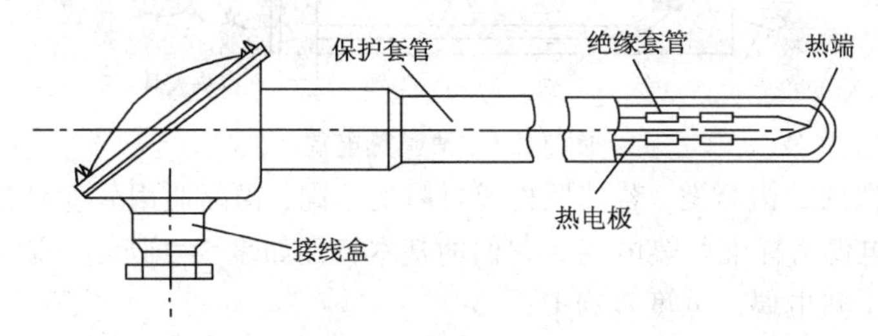

图 3-21　热电偶结构示意图

热电极直径一般为 0.35 ~ 3.2 mm，长度为 250 ~ 300 mm。绝缘套管可防止两个电极短路，一般采用陶瓷材料。保护套管在最外层，为了增加机械强度并防止热电偶被腐蚀或受火焰和气流直接冲击。接线盒用于固定接线座和连接外接导线，一般采用铝合金材料，盒盖用垫圈加以密封以防污物进入。图 3-22 所示为装配式热电偶实物。此种热电偶主要用于测量容器或管道内的气体、蒸汽、液体等温度。

2）铠装热电偶

铠装热电偶又称缆式热电偶，它是将热电极、绝缘材料连同保护管一起拉制成型、经焊接密封和装配工艺制成坚实的组合体。外形如图 3-23 所示。其套管可长达 100 m，管外径最细为 0.25 mm。铠装热电偶已实现标准化、系列化，它具有体积小、动态响应快、柔性好、便于弯曲、强度高等优点，因此被广泛用于工业生产，特别是高压装置和狭窄管道的测量。

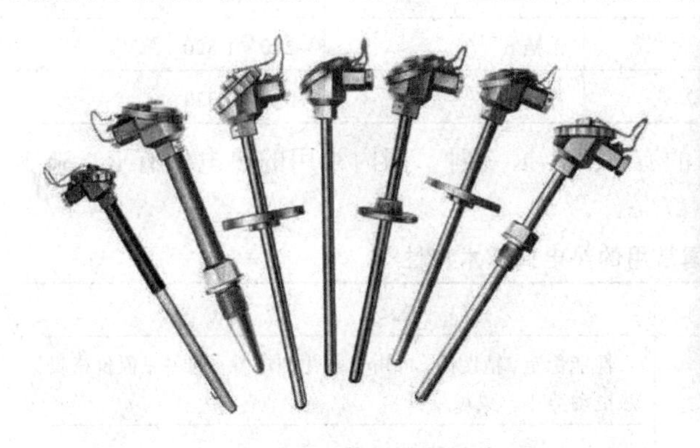

图 3-22　装配式热电偶

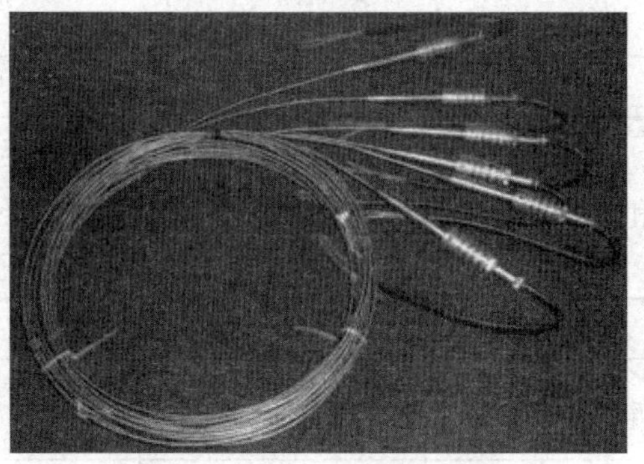

图 3-23　铠装式热电偶

3）薄膜热电偶

薄膜热电偶是由两种金属薄膜连接而成的一种特殊结构热电偶，如图 3-24 所示，它的测量端既小又薄，热容量很小，动态响应快，可以用于微小面积上的温度测量及快速变化的表面温度测量。测量时薄膜热电偶用特殊黏合剂紧贴在被测表面，由于受黏合剂的限制，测量温度范围一般为-200 ~ +30℃。

还有一些专门测量固体表面温度，例如：橡胶筒、涡轮叶片、轧辊等物体表面温度的表面热电偶和专门测量各种熔液温度的浸入式热电偶。这些热电偶大多是属于非标准热电偶，主要用于某些特殊场合的测量。

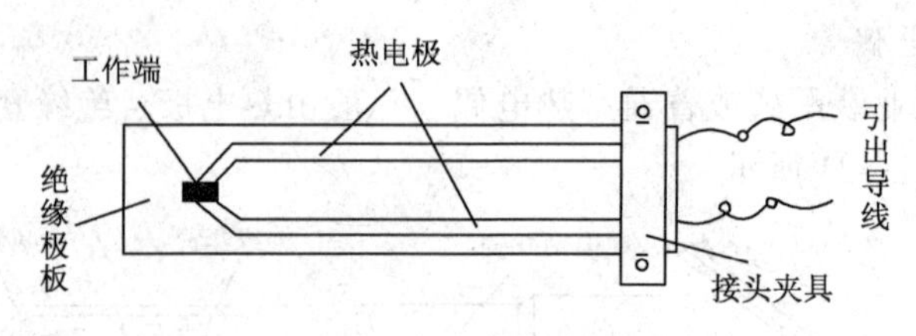

图 3-24 薄膜热电偶

以上是按热电偶的结构分类，若按照构成材料的不同，国际通用分度号为 S、B、E、K、R、N、J、T 的八种热电偶为标准化热电偶，它们的基本特性如表 3-2 所示。表中最后一行列出了一种特殊（非标准）热电偶，分度号为 C。

表 3-2 标准化热电偶的特性

分度号	热电偶名称	热电偶材料		极限使用温度/℃
		正 极	负 极	
K	镍铬-镍硅	镍铬	镍硅或镍铝	-270 ~ +1 372
E	镍铬-康铜	镍铬	铜镍	-270 ~ +1 000
J	铁-康铜	铁	铜镍或康铜	-270 ~ +1 200
T	铜-康铜	铜	铜镍	-270 ~ +400
N	镍铬硅-镍硅	镍铬硅	镍铬	-270 ~ +1 300
S	铂铑 10-铂	铂铑 10	铂	-270 ~ +1 768
R	铂铑 13-铂	铂铑 13	铂	0 ~ 1 768
B	铂铑 30-铂铑 6	铂铑 30	铂铑 6	-270 ~ 1 820
C	钨铼 5-钨铼 26	钨铼 5	钨铼 26	常温～2 320

我国也已制定了国家标准，已投入生产的有 S、B、K 三种。国内常用的热电偶有 B、S、K 和 E 四种，其技术特性如表 3-3 所示。

表 3-3 我国常用的热电偶技术特性

名 称	型号	分度号	测温范围/℃	特 点
铂铑 30-铂铑 6	WRR	B(LL-2)	0 ~ 1800	性能稳定，精度高，可用于氧化和中性介质中；但价格贵，热电动势小，灵敏度低
铂铑 10-铂	WFP	S(LB-3)	0 ~ 1600	性能稳定，精度高，复现性好；但热电动势较小，高温下铑易升华，污染铂极，价格贵，一般用于较精密的测温中
镍铬-镍硅	WNR	K(EU-2)	-200 ~ 1300	热电动势大，线性好，价廉，但材质较脆，焊接性能及抗辐射性能较差
镍铬-康铜	WRK	E(EA-2)	250 ~ 870	热电动势大，线性好，价廉，测温范围小

制做热电极的材料有金属和非金属两大类，在金属类中有贵重金属材料如铂铑合金和铂，此类热电偶测量温度宽，工作稳定，且测量温度高，精度也高，也有普通金属材料如：铁、铜、康铜、镍铬合金等，可测较低温度，这类热电偶价格便宜，应用更广泛。非金属材料制成的热电极一般有碳、石墨和碳化硅等。

2．热电偶的工作原理

1）热电效应和热电偶的工作原理

1821年，赛贝克（Seebeck）发现，把两种不同的金属A和B组成一个闭合回路。如果将它们两个结点中的一个进行加热，使其温度为T，而另一点置于室温T_0中，则在回路中就有电流产生。如果在回路中接入检流计，就可以看到检流计中有电流显示，这一现象称为热电动势效应（热电效应），如图3-25所示。

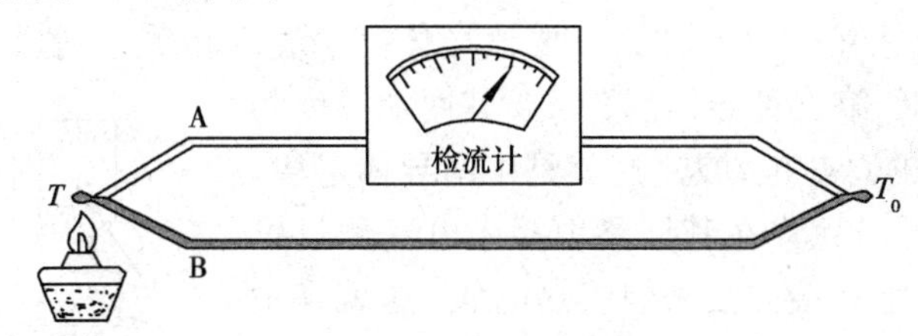

图3-25 热电效应示意图

热电效应中产生的电动势称为热电动势（又称赛贝克电动势），用 $E_{AB}(T,T_0)$来表示。通常把两种不同金属的这种组合称为热电偶，A和B称为热电极，温度高的结点T称为测量端（又称工作端或热端），而温度低的结点 T_0 称为参考端（又称自由端或冷端）。利用热电偶把被测温度信号转变为热电动势大小，就可间接求得被测温度值。T与T_0的温差愈大，热电偶的输出电动势愈大；温差为0时，热电偶的输出电动势为0。因此，可以用测量的热电动势大小来衡量温度的高低。

2）热电动势及其特点

热电效应产生的热电动势是由以下两部分组成的。

（1）接触电势（珀尔帖效应）

在不同的金属中自由电子的浓度不同，因此当两种不同金属A和B接触时，在接触处便发生电子的扩散。若金属A的自由电子浓度大于金属B的自由电子浓度，则在同一瞬时由金属A扩散到金属B中去的电子将比金属B扩散到金属A中去的电子多，因而金属A因失去电子而带正电荷，金属B因获得电子而带负电荷。因此在接触处便产生了电场，产生的电势称为接触电势，如图3-26所示。

（2）温差电势（汤姆逊效应）

对于任何一个金属，当其两端温度不同时，两端的自由电子浓度也不同。温度高的一端浓度大，具有较大的动能；温度低的一端浓度小，动能也小。因此高温端的自由电子要向低温端扩散，高温端失去电子而带正电，低温端得到电子而带负电，故而形成电场，两端产生的电势称为温差电势，如图3-27所示。

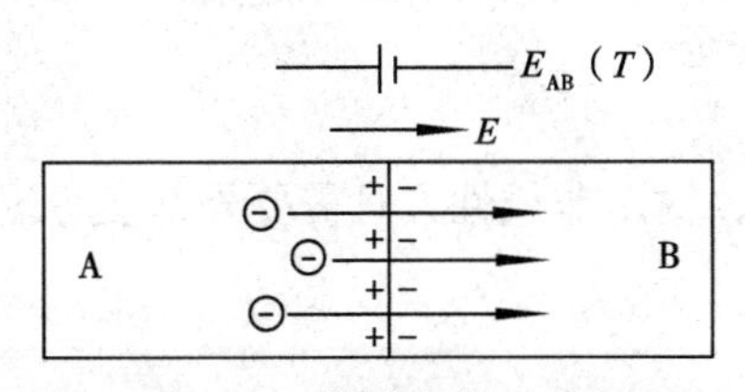

图3-26 接触电势示意图

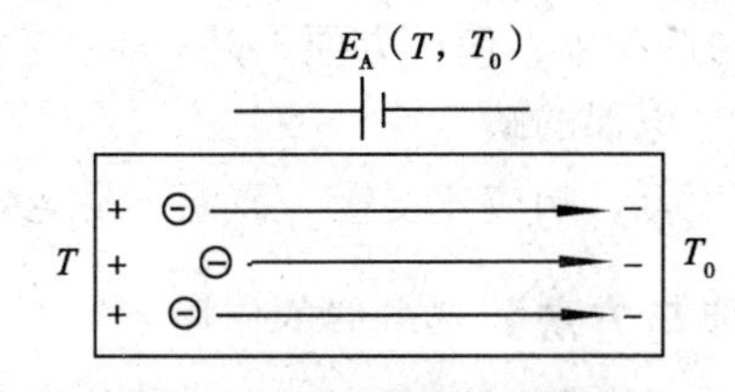

图3-27 温差电势示意图

热电动势$E_{AB}(T,T_0)$=接触电势$E_{AB}(T)$+温差电势$E_A(T,T_0)$，热电效应产生的热电动势还有如下特点：

① 接触电势的数值取决于两种金属的性质和接触点的温度，而与金属的形状及尺寸无关。

② 如果A、B为同一种材料，接触电势为零。

③ 在一个热电偶回路中起决定作用的是两个接点处产生的与材料性质和该点所处温度有

关的接触电势。因为在金属中自由电子数目很多，以致温度不能显著地改变它的自由电子浓度，所以在同一种金属内的温差电势很小，可以忽略。

④ 两种均质金属组成的热电偶，其热电动势大小与热电极直径、长度及沿热电极长度上的温度分布无关，只与热电极材料和两端温度有关。

⑤ 热电极有正负之分，使用时应注意这一点。

3）中间导体定律

在热电偶电路中接入第三种导体，只要该导体两端温度相等，则热电偶产生的总热电动势不变。同理加入第四、第五种导体后，只要其两端温度相等，同样不影响电路中的总热电动势。这就是中间导体定律。根据这一特性，不但可以允许在其回路中接入电气测量仪表，而且也允许采用任意焊接方法来焊接热电偶。这就是中间导体定律的实际意义。图 3-28 所示为在热电偶回路中测量仪表。

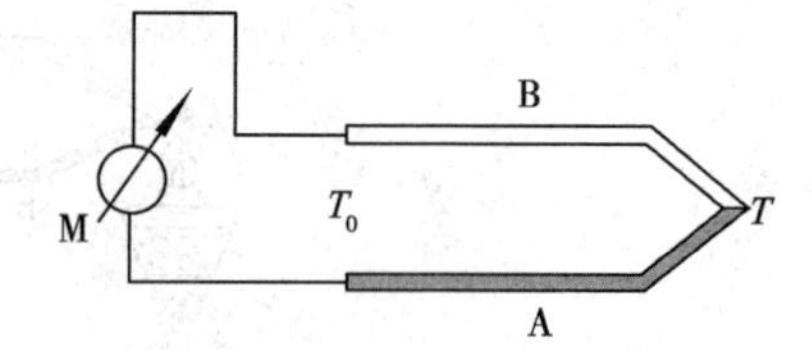

图 3-28 热电偶的检测电路

3．热电偶的参数及特点

热电偶的特性不是用公式计算，也不是用特性曲线表示，而是用分度表给出。

1）分度号

国际上，按热电偶的 A、B 热电极材料不同分成若干分度号，如常用的 K（镍铬—镍硅或镍铝）、S（铂铑$_{10}$—铂）、E（镍铬—康铜）、T（铜—康铜）等，并且有相应的分度表。

2）分度表

因为多数热电偶的输出都是非线性的，国际计量委员会已对这些热电偶的每一度的热电动势做了非常精密的测试，并向全世界公布了它们的分度表。可以通过测量热电偶输出的热电动势值，再查分度表得到相应的温度值。每 10℃分挡，中间值按内插法计算，详见附表。

3）热电偶的特点

（1）热电偶的优点

① 测温范围宽，能测量较高的温度（-180 ~ +2 800℃）。

② 输出电压信号，测量方便，便于远距离传输、集中检测和控制。

③ 性能稳定、维护方便、准确度高。

④ 热惯性和热容量小，便于快速测量。

⑤ 自身能产生电压，不需要外加驱动电源，是典型的自发式传感器。

⑥ 构造简单，使用方便，外有保护套管，比较安全。

（2）热电偶的缺点

灵敏度低，响应速度慢，高温下易老化且有漂移，输出非线性，且需要外部参考端。

【技能与方法】 热电偶的使用

在使用热电偶测温时，必须能够熟练掌握热电偶的参考端（冷端）处理方法、安装方法、测温电路、测量仪表等实用技术。

1．热电偶的参考端（冷端）温度处理

热电偶工作时，必须保持冷端温度恒定，并且热电偶的分度表是以冷端温度为 0 ℃做出的。如果在工程测量中冷端距离热源近，且暴露在空气中，易受被测对象温度和环境温度的影响，使冷端温度难以恒定而产生测量误差。为了消除这种误差，可采取下列温度补偿或修正措施。

1）参考端恒温法

将热电偶的参考端放在有冰水混合的保温瓶中，可使热电偶输出的热电动势与分度值一致，测量精度高，常用于实验室中。工业现场可将参考端置于盛油的容器中，利用油的热惰性使参考端保持接近室温。

2）补偿导线法

采用补偿导线法，将热电偶延伸到温度恒定或温度波动较小处。为了节约贵重金属，电偶的电极不能做得很长，在 0 ~ 100℃范围内，可以用与热电偶电极有相同热电特性的廉价金属制作或补偿导线来延伸热电偶。在使用补偿导线时，必须根据热电偶型号选配补偿导线，补偿导线与热电偶两接点处温度必须相同，极性不能接反，不能超出规定使用温度范围。常用补偿导线的特性如表 3-4 所示。

表 3-4 常用热电偶补偿导线的特性

配用热电偶正-负	补偿导线正-负	导线外皮颜色		100℃热电动势/mV	150℃热电动势/mV		20℃时的电阻率/Ω · m
		正	负				
铂铑 10-铂	铜-铜镍	红	绿	0.645 ± 0.023	10.29	+0.024 −0.025	<0.048 4 × 10^{-6}
镍铬-镍硅	铜-康铜	红	蓝	4.095 ± 0.15	6.137 ± 0.20		<0.634 × 10^{-6}
镍铬-康铜	镍铬-康铜	红	黄	10.69 ± 0.38	10.69 ± 0.38		<1.25 × 10^{-6}

3）热电动势修正法

用于热电偶的电动势与温度比关系曲线（即分度表）是参考端保持在 T_0=0℃时获得的。当参考端温度 $T_0 \neq 0$℃时，热电偶的输出热电动势将不等于 $E_{AB}(T,T_0)$,而是等于 $E_{AB}(T,T_n)$，如图 3-29 所示。

为求得真实温度，必须做如下修正：

$$E_{AB}(T,T_0)=E_{AB}(T,T_n)+E_{AB}(T_n,T_0) \quad (3\text{-}6)$$

即将测得的电动势 $E_{AB}(T,T_n)$加上一个修正电动势 $E_{AB}(T_n,T_0)$,算出 $E_{AB}(T,T_0)$，再查分度表，可得实测温度值。$E_{AB}(T_n,T_0)$可从分度表中查出。

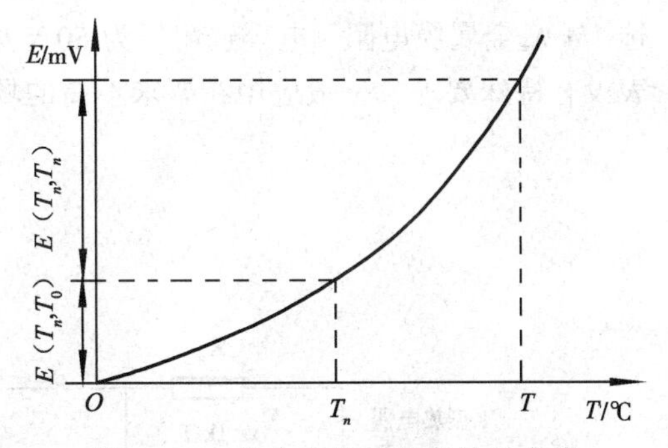

图 3-29 热电动势与温度关系曲线

另外，如果因热电偶参考端温度变化而使热电偶工作不稳定，也可以采用含有热电阻的电桥电路来进行补偿。现在市场上均将此类电桥制成固化电路称为“冷端补偿器”,规格型号也比较多，但是，不同型号的补偿器与哪一种热电偶进行搭配使用，是有规定的，如果需要可以查相关的技术手册。

2.热电偶的安装

热电偶的安装，要严格按照产品说明书中要求的条件和步骤来进行。一般要注意以下几个方面：

① 注意插入深度：一般热电偶的插入深度，是金属保护管直径的 15 ~ 20 倍；对细管道内的流体的温度测量应尤其注意。

② 如果被测物体很小，安装时应注意不要改变原来的热传导及对流的条件。

③ 含有大量粉尘气体温度的测量，最好选用铠装热电偶。

3．热电偶的测量电路

利用热电偶测量大型设备的平均温度时，可将热电偶串联或并联使用。

① 串联：串联时热电动势大，精度高，可测较小的温度信号或者配用灵敏度较低的仪表。其缺点是，只要有一支热电偶发生断路则整个电路不能工作，而个别热电偶短路则将导致示值偏低。

② 并联：并联时总热电动势为各个热电偶热电动势的平均值，可以不必更改仪表的分度。其缺点是，若有一支热电偶断路，仪表却反映不出来。

【实践应用】 热电偶的应用电路

热电偶应用极其广泛，如在电力冶金、水利工程、石油化工、轻工纺织、建材、科研、工业锅炉、工程自动控制、自动化仪表等诸方面应用很多。热电偶产生的电压很小，通常只有几毫伏。例如，K 型热电偶温度每变化 1℃时，相应的电压变化只有 40 μV 左右，因为测量系统要能测出 40 μV 的电压的变化。测量热电偶电压要求的增益一般为 100 ~ 300，但是伴随信号的噪声在放大器中也会放大同样的倍数，因此，通常采用差分放大器来放大信号，用以除去热电偶连线里的共模噪声。市场上还有热电偶信号调节器，例如模拟公司的 AD594/595，可以用来简化硬件接口。

我国生产的热电偶符合 ITS-90 国际温标所规定的标准，其一致性非常好，同时国家又规定了与每一种标准热偶配套的仪表，它们的显示值为温度，而且均已线性化，使用很方便。动圈式仪表为 XC 系列，数字式仪表为 XM 系列，使用时可查相关手册。

1．基本应用电路

图 3-30 所示为 K 型热电偶的放大电路，运算放大器选用 ADOP07，增益在 240 以上，电阻选 1/4 W 金属膜电阻，电容选耐压为 50 V 电解电容器，漏电尽量小，输出信号连续，对所接仪表没有特殊要求，一般应用在要求不高的场合。

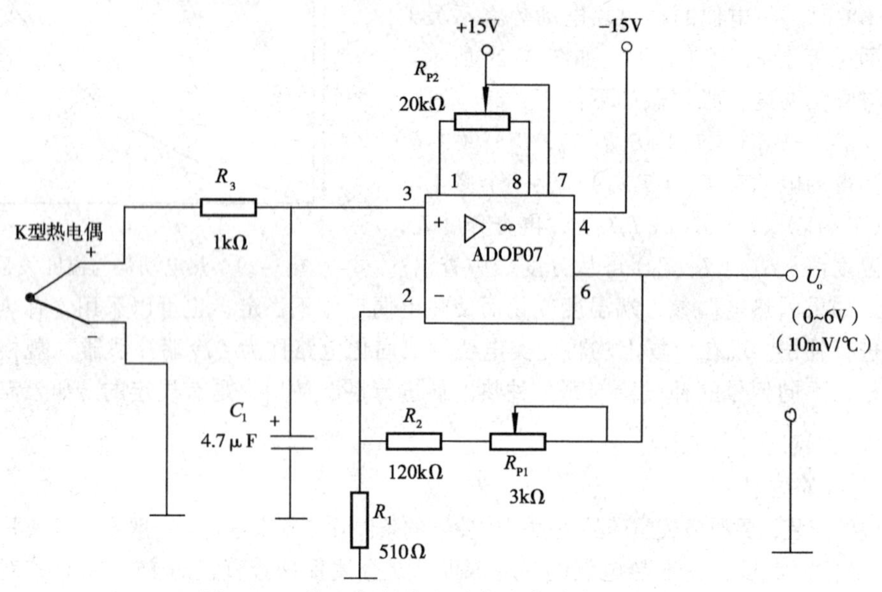

图 3-30 热电偶的热电动势基本放大电路图

2．AD594 集成式单片应用电路

热电偶冷端温度补偿器 AD594、AD597 等是美国 ADI 公司生产的单片热电偶冷端补偿器，内部还集成了仪用放大器，所以除能实现对不同的热电偶进行冷端补偿之外，还可作为线性放大器。其引脚功能是：U_+、U_-为电源正负端，IN_+、IN_-为信号输入端，ALM_+、ALM_-为电热偶开路故障报警信号输出端，FB 为反馈端，做温度补偿时 U_o端与 FB 端短接，更详细的资料见其使用说明书。

图 3-31 为 AD594C 的应用电路图。热电偶的信号经过 AD594 的冷端补偿和放大后，再用 OP07 放大后输出。

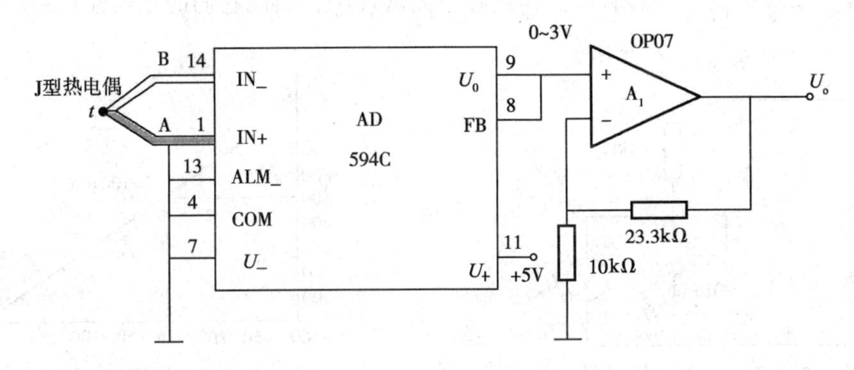

图 3-31 AD594C 应用原理图

3．用 AD592 作冷端补偿的热电偶应用电路

如图 3-32 所示，图中 MC1403 为精密电压源，AD592 为电流输出型集成温度传感器，温度系数为 1μA/K，在这里做冷端温度补偿。

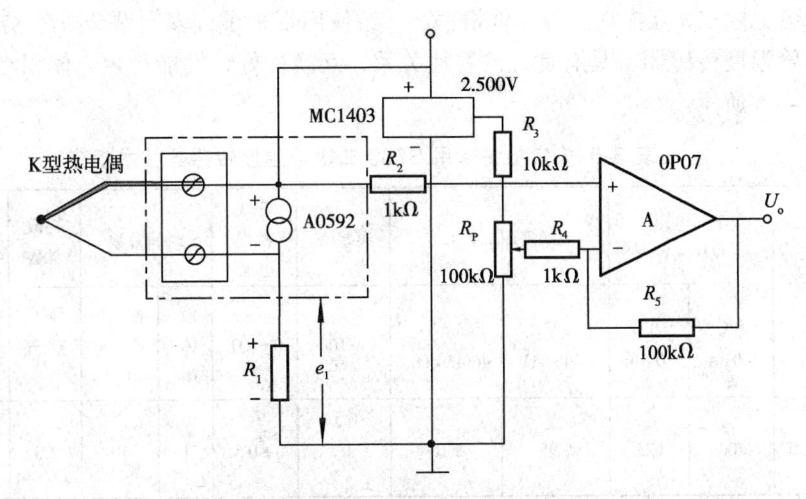

图 3-32 AD592 做冷端补偿的应用电路

任务 4　使用 PN 结温度传感器测量温度

知识链接

PN 结温度传感器是利用半导体 PN 结电压随温度变化而变化的原理工作的，例如普通二极管的 PN 结的结电压均是随温度变化而变化的。利用这种特性，一般可以直接采用二极管、或者采用硅三极管接成二极管形式（bc 结短接，利用 be 结），来做 PN 结温度传感器，如图 3-33 所示。

这种传感器有较好的线性、尺寸小、灵敏度高，温度范围为-50 ~ +150℃。典型的温度曲线如图 3-34 所示。但由于晶体管在制作过程中离散性大，因此它们的互换性较差。

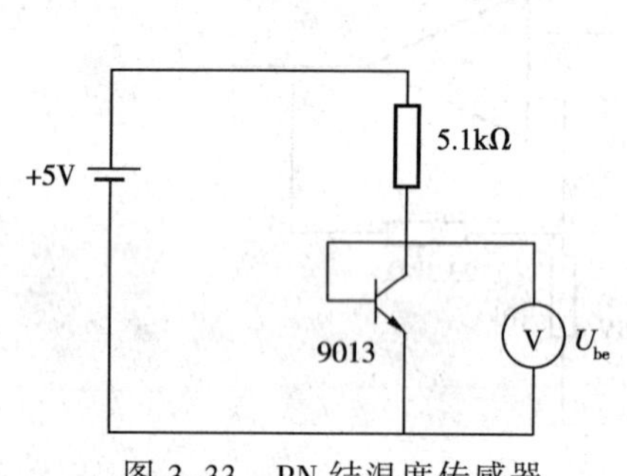

图 3-33　PN 结温度传感器

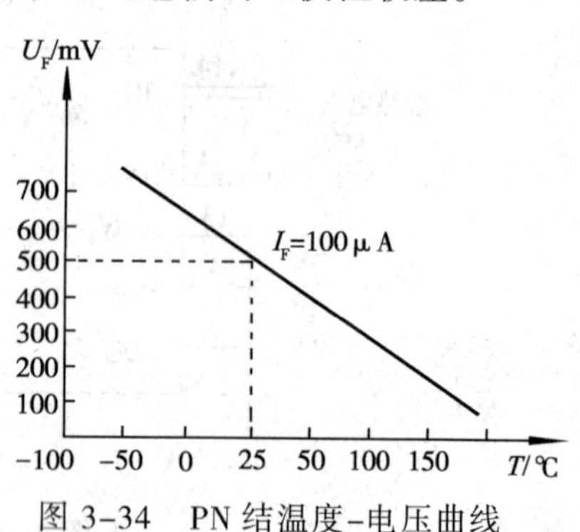

图 3-34　PN 结温度-电压曲线

实践应用

1. 火灾报警专用 S700 二极管温度传感器

火灾报警用的温度传感器，一般以热敏电阻为主，然而热敏电阻器的电阻—温度特性呈非线性，长期稳定性差，互换性不好，价格偏高，给使用带来了许多问题。国产 S700 系列火灾报警专用二极管温度传感器，具有良好的线性关系，互换性好，性能稳定，体积小，响应快。技术规范如表 3-5 所示。

表 3-5 火灾报警专用 S700 二极管温度传感器技术规范

型号	工作温度/℃	正向电压V10/mV		灵敏度/（mV/℃）		误差/℃	非线性误差/%	时间常数		耗散常数	绝缘电阻/Ω	最大功耗/mW
测试条件	—	t=0℃ 100 μA	t=0℃ 10 μA	V=5 V R=43 kΩ	V=3.6 V R=43 kΩ	0～100	0～100	液体中	静止空气中	静止空气中	DC 500V	-30 ~ 100℃
S700	-30 ~ 100	700	625	1.95	2.10	± 0.5、± 1、± 2	± 0.5	1	10	1.5	100	300

图 3-35 给出了 S700 的工作电路，其检测电路很简单，将 S700 串联一个限流电阻后，接入恒压电源即可。后面可接放大、触发和报警电路。在这种电路中，通过传感器的工作电流是一个随温度升高呈近似线性增加的电流，而这种工作电流使得 S700 的正向电压——温度特性几乎呈完全的线性关系，如图 3-36 所示。

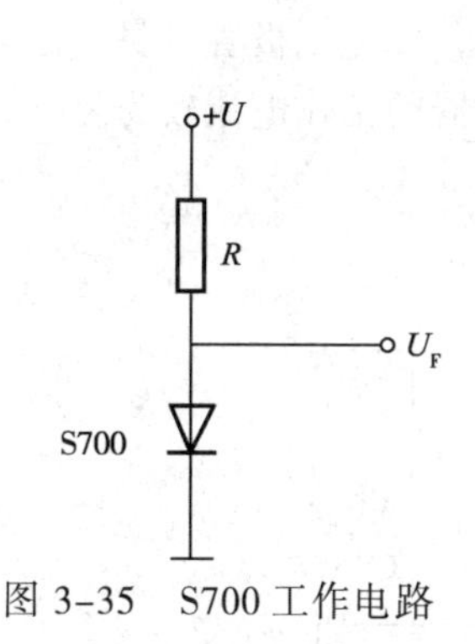

图 3-35　S700 工作电路

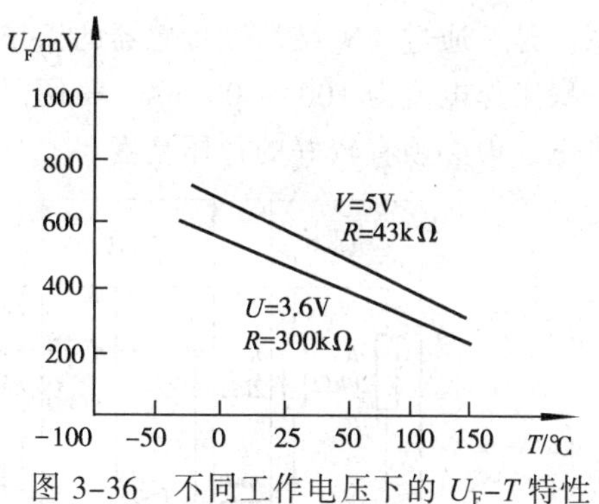

图 3-36　不同工作电压下的 U_F-T 特性

2．温敏二极管恒温器

如图 3-37 所示，这是一个典型应用实例。它可用于恒温器中，对 77～300K 范围的温度进行调节，VD_T 是锗温敏二极管通过调节 R_{P1}，使流过 VD_T 的电流保持在 50μA 左右。比较器采用运算放大器 μA741，其正端输入电压 U_Y 为参考电压，由 R_P 调整预设温度；负端电压 U_X 随温敏二极管正向电压变化。

当恒温器温度较低时，温敏二极管 VD_T 低温时正向电压较大，使 U_X 低于 U_Y,比较器输出高电平，晶体管 VT_2、VT_3 导通，加热器加热；VD_T 随恒温器中温度升高，正向电压变小，当 U_X 高于 U_Y 时，比较器输出低电平，使 VT_2、VT_3 截止，加热器停止加热。如此反复，可以使温度恒定在预设温度点上，其控制精度优于 ±0.1℃。

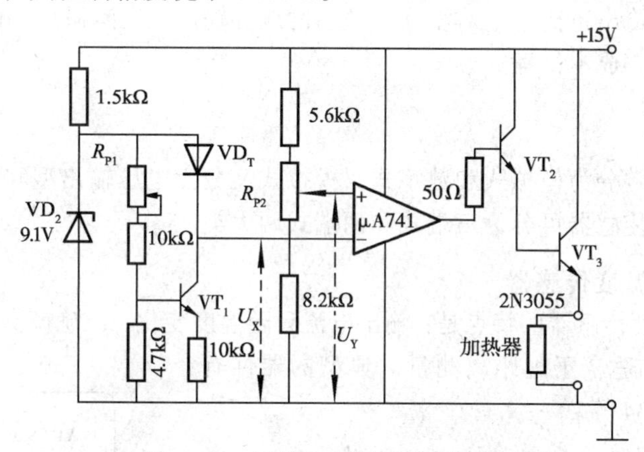

图 3-37　温敏二极管恒温器测量电路

3．PN 结温度传感器的数字式温度计

PN 结温度传感器的数字式温度计电路如图 3-38 所示。测量电路采用桥式电路，0℃时使电桥平衡，电桥不平衡时，电桥双端输出一个差动信号，传输给差动放大器，差动放大器可使用一只双运放 LM358，运放 A_1 为差动放大器，运放 A_2 接成电压跟随器，R_{P2} 通过电压跟随器 A_2 可调节放大器 A_1 的增益，放大后的灵敏度 100 mV/℃。显示屏 DVM 选择 3 位半数字电压表模块 MC14433。

调整方法：将 PN 结传感器插入冰水混合液中，等温度平衡，调整 R_{P1}，使 DVM 显示为 0 V，将 PN 结传感器插入沸水中（设沸水为 100℃），调整 R_{P2}，使 DVM 实现为 100 V，再将传感器插入 0℃环境中，等平衡后看显示是否仍为 0 V，必要时在调整 R_{P1} 使之为 0 V，然后再插入沸水；如此反复几次调整即可。

需注意的是：通过 PN 结温度传感器的工作电流不能过大，以免二极管自身的温升影响测量精度。一般工作电流为 100 ~ 300 mA，采用恒流源作为传感器的工作电流较为复杂，一般采用恒压源供电，但必须有较好的稳压精度。

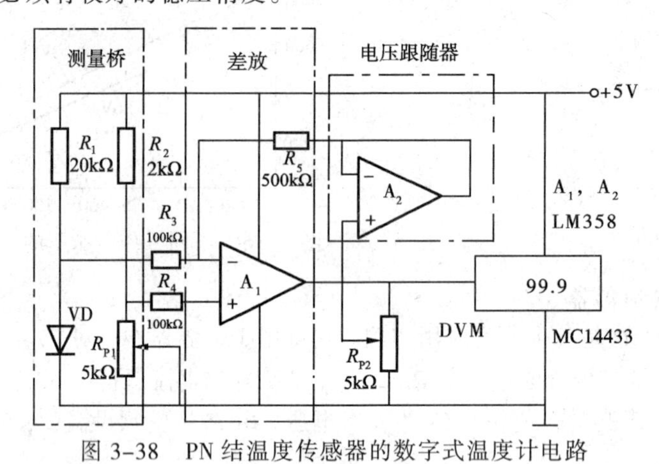

图 3-38　PN 结温度传感器的数字式温度计电路

任务 5　使用集成温度传感器测量温度

集成温度传感器是将温敏元件及其电路集成在同一芯片上的集成化温度传感器。这种传感器最大的优点是直接给出正比于绝对温度的理想的线性输出，且体积小、响应快、测量精度高、稳定性好、校准方便、成本低廉。

知识链接

集成温度传感器常分为模拟式和数字式，模拟式又分为电压输出型和电流输出型，按输出端个数分，集成温度传感器可分为三端式和两端式两大类。

1．电流输出型温度传感器

电流输出型的温度传感器的特点是：输出电流只随温度变化，准确度高，一般以 0K 为零点，温度系数为 1μA/K，适合于远距离测量。典型的器件有：AD590/592，LM134/234 等。

1）AD590 集成温度传感器

AD590 集成温度传感器的工作电压宽（5 ~ 30V），输出电流与温度成正比，线性度极好。温度适用范围为 -55 ~ 150℃，灵敏度为 1μA/K。它是一种两端器件（三端可空置或接地），使用非常方便。另外 AD590 还具有：抗干扰能力强，准确度高，动态电阻大，响应速度快等优点，而且它还具有适应电源波动的特性，输出电流的变化小于 1 μA，所以它广泛用于高精度温度计和温度计量等方面。AD590 的外观图形及电路符号如图 3-39 所示。

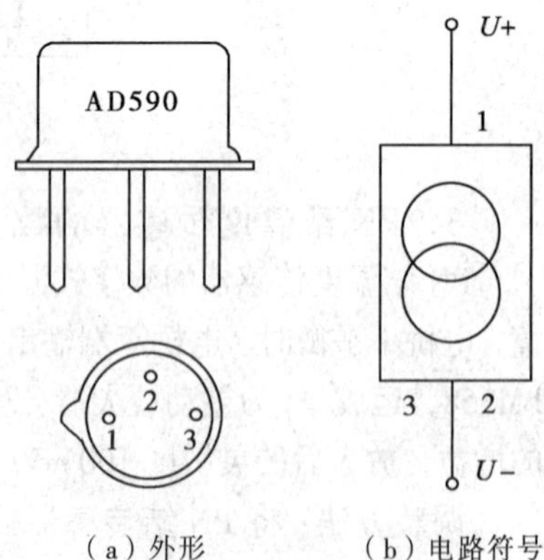

（a）外形　（b）电路符号

图 3-39　AD590 集成温度传感器

AD590 等效一个高阻抗的恒流源，其输出阻抗大于 10 MΩ，能大大减小因电源电压变动产生的测量误差。AD590 是以热力学温度 K 定标，输出电流是以绝对零度（-273℃）为基准，每增加

1℃，它会增加 1 μA 输出电流，在室温 25℃时，其输出电流 I_{out}=(273+14) μA=298 μA。

2）LM134/SL134 系列集成温度传感器

LM134 是三端电流输出型温度传感器，其输出电流与环境温度呈线性关系。LM134 系列分为 LM134、LM234、LM334 等，与 SM134 系列性能相同，彼此可以直接互换使用。LM134 集成温度传感器相关的外形和符号如图 3-40 所示。LM134 系列有塑料封装和金属封装两种形式，在图 3-40 中给出了测量摄氏温度的温度计电路，用外加电阻，可在 1 μA～5 mA 的范围内自由选择初始设定的电流。R_{set} 为外加电阻，一般选 230 Ω 左右，输出为 10 mV/℃。

LM334 工作电压范围较宽，为 0.8～40 V，但工作电压高时，器件自身发热大，建议低电压使用。

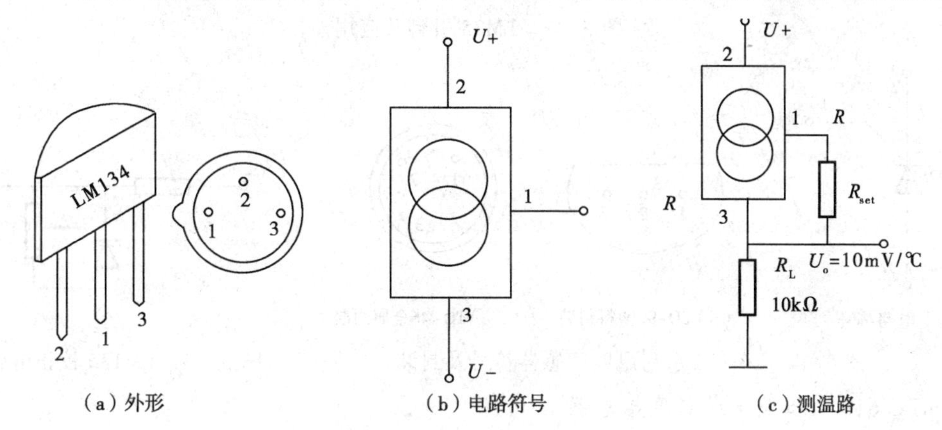

图 3-40 LM134 三端电流输出型温度传感器

2．电压输出型温度传感器

电压输出型集成温度传感器的特点是：输出电压只随温度变化；输出阻抗低，易与和控制电路接口，可直接用于温度检测。电压输出型一般以 0℃为零点；温度系数为 10mV/℃。典型的器件有 LM34/35、LM135/235/335 等，一般均是三端的器件。

1）LM35 集成温度传感器

LM35 温度传感器是电压型集成温度传感器，标准 TO-92 工业封装，其准确度一般为 ±0.5℃。由于直接输出电压且线性极好，所以只要配上电压源，数字式电压表就可以构成一个精密数字测温系统。输出电压的温度系数 K_v=10.0mV/℃，利用下式可计算出被测温度 t（℃）。

$$t℃=V_o\ \text{mV}/10\ (\text{mV}/℃) \tag{3-7}$$

LM35 温度传感器的引脚及应用如图 3-41 所示，U_o 为输出端，最大消耗电流 70 μA，采用 4 V 以上的单电源供电时，测量温度范围 2～150℃，采用双电源供电时，测量温度范围为-55～150℃（金属壳封装）和-40～110℃（TO-92 封装）。

2）精密温度传感器 LM135、235、335

LM135 系列是精密温度传感器，工作温度范围-55～150℃，工作电流范围 0.4～5 mA，容易校准。图 3-42 所示为 LM135 系列集成温度传感器的电路符号和封装，在使用 LM135 时，为了保证测量精度，外部需要进行校正。校正的方法是：在十、一两端间串接电阻 R 和 10kΩ 电位器，电位器滑动端接在 LM135 的调整端 adj 上，然后即可对某一温度点进行校正。

电路如图 3-43 所示。如需在 0℃（即 273K）时校正，即可调正电位器，使输出 U_o 为 2.73 V 即可（10 mV/K）。

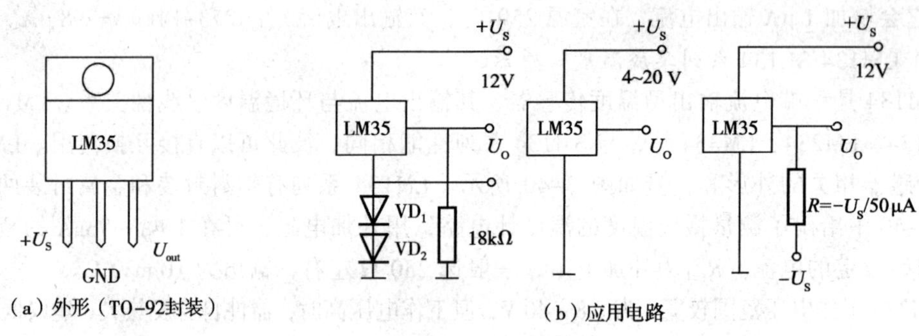

（a）外形（TO-92封装）

（b）应用电路

图 3-41 LM35 引脚及应用

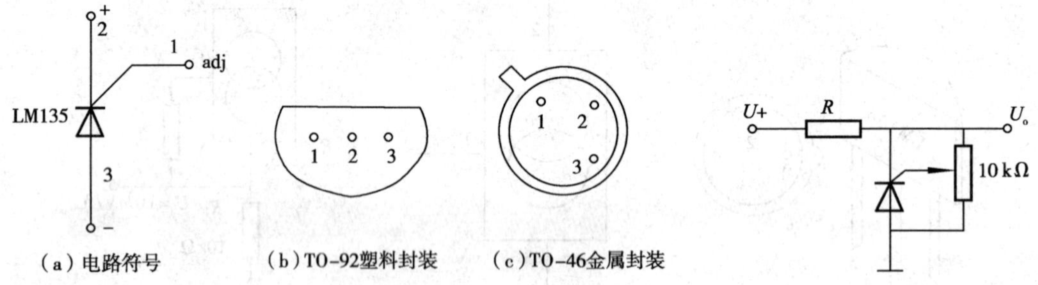

（a）电路符号　（b）TO-92塑料封装　（c）TO-46金属封装

图 3-42 LM135 系列温度度感器符号及封装

图 3-43 LM135 校正电路

3）μPC 616 电压型集成温度传感器

图 3-44 所示为 μPC616 的外形封装、电路符号、管脚功能及其绝对温度测量电路，μPc616 输出电压和温度成正比，灵敏度为 10 mV/K（10mV/℃）。它在温度变化 100 ℃时，线性度仅变化 0.5%，所以不需要外加线性化校正电路，可直接组成绝对温度测量电路。

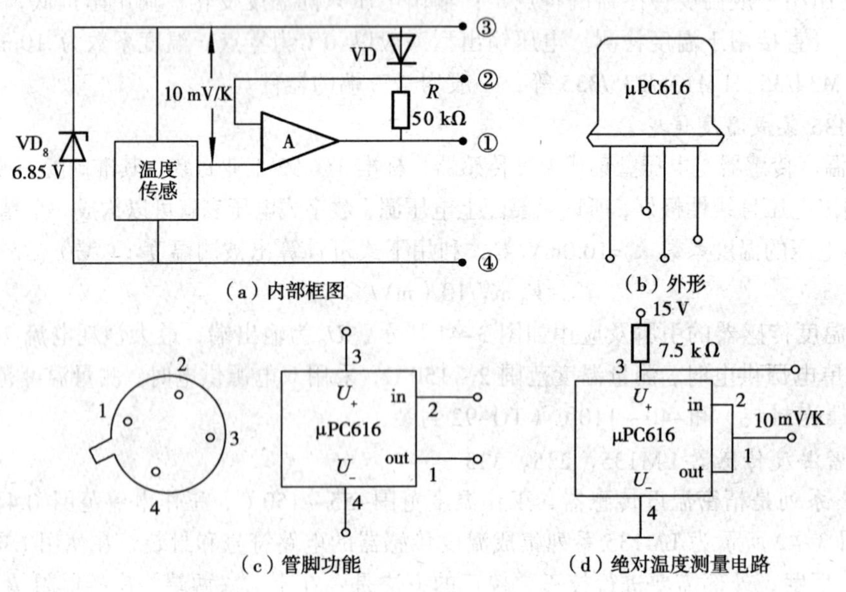

（a）内部框图　（b）外形

（c）管脚功能　（d）绝对温度测量电路

图 3-44 μPC616 电压型集成温度传感器

μPC616 有 A、C 两个型号系列，它们采用金属圆管壳 4 脚封装。μPC616 集成温度传感器内部电路由基准稳压源、温度敏感元件和运算放大器三部分组成，与 LM35 系列的区别仅在于放大器反向输入端引出，可外接比较电压设定电路，构成温度判定控制器。

μPC616 是一种新型集成温度传感器，其特点是外接元件少，容易组装，无须调整（除须特定设置温度外），精度可达 ±0.5℃。因此它适用于精密温度计、空调器、电冰箱等高精度计量、温度控制等方面。

实践应用

1．AD590 基本测量电路

图 3-45 所示为 AD590 基本测量电路。

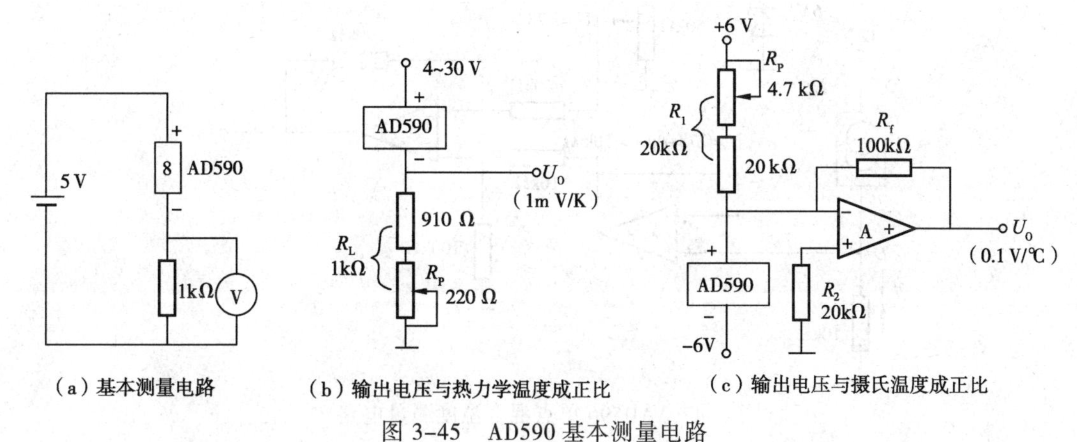

图 3-45 AD590 基本测量电路

2．配接 A/D 转换器可直接显示温度值

ICL7106 是集 A/D 转换、液晶显示驱动于一体的集成电路，将模拟电压值输入到其输入端，便可实现模数转换和显示，如图 3-46 所示。

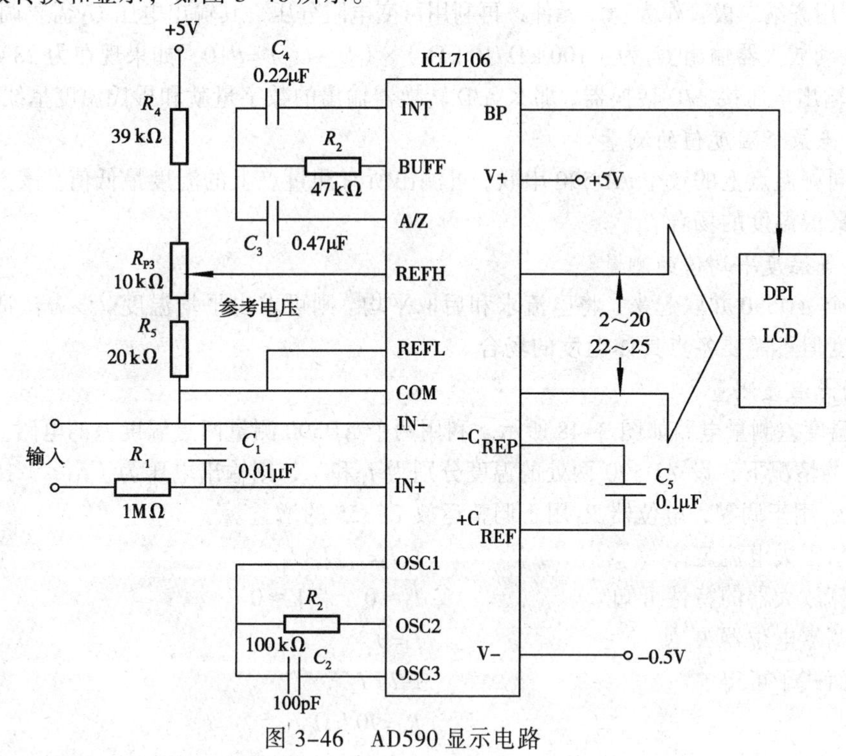

图 3-46 AD590 显示电路

3．AD590 温度测量电路

1）单点温度测量

由 AD590 组成的单点温度测量电路如图 3-47 所示。

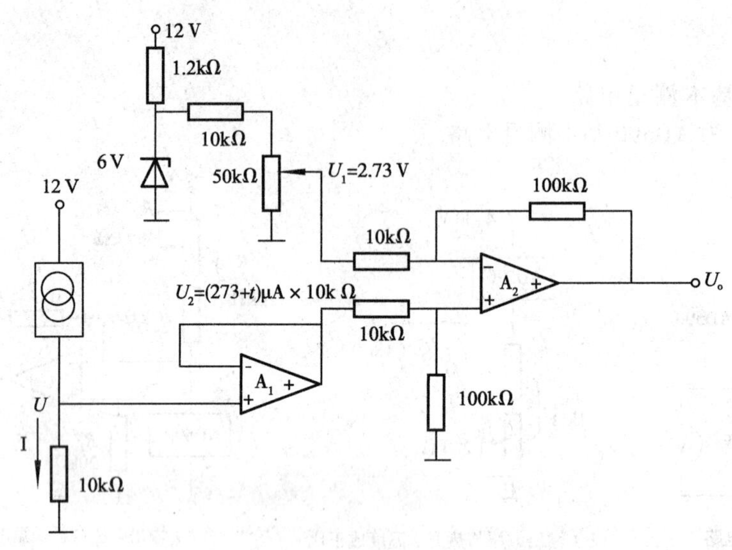

图 3-47 AD590 单点混合温度测量电路

电路分析：

① AD590 的输出电流 I=(273+t) μA(t 取摄氏温度),因此测量的电压 U 为(273+t) μA×10 kΩ =(2.73+t/100) V。为了提高测量的准确性；使用了电压跟随器，使得 U_2=U。

② 使用齐纳二极管作为稳压元件，再利用可变电阻分压，其输出电压 U_1 需要调整至 2.73 V。

③ 差动放大器输出 U_o 为（100 kΩ/10 kΩ）×（U_2−U_1）=t/10，如果现在为 28℃，输出电压为 2.8 V，输出电压接 A/D 转换器，那么 A/D 转换器输出的数字量就和摄氏温度呈线性比例关系。

2）N 点最低温度值的测量

将不同测温点上的数个 AD590 串联，可测出所有测量点上的温度最低值。该方法可应用于测量多点最低温度的场合。

3）N 点温度平均值的测量

把 N 个 AD590 并联起来，将电流求和后取平均。则可求出平均温度。该方法适用于需要多点平均温度但不需要各点具体温度的场合。

4）两点温差测量

两点温度差测量电路如图 3-48 所示。利用两个 AD590 测量两点温度差的电路。在反馈电阻为 100kΩ 的情况下，设 AD590 两处的温度分别为 t_1 和 t_2，则输出电压为（t_1−t_2）100mV/℃，图中电位器 R_1 用于调零，电位器 R_4 用于调整运放 LF355 的增益。

由基尔霍夫电流定律 $I+I_2=I_1+I_3+I_4$

由运算放大器的特性可知 $I_3\approx 0$ $V\approx 0$

调节调零电位器 R_1 使 $I_4=0$

由上面式子可得 $I=I_1-I_2$

设 $R_4=90\ \text{k}\Omega$

则有 $I=I_1-I_2$

$$U_o=I(R_3+R_4)=(I_1-I_2)(R_3+R_4)=(t_1-t_2)\cdot 100\ \text{mV/℃}$$

4．用LM335制成的空气流速检测电路

如图3-49所示，电路中采用了两只LM335温度传感器，VD_1置于待测流速的空气环境下，通过10mA的工作电流；VD_2通以小电流，置于不受流速影响的环境温度条件下，减小由于环境温度变化对测量结果的影响。

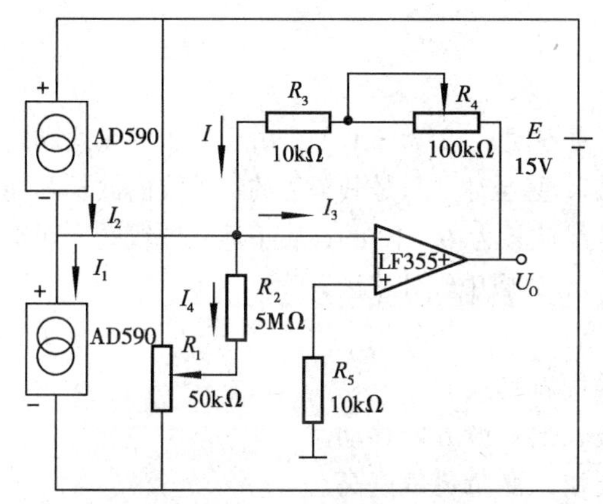

图3-48　AD590两点测量电路

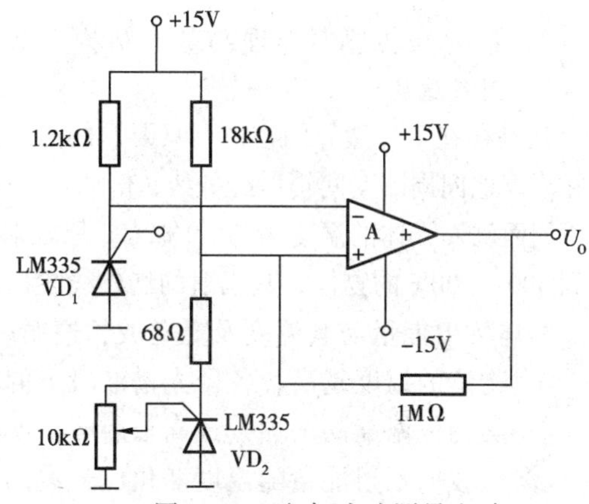

图3-49　空气流速测量电路

在静止空气中对系统进行零点整定，即调10kΩ电位器使放大器输出为0，VD_1通以较大电流发热，其温度高于环境温度，在空气静止或流动的两种情况下，因空气流动会加速传感器的散热过程，而使VD_1的温度不相同，故输出电压也不相同。

空气流速越大，VD_1的温度越低，输出电压越低。差动放大的输入电压就越大，U_o也越大，这就是空气流速检测的工作原理。

任务6　使用红外线传感器测量温度

把红外线辐射转换成电量变化的装置,称为红外线（红外）传感器，红外线传感器主要是利用被测物体热辐射而发出的红外线，从而测量物体的温度，可进行遥测，是很典型的非接触式测量。其优点是：可昼夜测量，不吸收热量，反应快，可用于遥感，成像或控制。图3-50所示为几种红外传感器。

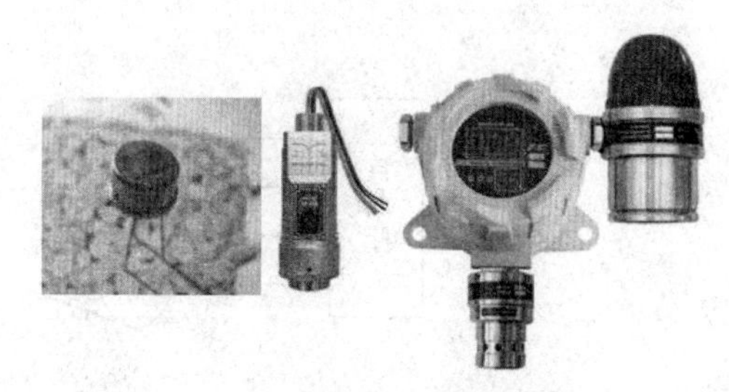

图3-50　红外传感器

知识链接

1．红外传感器的分类

根据工作原理红外线传感器主要分为光电型和热敏型。

① 光电型：光电型是利用红外辐射的光电效应制成的，这类传感器主要有红外二极管、三极管等。

② 热敏型：热敏型是利用红外辐射的热效应制成的，其核心是热敏元件。热敏元件吸收红外线辐射能量后引起温度升高，进而使得有关物理参数发生变化，通过测量这些变化的参数即可确定吸收的红外辐射，从而也可测出物体当时的温度。

热敏性红外传感器又称热探测器，根据不同的工作方式主要分为四种类型：热释电型、热敏电阻型、热电阻型和气体型，其中，热释电型是目前应用最广的红外线传感器。

另外，利用物体或景物发出的红外热辐射而形成可见图像的方法称为红外热成像技术，它所测量的范围不仅仅是温度，它可以全面反映被测景、物的综合信息，因此广泛应用在遥感、勘测、医疗、消防、安保、环保及各类工业生产中，它是发展中的一项高科技技术。

2. 红外线传感器原理与基本结构

1）测温原理

凡是存在于自然界的物体，只要它的温度高于绝对零度（–273.15℃），由于分子的热运动，都在不停地向周围空间辐射红外线，例如：人体，火焰，甚至冰。只是其辐射的红外线的波长和能量不同而已。人体的温度为 36～37℃，所辐射的红外线波长为 9～10μm，属于远红外线区，而加热到 400～700℃的物体，其辐射的红外线波长为 3～5μm，属中红外线区。

物体辐射能量与其温度及光谱波长遵循以下规律：

① 物体的温度越高，各个光谱波段上的辐射强度就越大。

② 随物体温度的增加，最高辐射峰值所在的波长向短波方向移动。

③ 短波的辐射能量随温度变化比长波的变化要快，测量灵敏度高。

④ 红外线辐射的物理本质是热辐射，一个物体向外辐射的能力大部分是通过红外线辐射出来，物体温度越高，辐射出来的红外线越多，辐射能量就越强。

红外线传感器就是基于以上原理实现测量温度的。红外线传感器测温时不与被测物体直接接触，因而不存在摩擦，并且有灵敏度高，响应快等优点。

2）基本结构

红外线传感器包括光学系统、检测元件和转换电路。光学系统按结构不同可分为透射式和反射式两类。检测元件按工作原理可分为热敏检测元件和光电检测元件。热敏元件应用最多的是热敏电阻。热敏电阻受到红外线辐射是温度升高，电阻发生变化，通过转换电路变成电信号输出，其结构原理图如图 3–51 所示。

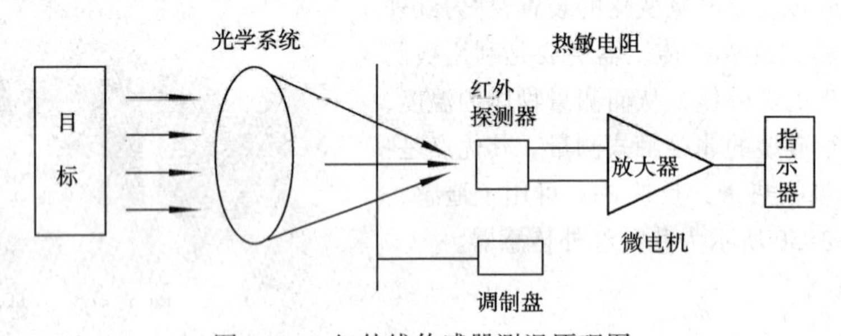

图 3–51 红外线传感器测温原理图

实践应用

1. 红外测温仪

红外测温仪一般用于探测目标的红外辐射和测定其辐射强度，确定目标的温度。它采用滤光片可分离出所需光波段，因而该仪器能工作在任意红外波段。图 3–52 为常见的红外测温仪框图。

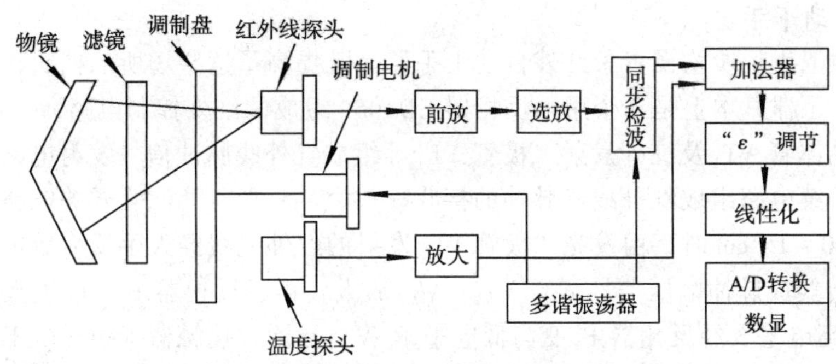

图 3-52　国产 H-T 系列红外测温仪测温原理框图

它的光学系统是一个固定焦距的透射系统，物镜一般为锗透镜，有效通光口径即作为系统的孔径光栏。滤光片一般采用只允许 8 ~ 14 μm 的红外辐射通过的材料。红外探测器一般为（钽酸锂）热释电探测器，安装时要保证其光敏面落在透镜的焦点上。步进电机带动调制盘转动，对入射的红外辐射进行折光，将恒定或缓变的红外辐射通过透镜聚焦在红外探测器上，红外探测器将红外辐射变换为电信号输出。红外测温仪的电路基本包括前置放大、选频放大、温度补偿、线性化、发射率（ε）调节等。红外测温仪的光学系统可以是透射式，也可以是反射式，反射式光学系统多采用凹面玻璃反射镜。

目前有一种带单片机的智能红外测温器，利用单片机与软件的功能，大大简化了硬件电路，提高了仪表的稳定性、可靠性和准确性。

图 3-52 为国产 H-T 系列红外测温仪的原理框图，红外辐射经光学镜头接收并传输至光电器件上，由于红外器件的响应特性，为防止饱和，须经对数放大处理。为了稳定可靠，经严格的温度补偿及各种功能调节设置，再经线性处理后输出。

2．红外线辐射温度计

人体主要辐射波长为 9 ~ 10 μm 的红外线，通过对人体自身辐射红外能量的测量，便能准确地测定人体表面温度。由于该波长范围内的光线不被空气所吸收，因而可利用人体辐射的红外能量精确地测量人体表面温度。红外温度测量技术的最大优点是测试速度快，1 s 内可测试完毕。由于它只接收人体对发射的红外辐射，没有任何其他物理和化学因素作用于人体，所以对人体无任何害处。如果采用红外线传感器远距离测量人体表面温度的热像图，可以发现温度异常的部位，及时对疾病进行诊断治疗。

国产 TH-IR101F 红外测温仪（见图 3-53）由红外传感器和显示报警系统两部分组成，它们之间通过专用的五芯电缆连接。安装时将红外传感器用支架固定在通道旁边或大门旁边等地方，使得被测人与红外传感器之间相距 35 cm。在其旁边摆放一张桌子，放置显示报警系统。只要被测人在指定位置站立 1 s 以上，红外快速检测仪就可准确测量出旅客体温。一旦受测者体温超过 38℃，测温仪的红灯就会闪亮，同时发出蜂鸣声提醒检察人员。红外温度快速检测仪为在人员流量较大的公共场所降低病毒的扩散和传播提供快速、非接触测量手段，可广泛用于机场、海关、车站、宾馆、商场、写字楼、学校等公共场所，对体温超过 38℃的人员进行有效筛选。

图 3-53　国产 TH-IR101F 红外测温仪

3．红外自动干手器

在许多公共卫生场所均设置了红外自动干手器，既提高了这些场所的档次，也方便了人们的生活。这些干手器基本上是一个用六反相器CD4069组成的红外控制电路，如图3-54所示。反相器F_1F_2、晶体管VT_1及红外发射二极管VL_1等组成红外线脉冲信号发射电路。红外线光敏二极管VD_2及后续电路组成红外线光脉冲的接收、放大、整形、滤波及开关电路。当将手放在干手器的下方10～15 cm时，由发光二极管VL_1发射的红外光线经人手反射后被红外光敏二极管VD_2接收并转换成脉冲电压信号，经VT_2、VT_3放大，再经反相器F_3、F_4整形，并通过VD_3向C_6充电变为高电平，经反相器F_5变为低电平,使VT_4导通，接触器KM得电工作，触点KM_1闭合接通热风机，热风吹向手部。与此同时，发光二极管VL_5也点亮作为工作显示。为防止人手晃动偏离红外光线使电路不能连续工作，由VD_3、R_{12}、C_6组成延时关机电路。C_6通过R_{12}放电需一段时间，在手晃动时，仍保持高电平，使吹热风工作状态不变，延迟时间3s足够。

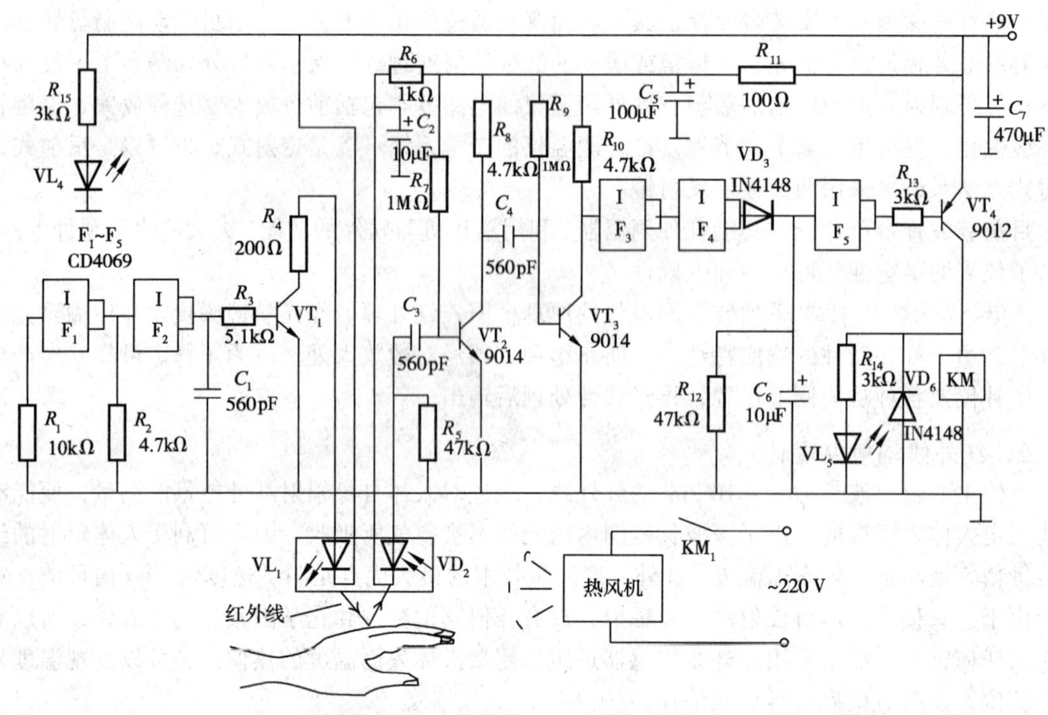

图3-54　红外自动干手器电路图

思考与习题

1．填空题

（1）温度不能直接测量，需要借助某种物体的某种物理参数随温度冷热不同而明显变化的特性进行＿＿＿＿＿＿＿。进行＿＿＿＿＿＿测量使用的温度传感器，通常是由＿＿＿＿＿和＿＿＿＿＿＿＿两部分组成。

（2）热敏电阻可按电阻的＿＿＿＿＿、＿＿＿＿＿、＿＿＿＿＿、＿＿＿＿＿、＿＿＿＿＿及测量＿＿＿＿＿＿等进行分类。

（3）热电偶测温范围宽、＿＿＿＿＿＿、＿＿＿＿＿＿、＿＿＿＿＿＿、＿＿＿＿＿＿、

____________是工业生产中常用的测温元件。

（4）红外线传感器主要是利用被测物体________而发出的________，从而测量物体的温度，可进行______，是很典型的________测量。

2．简答题

（1）什么是金属导体的热电效应？

（2）热电阻式温度传感器有哪几种接线方式？为什么要采用三线式或四线式？

（3）试分析金属导体产生接触电动势和温差电动势的原因。

（4）热电偶主要分几种类型，各有何特点？

（5）试比较热电偶、热电阻、热敏电阻的异同点。

（6）试说明集成温度传感器的类型和特性。

（7）试说明红外测温传感器的工作原理。

3．计算题

（1）利用分度号 Pt100 铂电阻测温，求测量温度分别为 t_1=−100℃和 t_2=650℃的铂电阻 R_{t1} 和 R_{t2} 的阻值。

（2）利用分度号 Cu100 的铜电阻测温，当被测温度为 50℃时，问此时铜电阻的 R_t 值为多大？

（3）已知分度号为 K 的热电偶，测量端温度为 800℃，参考端温度为 30℃，求回路上实际的电动势。

（4）用 K 型热电偶测量某炉温，已知冷端温度为 40℃，用高精度毫伏表测得此时的电动势为 29.201mV，求被测炉温。

（5）用一只铜—康铜（T）热电偶测量温度，其冷端温度为 30℃。未调机械零位的动圈仪表指示 320℃，是否可以认为热端温度为 350℃？为什么？如果不对，请说明正确温度应是多少？

项目 4　物体接近检测

项目描述：

物体接近检测技术广泛应用在各类自动控制系统中，例如，工业生产线上的产品装配；包装生产线上的计数、打包等。机床上的加工运行部件，以前一般靠行程开关、限位开关等，现在，多采用电容、电磁和光电类接近开关来控制，不仅简便、轻小，而且寿命长、控制可靠。近年来，接近检测技术还广泛应用在重要部门、重要物品的安全防范和有害物品的检测等方面，使得这一技术有着更广阔的应用前景。

本项目通过对电涡流传感器、电容传感器、光电传感器等的定义分类、基本原理、结构和工作特点的讲解，使读者认识和了解这些传感器；通过此类传感器实践应用实例的介绍，使读者掌握常见物体接近检测方法及应用场合。

知识目标：

（1）理解电涡流传感器、电容传感器、光电传感器的定义分类；

（2）熟悉上述传感器的基本原理、特点，作用和组成；

（3）熟悉其应用电路，掌握根据实际情况，选择适宜传感器的方法。

技能目标：

（1）掌握接近传感器（开关）工作特性和特点；

（2）掌握常见物体接近检测方法及应用场合。

看一看： 观察一下，生活实践中，哪些地方需要物体接近检测？如自动开关、宾馆插卡供电、流水线产品计数等。

任务 1　使用电涡流式传感器测量接近金属物体

知识链接

1．涡流

如图 4-1 所示，在一块金属导体外面绕上线圈，并让线圈通入交变电流，由于电流的磁效应，线圈中就产生交变磁场。穿过金属导体中的磁通量会产生周期性变化，由于电磁感应，在导体中就会产生感应电动势和感应电流，电流的方向沿导体的圆周方向转圈，就像一圈圈的漩涡，所以这种在整块导体内部发生电磁感应而产生感应电流的现象称为电涡流（简称涡流）现象。

导体的外周长越长，交变磁场的频率越高，导体的电阻越小，涡流就越大。 导体内部的涡流也会产生热量，如果涡流很强，产生的热量就很大。

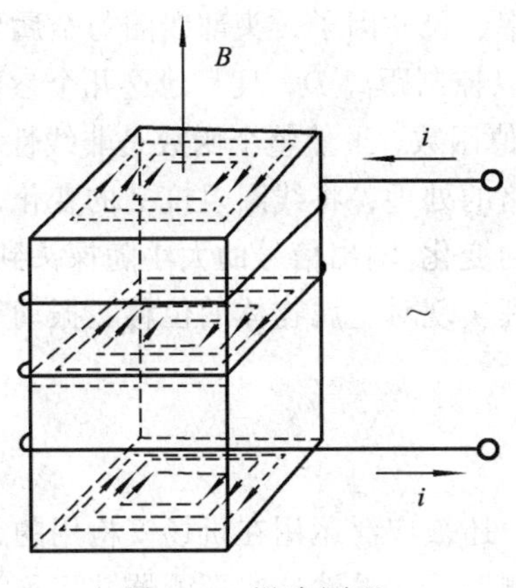

图 4-1　涡流原理

2. 电涡流式传感器结构和原理

根据电涡流效应制成的传感器称为电涡流式传感器。如图 4-2 所示，由印刷电路板石英晶体振动器产生的中高频振荡电流通过延伸电缆流入探头线圈，在探头头部的线圈中产生交变的磁场。当被测金属体靠近这一磁场，则在此金属表面产生感应电流，与此同时该电涡流场也产生一个方向与头部线圈方向相反的交变磁场，由于其反作用，使头部线圈高频电流的幅度和相位得到改变（线圈的有效阻抗），这一变化与金属体磁导率、电导率、线圈的几何形状、几何尺寸、电流频率以及头部线圈到金属导体表面的距离等参数有关。

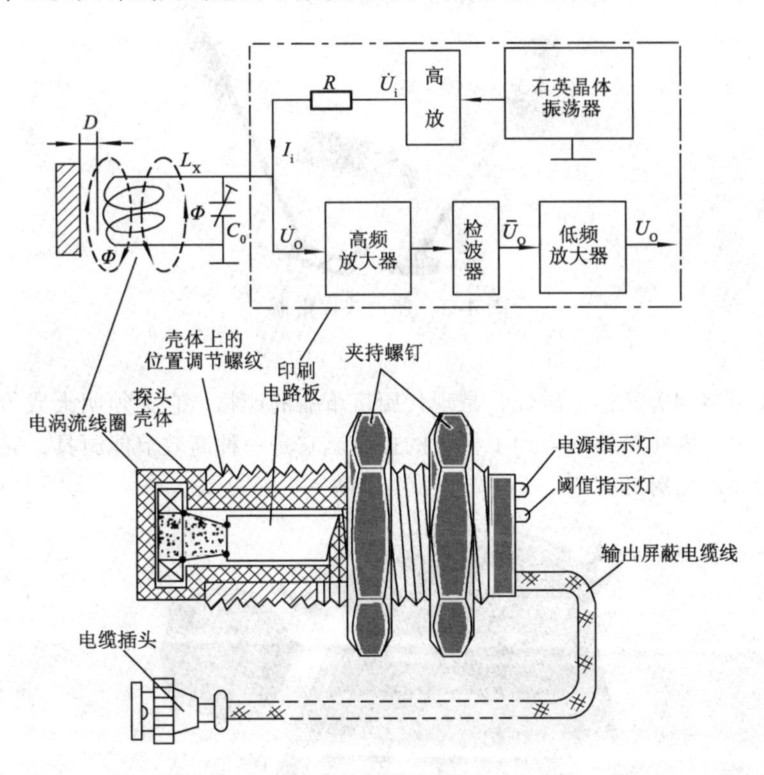

图 4-2　电涡流式传感器原理及机构

通常假定金属导体材质均匀且性能是线性和各向同性，则线圈和金属导体系统的物理性质可由金属导体的电导率、磁导率、尺寸因子、头部线圈与金属导体表面的距离 D、电流强度 I 和频率 ω 参数来描述。通常可以控制距离 D，且其他这几个参数在一定范围内不变，则线圈的特征阻抗 Z 就成为距离 D 的单值函数，虽然整个函数是非线性的，但可以选取它近似为线性的一段。于此，通过前置电子线路的处理，将线圈阻抗 Z 的变化，即头部体线圈与金属导体的距离 D 的变化转化成电压或电流的变化。输出信号的大小随探头到被测体表面之间的间距而变化，电涡流传感器就是根据这一原理实现对金属物体的位移、振动等参数的测量的。

实践应用

1．电子探雷器

探雷器除了用于探测地雷，还被广泛运用在机场安检用的金属安检门、探钉器、手持金属探测器、考古用的地下金属探测器等。虽然这些探测器并不称为探雷器，但是它的工作原理和用途都跟探雷器的功效一样。

探雷器按携带和运载方式不同，分为便携式、车载式和机载式三种类型。便携式探雷器供单兵搜索地雷使用，又称单兵探雷器，多以耳机声响变化作为报警信号。

便携式探雷器（见图 4–3）原理与电涡流式传感器相同，是利用探雷器辐射电磁场，使地雷的金属零件受激产生涡流，涡流电磁场又作用于探雷器的电子系统，使之失去原来的平衡状态，或者通过探雷器的接收系统检测涡流电磁场信号，从而得知金属物体（地雷）的位置。它能可靠地发现带有金属零件的地雷，但容易受到战场上弹片等金属物体的干扰。

图 4–3　便携式探雷器

2．电磁炉

电磁炉（见图 4–4）又称电磁灶，是现代厨房革命的产物，它无须明火或传导式加热而让热直接在锅底产生，因此热效率得到了极大的提高。它是一种高效节能厨具，完全区别于传统的有火或无火传导加热厨具。

图 4–4　电磁炉及发热盘

电磁炉是通过电子线路板组成部分产生交变磁场、当用含铁质锅具底部放置炉面时，锅具即切割交变磁力线而在锅具底部金属部分产生交变的电流（即涡流），涡流使锅具底部铁质材料中的自由电子呈漩涡状交变运动，通过电流的焦耳热使锅底发热。电磁炉煮食的热源来自于锅具底部而不是电磁炉本身发热传导给锅具，所以热效率要比所有炊具的效率均高出近 1 倍。现在电磁炉炉面都是使用了能耐高温的黑晶板，是一种相对安全的烹煮器具。在使用过程中，因为黑晶板会与锅具接触，会局部产生高温，所以在加热后的一段时间里，不要触摸炉面，以防烫伤。电磁炉具有升温快、热效率高、无明火、无烟尘、无有害气体、对周围环境不产生热辐射、体积小巧、安全性好和外观美观等优点，能完成家庭的绝大多数烹饪任务。

由于电磁炉采用电涡流发热原理制成，只有铁质器皿才能使用电磁炉加热。另外当铁质器皿离开炉面加热盘不在产生涡流，炉面不再产生热量，使用非常安全。

3．电涡流式接近开关

接近开关又称无触点行程开关，它可以完成行程控制和限位保护，是一种非接触型的检测装置，用作检测零件尺寸和测速等，也可用于变频计数器、变频脉冲发生器、液面控制和加工程序的自动衔接等，如图 4-5 所示。它的特点有工作可靠、寿命长、功耗低、复定位精度高、操作频率高以及适应恶劣的工作环境等。

图 4-5　电涡流式接近开关

这种开关有时又称电感式接近开关。它是利用导电物体在接近这个能产生电磁场接近开关时，使物体内部产生涡流。这个涡流反作用到接近开关，使开关内部电路参数发生变化，由此识别出有无导电物体移近，进而控制开关的通或断。这种接近开关所能检测的物体必须是导电体。

电涡流接近开关分为 PNP 与 NPN 两种类型。PNP 与 NPN 型传感器一般有三条引出线，即电源线 V_{CC}(棕色)、GND（蓝色）、OUT（黑色）信号输出线。

如图 4-6 所示，NPN 是指当有信号触发时，信号输出线 OUT 和 GND 连接，相当于 OUT 输出低电平。PNP 是指当有信号触发时，信号输出线 OUT 和 V_{CC} 连接，相当于 OUT 输出高电平的电源线。

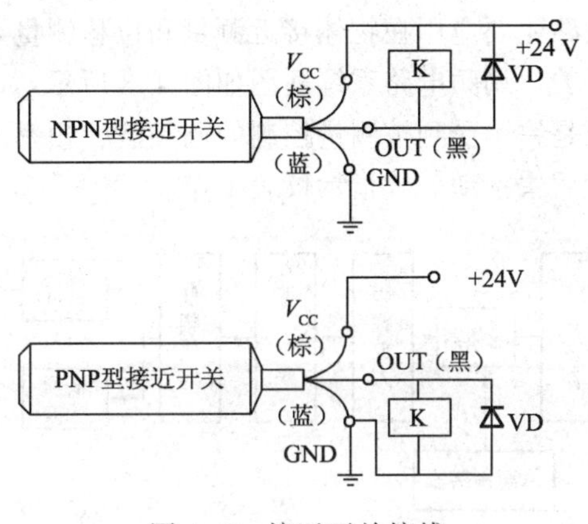

图 4-6　接近开关接线

任务 2 使用电容式传感器检测接近物体

知识链接

在项目 2 中对电容式传感器的工作原理及结构形式已作了介绍，在这里重点讲解电容式传感器典型测量电路及分析和实践应用。

1. 交流电桥电路

用于电容式传感器的交流电桥电路如图 4-7 所示。与项目 2 不同的是此电路主要测量带状产品的厚度。

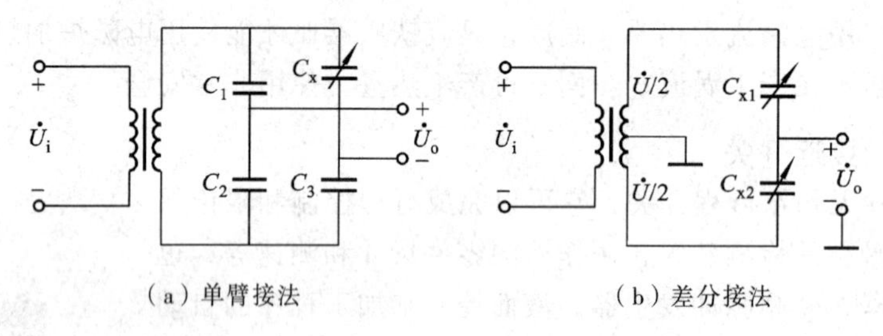

（a）单臂接法 （b）差分接法

图 4-7 电容式传感器桥式转换电路

其中图 4-7（a）所示为单臂接法的桥式测量电路，电路中高频电源经变压器接到电容电桥的一条对角线上，电容 C_1，C_2，C_3，C_x 构成电桥电路的四个桥臂，C_x 为电容传感器。当交流电桥平衡时，即 $C_1 / C_2 = C_x / C_3$，则输出 $\dot{U}_o = 0$，当 C_x 改变时，则 $\dot{U}_o \neq 0$，就会有电压输出。图 4-7（b）所示为差分式电容传感器，其空载输出电压为

$$\dot{U}_o = \frac{\dot{U}}{2}\frac{C_{x1}-C_{x2}}{C_{x1}+C_{x2}} = \frac{\dot{U}}{2}\frac{(C_0 \pm \Delta C)-(C_0 \mp \Delta C)}{(C_0 \pm \Delta C)+(C_0 \mp \Delta C)} = \pm\frac{\dot{U}}{2}\frac{\Delta C}{C_0} \tag{4-1}$$

式中：C_0——传感器初始电容值；

ΔC——传感器电容量的变化值。

需要说明的是，若要判定 $\dot{U}_o$ 的相位，还要把桥式转换电路的输出经相敏检波电路进行处理。

2. 调频电路

电容式传感器的调频电路主要应用在物体接近测量和位移测量，项目 2 中图 2-21 为测量物体接近用的电容式接近开关。调频电路系统框图如图 4-8 所示。

振荡器输出的高频电压是一个受到被测量控制的调频波，频率的变化在鉴频器中变换成为电压的变化，然后再经放大后去推动后续指示仪表工作。

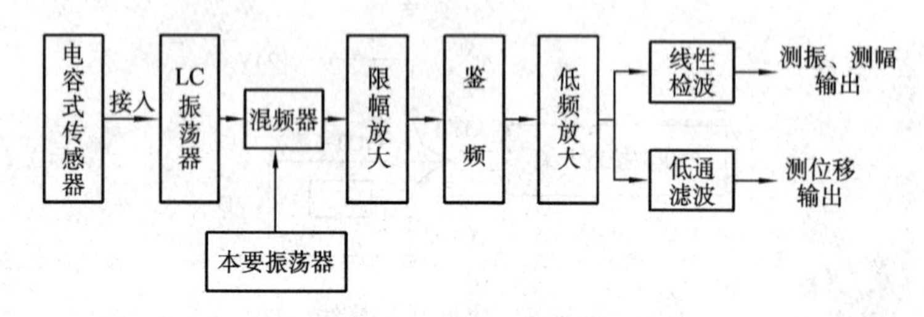

图 4-8 调频电路系统框图

3．脉冲宽度调制电路

1）脉冲宽度调制电路的原理

脉冲宽度调制电路利用对传感器电容的充、放电，使电路输出脉冲的宽度随电容式传感器的电容量变化而变化，并通过低频滤波器得到对应于被测量变化的直流信号。

脉冲宽度调制电路如图 4-9 所示。它主要由比较器 A_1，A_2，双稳态触发器及电容充、放电回路组成。C_1，C_2 为差分式电容式传感器。

当双稳态触发器输出 Q 为高电平时 A 点通过电阻 R_1 对电容 C_1 充电。此时的输出 $\overline{Q}$ 为低电平，电容 C_2 通过二极管 D_2 迅速放电，从而使 D 点被钳制在低电位。直到 C 点的电位高于参考电压 U_R 时，比较器 A_1 产生一个脉冲信号，触发双稳态触发器翻转，使 A 点成为低电位，电容 C_1 通过二极管 D_1 迅速放电从而使 C 点被钳制在低电位。同时 B 点高电位，经 R_2 向 C_2 充电。

当 D 点电位被充至 U_R 时，比较器 A_2 就产生一个脉冲信号。双稳态触发器再翻转一次后使 A 点成为高电位，B 点成为低电压。如此周而复始，就可在双稳态触发器的两输出端各自产生一宽度受 C_1，C_2 调制的脉冲波形。

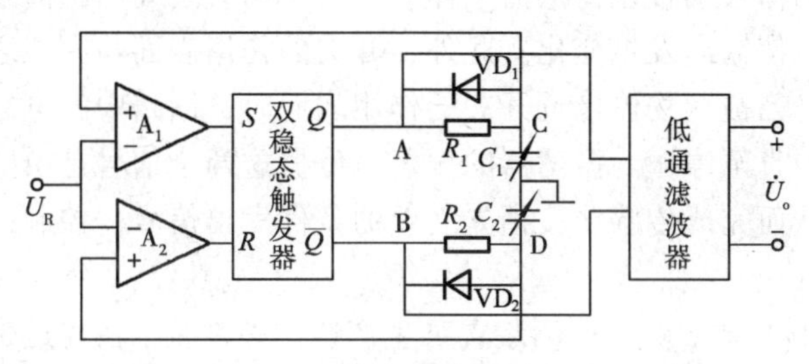

图 4-9　脉冲宽度调制电路

2）脉冲宽度调制电路的特点

① 可以获得比较好的线性输出。

② 双稳态的输出信号一般为 100 Hz ～ 1 MHz 的矩形波。因此只需要经滤波器简单处理后即可获得直流输出，不需要专门的解调器，且效率比较高。

③ 电路采用直流电源。虽然直流电源的电压稳定性要求较高，但与高稳定度的稳频、稳幅交流电源相比，还是容易实现的。

实践应用

1．电容测厚仪

电容测厚仪是用来测量金属带材在轧制过程中的厚度的仪器，其工作原理如图 4-10 所示。

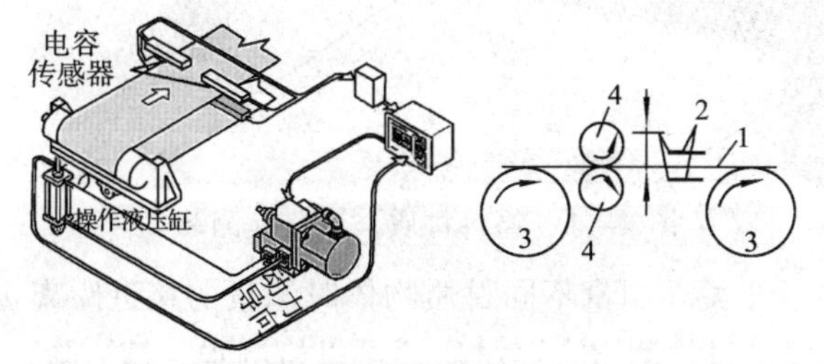

图 4-10　电容测厚仪原理示意图

1—金属带材；2—电容极板；3—传动轮；4—轧辊

1）电容测厚仪结构

检测时，在被测金属带材的上、下两侧各安装一块面积相等、与带材距离相等的极板，并把这两块极板用导线连接起来，作为传感器的一个电极板，而金属带材就是电容传感器的另一个极板。

2）电容测厚仪原理

电容测厚仪总的电容 C 就应是两个极板间的电容之和（$C = C_1 + C_2$）。如果带材的厚度发生变化，用交流电桥电路就可将这一变化检测出来，然后再经过放大就可在显示仪器上把带材的厚度变化显示出来。

2．电容式接近开关

电容式接近开关是利用变极距型电容传感器的原理设计的。接近开关是以电极为检测端的静态感应方式，由高频振荡、检波、放大、整形及输出等部分组成。其中装在传感器主体上的金属板为定板，而被测物体上的相对应位置上的金属板相当于动板。

工作时，当被测物体移动接近传感器主体时，由于两者之间的距离发生了变化，从而引起传感器电容量的改变，使输出发生变化。此外，开关的作用表面与大地之间构成一个电容器，参与振荡回路的工作。当被测物体接近开关的作用表面时，回路中的电容量将发生变化，使得高频振荡器的振荡减弱直至停振。振荡器的振荡及停振这两个信号是由电路转换成开关信号后送至后续控制电路，从而完成传感器按预先设置的条件发出信号，控制或检测机电设备，使其完成正常工作的任务。

图 4-11 所示为物料材质、颜色检测装置某生产线的一部分。在传送带上随机运送不同材质的料块。先由颜色传感器分辨物料颜色；由于电容接近开关对所有经过的物料均有输出，所以通过电容传感器对物料进行计数；最后通过电涡流传感器判断该物料是否为金属材质，如电涡流传感器有信号输出表示该物料为金属材质。机械手根据传感器对物料材质判别情况，将不同颜色和材质的物料放置在不同位置。

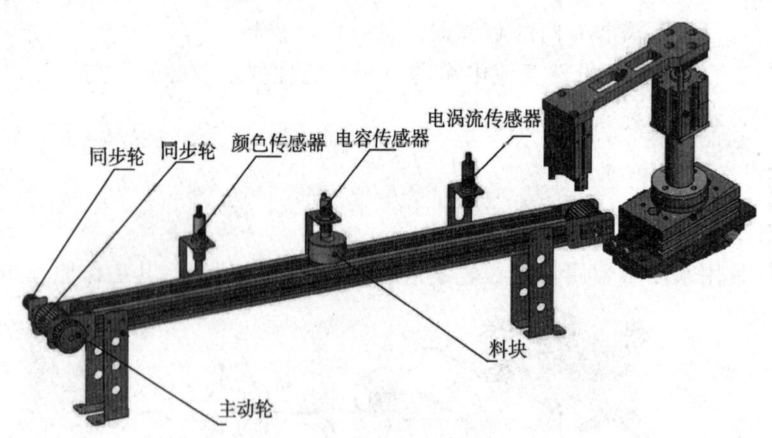

图 4-11 物料材质、颜色检测装置

值得注意的是，接近开关在测量不同材质物体时测量的接近距离也有所不同。如图 4-12 所示，电容式传感器不仅可以检测出金属材质还可以检测水、糖、盐、玻璃等物质在测量时按照不同修正系数调整检测接近距离。如电感传感器在检测铁磁物质时距离一般为 4 mm，检测铝物质时就要将检测距离调制 4×0.4=1.6 mm，否则将出现误动作。

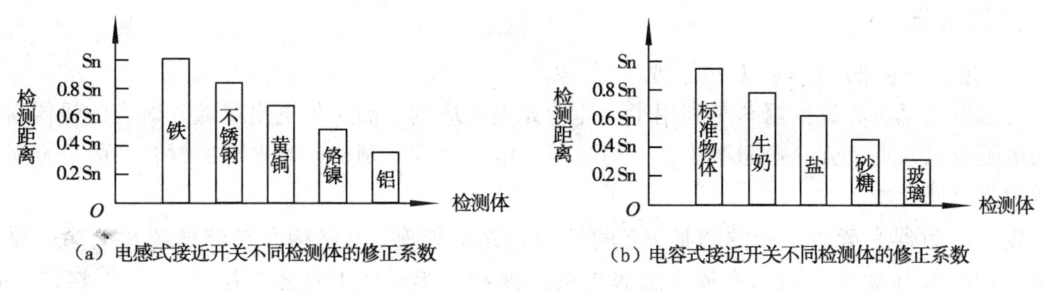

图 4-12　接近开关检测不同物质修正系数

任务 3　使用光敏电阻检测接近物体

在自然界中，光是最重要的信息媒介。光电式传感器把光信号转换为电信号，不仅可测量光的各种参量，而且可把其他非电量变换为光信号以实现检测与控制。光电式传感器属无损伤、非接触测量元件，有灵敏度高、精度高、测量范围宽、响应速度快、体积小、重量轻、寿命长、可靠性高、可集成化、价格便宜、使用方便、适于批量生产等优点，因此在传感器行列里，光电式传感器的产量和用量都居前列。光电元件的理论基础是光电效应。

小知识——光电效应

当物质受光照后，物质的电子吸收了光子的能量所产生的电现象称为光电效应。光电效应分为外光电效应和内光电效应。随着半导体技术的发展，以内光电效应为机理的各种半导体光敏元器件已成为光电式传感器的主流。

1．外光电效应

外光电效应即光电子发射效应。在光的作用下电子逸出物体表面的现象即为光电子发射效应。基于外光电效应的光电元件有光敏二极管和紫外线传感器等。

由于光子的能量与光的频率成正比，因此要使物体发射光电子，光的频率必须高于某一限值。这个能使物体发射光电子的最低光频率称为红限频率。小于红限频率的入射光，光再强也不会激发光电子；大于红限频率的入射光，光再弱也会激发光电子。单位时间内发射的光电子数称为光电流，它与入射光的光强成正比。对光电管，即使阳极电压为零也会有光电流产生。欲使光电流为零必须加负向的截止电压，截止电压应与入射光的频率成正比。

2．内光电效应

内光电效应包括光电导效应、光电动势效应及光热电效应。

① 光电导效应：在光作用下，电子吸收光子能量从键合状态过渡到自由状态，从而引起材料的电阻率降低。基于这种效应的光电元件有光敏电阻。

② 光电动势效应：当光照射 PN 结时，在结区附近激发出电子—空穴对。基于该效应的光电器件有光电池、光敏二极管、光敏三极管和光敏晶闸管等。如一只玻璃封装的二极管，外接一个 50 μA 的电流表，便不难验证：二极管受光照时有电流输出，无光照时无电流输出。

③ 光热电效应：利用人体辐射的红外线的热效应制成热释电（人体）传感器，就是利用了光的热电效应。

知识链接

1．光敏电阻的结构和工作原理

光敏电阻又称光感电阻，是利用半导体的光电效应制成的一种电阻值随入射光的强弱而改变的电阻器，入射光强，电阻减小，入射光弱，电阻增大。制作光敏电阻的材料一般是金属硫化物和金属硒化物。

光敏电阻器一般用于光的测量、光的控制和光电转换，其结构是在玻璃棱片上涂一层对光敏感的半导体物质，两端有梳状金属电极，然后在半导体上覆盖一层漆膜。图 4-13（a）所示为光敏电阻的结构，图 4-13（b）所示为光敏电阻的符号。通常，光敏电阻器都制成薄片结构，以便吸收更多的光能。其原理是，当光照射到光敏电阻上时，材料中的价带电子吸收了光子能量跃迁到导带，激发出电子-空穴对，增强了导电性能，使阻值降低。光照停止，电子-空穴对又复合，阻值恢复。光敏电阻的亮电阻很小，暗电阻很大。光敏电阻有两种结构，一种是带有金属外壳，顶部有玻璃窗口，如图 4-13（c）左图，另一种是不带外壳的，如图 4-13（c）右图。

按光照特性及最佳工作波长范围分类，光敏电阻有紫外线、可见光及红外线等光敏电阻。有些光敏电阻，如 CdS（硫化镉）光敏电阻覆盖了紫外线和可见光范围。

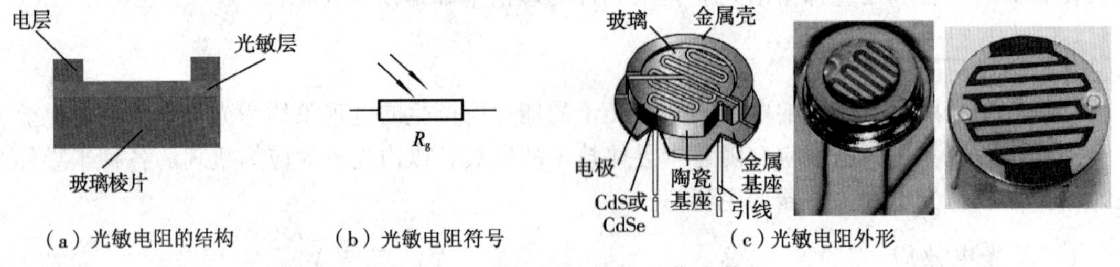

（a）光敏电阻的结构　（b）光敏电阻符号　（c）光敏电阻外形

图 4-13　光敏电阻的结构及代表符号

2．光敏电阻的主要参数

1）暗电阻、暗电流、亮电阻、亮电流、光电流

① 暗电阻、暗电流：光敏电阻在不受光照射时的阻值称为暗电阻，在给定工作电压下流过暗电阻时的电流称为暗电流。暗电阻一般为 0.5～200 MΩ。

② 亮电阻、亮电流：光敏电阻在受光照射时的电阻称为亮电阻，在给定工作电压下流过亮电阻时的电流称为亮电流。亮电阻一般为 0.5～20 kΩ。

③ 光电流：亮电流与暗电流之差称为光电流。

2）光谱特性

光敏电阻对入射光的光谱具有选择作用，即光敏电阻对不同波长的入射光有不同的灵敏度。光敏电阻的相对光电灵敏度与入射波长的关系称为光敏电阻的光谱特性，又称光谱响应。对应于不同波长，光敏电阻的灵敏度是不同的，不同材料的光敏电阻光谱响应曲线也不同，如图 4-14 所示。在实际应用中，应根据光源的性质，选择合适的光

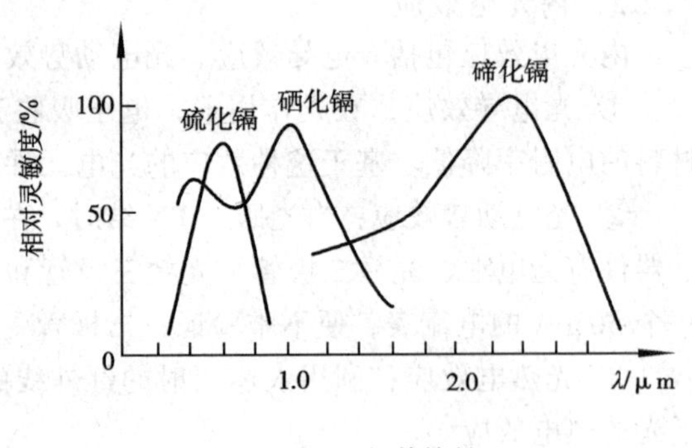

图 4-14　光谱特性

敏电阻以得到较高的相对灵敏度。

根据光敏电阻的光谱特性，光敏电阻可分为三类。

① 紫外光敏电阻：对紫外线较灵敏，包括硫化镉、硒化镉等光敏电阻，用于探测紫外线。

② 红外光敏电阻：主要有硫化铅、碲化铅、硒化铅、锑化铟等光敏电阻，广泛用于导弹制导、天文探测、非接触测量、人体病变探测、红外光谱、红外通信等国防、科学研究和工农业生产中。

③ 可见光光敏电阻：包括硒、硫化镉、硒化镉、碲化镉、砷化镓、硅、锗、硫化锌等光敏电阻，主要用于各种光电控制系统，如光电自动开关门，航标灯、路灯和其他照明系统的自动亮灭，自动给水和自动停水装置，机械上的自动保护装置和“位置检测器”，极薄零件的厚度检测器，照相机自动曝光装置，光电计数器，烟雾报警器，光电跟踪系统等。

3）伏安特性

伏安特性是在一定照度下，流过光敏电阻的电流与光敏电阻两端电压的关系曲线。在给定偏压下，光照越大光电流越大；给定光照度，电压越大光电流越大；光敏电阻的伏安特性曲线如图 4-15 所示，其特点是不弯曲，无饱和，但受最大功耗限制。

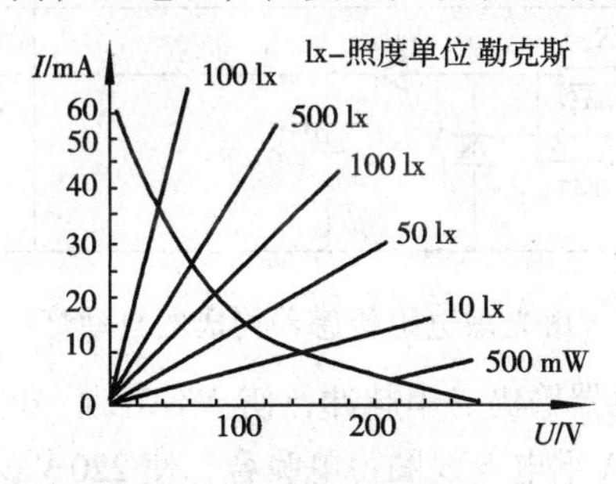

图 4-15　光敏电阻伏安特性

实践应用

1. 由 SG555 构成的光控开关电路

如图 4-16 所示，是由 SG555 构成的光控开关电路，利用光照可以对负载的工作状态进行控制，以使其工作或停止。

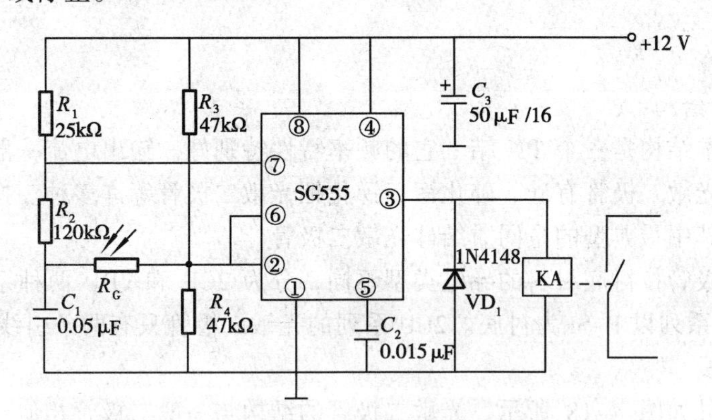

图 4-16　由 SG555 构成的光控开关电路

电路主要由光敏电阻 R_G（亮阻<10 kΩ，暗阻≥1 MΩ）、时基集成电路 SG555 及继电器 KA 等组成。有物体遮挡光照时，光敏电阻 RG 的值远大于 R_3、R_4，SG555③脚输出低电平，继电器 KA 不会动作；无物体遮挡光照时，光敏电阻 R_G 的值变小，SG555③脚输出变为高电平，继电器 KA 线圈得电吸合，其触点就会动作。这样，利用继电器 KA 的触点动作与不动作，就可实现开关作用，控制负载工作。

2．由光敏电阻传感器构成的自动灯控制电路

图 4-17 所示为由光敏电阻传感器构成的自动灯控制电路。电路中的传感器采用 8～10 μm 波长的双元件热释电红外线传感器，R_G 为光敏电阻传感器。

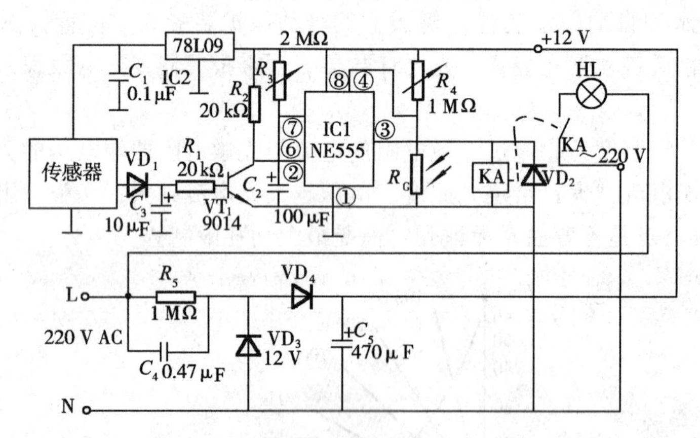

图 4-17　由光敏电阻传感器构成的自动灯控制电路

当有人走近监控区时，传感器输出一串脉冲，使 VT_1 导通，IC1②脚为低电平，触发组成的单稳态电路的③脚输出高电平，KA 继电器线圈得电吸合，使 220 V 交流电压加到两端，使其点亮。

灯泡 HL 能否点亮受光敏电阻 R_G 的控制。在白天，其阻值为 2kΩ，IC1 不能正常工作；在晚上无光时，R_G 的阻值可达 20 MΩ，IC1④脚为高电平，电路恢复正常工作。

任务 4　使用光敏二极管和三极管检测接近物体

知识链接

1．光敏二极管

1）光敏二极管结构

光敏二极管基本结构是一个 PN 结。它的频率特性特别好。输出电流一般为几微安到几十微安。按材料分，光敏二极管有硅、砷化镓、锑化铟光敏二极管等许多种。按结构分，有同质结与异质结之分。其中最典型的是同质结硅光敏二极管。

国产硅光敏二极管按衬底材料的导电类型不同，分为 2CU 和 2DU 两种系列。2CU 系列以 N-Si 为衬底，2DU 系列以 P-Si 为衬底。2CU 系列的光敏二极管只有两条引线，而 2DU 系列光敏二极管有三条引线。

光敏二极管符号如图 4-18 所示。光敏二极管的结构与一般二极管相似、它装在透明玻璃外壳中，其 PN 结装在管顶，可直接受到光照射。光敏二极管在电路中一般是处于反向工作状态，如图 4-18 所示。

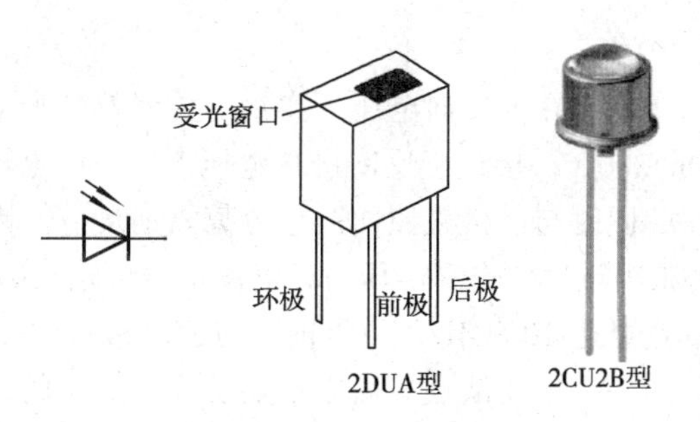

图 4-18　光敏二极管符号及外形

2）光敏二极管工作原理

光敏二极管在没有光照射时，反向电阻很大，反向电流很小。反向电流又称暗电流．当光照射时，其反向电阻则很小，反向电流很大，称为光电流。光敏二极管的工作原理与光电池的工作原理很相似。当光不照射时，光敏二极管处于截止状态，这时只有少数载流子在反向偏压的作用下，渡越阻挡层形成微小的反向电流即暗电流；受光照射时，PN 结附近受光子轰击，吸收其能量而产生电子-空穴对，从而使 P 区和 N 区的少数载流子浓度大大增加，因此在外加反向偏压和内电场的作用下，P 区的少数载流子渡越阻挡层进入 N 区，N 区的少数载流子渡越阻挡层进入 P 区，从而使通过 PN 结的反向电流大为增加，这就形成了光电流（见图 4-19）。光敏二极管的光电流 I 与照度之间呈线性关系。光敏二极管的光照特性是线性的，所以适合检测等方面的应用。在使用时，采用反向偏置连接（如图 4-20 所示）。

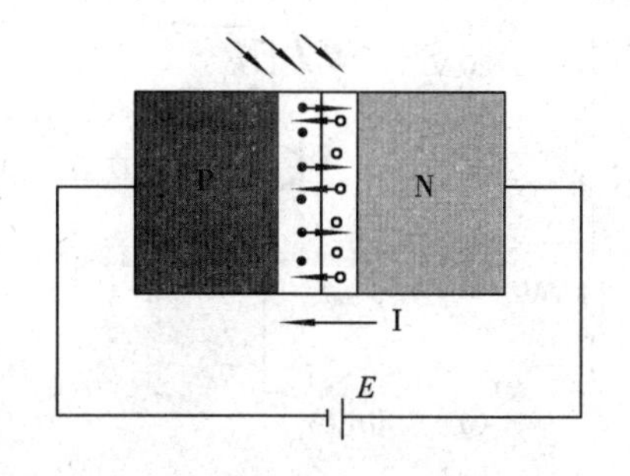

图 4-19　光敏二极管工作原理

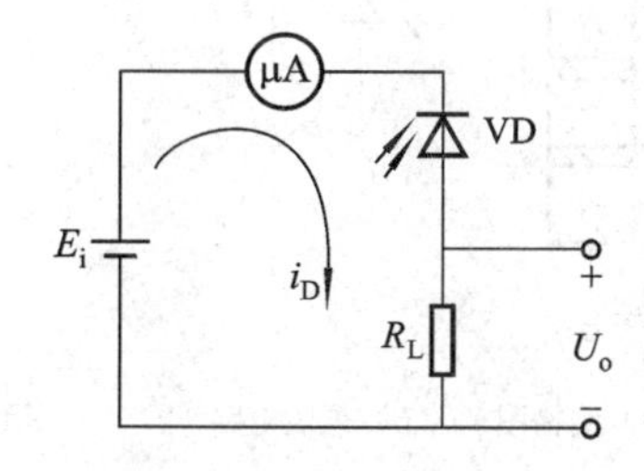

图 4-20　光敏二极管的反向偏置连接法

3）光敏二极管类型

（1）PIN 型光敏二极管

PIN 管是光敏二极管中的一种。如图 4-21 所示，其结构特点是，在 P 型半导体和 N 型半导体之间夹着一层（相对）很厚的本征半导体。这样，PN 结的内电场就基本上全集中于 I 层中，从而使 PN 结双电层的间距加宽，结电容变小。

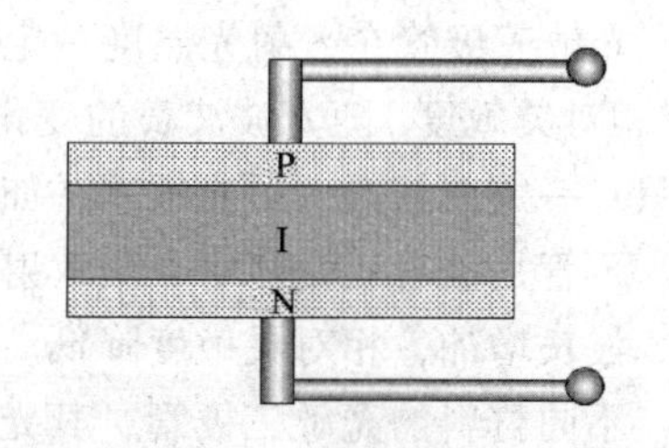

图 4-21　PIN 型光敏二极管结构

优点：频带宽，可达 10GHz。另一个特点是，因为 I 层很厚，可承受较高的反向电压，线性输出范围宽。由耗尽层宽度与外加电压的关系可知，增加反向偏压会使耗尽层宽度增加，从而结电容要进一步减小，使频带变宽。

缺点：I 层电阻很大，管子的输出电流小，一般多为零点几微安至数微安。

（2）雪崩光敏二极管(APD)

雪崩光敏二极管是利用 PN 结在高反向电压下产生的雪崩效应来工作的一种二极管。这种管子工作电压很高，约 100～200 V，接近于反向击穿电压。结区内电场极强，光生电子在这种强电场中可得到极大的加速，同时与晶格碰撞而产生电离雪崩反应。因此，这种管子有很高的内增益，可达到几百。当电压等于反向击穿电压时，电流增益可达106，即产生所谓的雪崩。这种管子响应速度特别快，带宽可达 100 GHz，是目前响应速度最快的一种光敏二极管。

噪声大是这种管子目前的一个主要缺点。由于雪崩反应是随机的，所以它的噪声较大，特别是工作电压接近或等于反向击穿电压时，噪声可增大到放大器的噪声水平，以至无法使用。但由于 APD 的响应时间极短，灵敏度很高，它在光通信中应用前景广阔。

2．光敏三极管

1）光敏三极管结构与原理

如图 4-22 所示，光敏三极管有 PNP 型和 NPN 型两种。其结构与一般三极管很相似，具有电流增益，只是它的发射极一边做得很大，以扩大光的照射面积，且其基极不接引线。当集电极加上正电压，基极开路时，集电极处于反向偏置状态。当光线照射在集电结的基区时，会产生电子-空穴对，在内电场的作用下，光生电子被拉到集电极，基区留下空穴，使基极与发射极间的电压升高，这样便有大量的电子流向集电极，形成输出电流，且集电极电流为光电流的 β 倍。

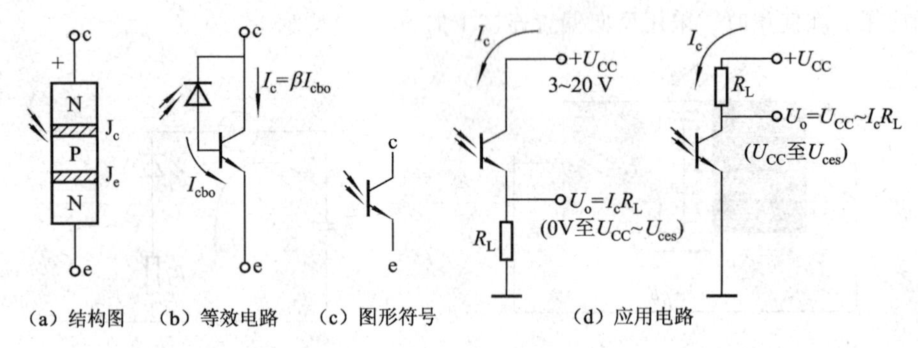

图 4-22　光敏三极管

2）光敏三极管的基本特性

（1）光谱特性

光敏三极管在入射光照度一定时，输出的光电流（或相对灵敏度）随光波波长的变化而变化。一种晶体管只对一定波长的入射光敏感，如图 4-23 所示。

不管是硅管还是锗管，当入射光波长超过一定值时，波长增加，相对灵敏度降低。

不同材料的光敏三极管，其光谱响应峰值波长也不相同。硅管为 1.0 μm 左右，锗管为 1.5 μm 左右。

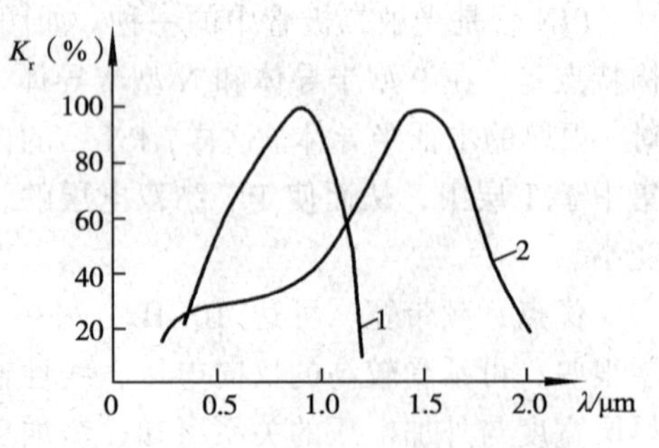

图 4-23　光敏三极管的光谱特性

1—硅光电晶体管；2—锗光电晶体管

（2）伏安特性

如图 4-24 所示，光敏三极管在不同照度下的伏安特性，就像普通三极管在不同基极电流下的输出特性一样，改变光照就相当于改变普通三极管的基极电流。

（3）光电特性

光电特性指外加偏置电压一定时，光敏三极管的输出电流和光照度的关系。

光敏二极管光电特性的线性通常较好，光敏三极管的电流放大倍数在小电流和大电流时都会下降。如图 4-25 所示，图中曲线 1、曲线 2 分别是某种型号的光敏二极管、光敏三极管的光电特性。

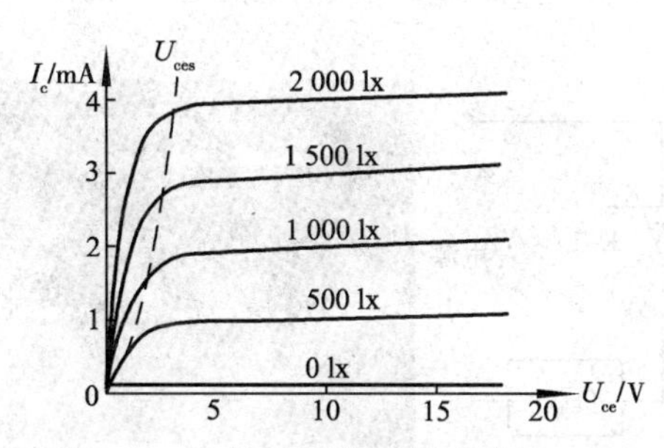

图 4-24　光敏三极管的伏安特性

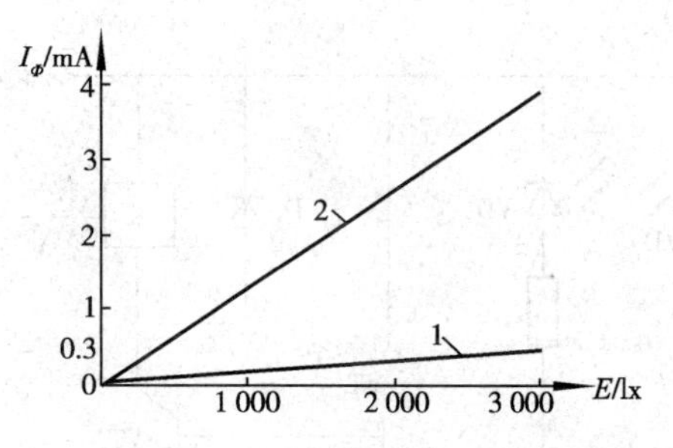

图 4-25　光敏三极管的光电特性

（4）温度特性

温度变化对亮电流的影响较小，但对暗电流的影响相当大，并且是非线性的，这将给微光测量带来误差，如图 4-26 所示。

（5）频率特性

光敏三极管受调制光照射时，相对灵敏度与调制频率的关系称为频率特性，如图 4-27 所示。减少负载电阻能提高响应频率，但输出降低。

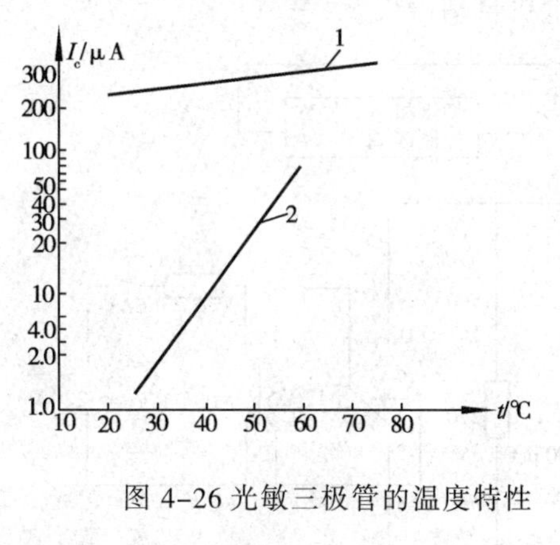

图 4-26 光敏三极管的温度特性

1—输出电流；2—暗电流

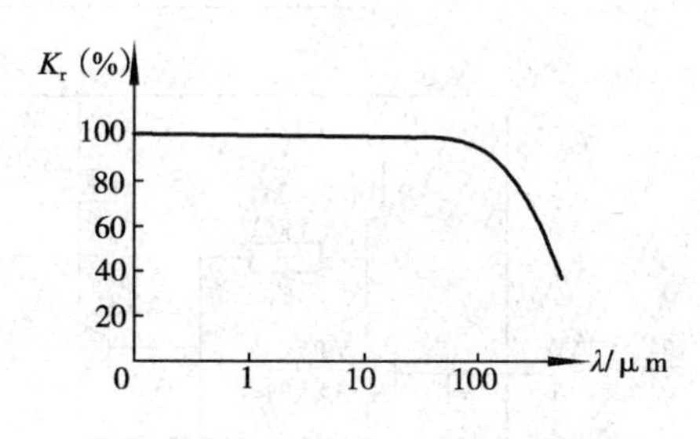

图 4-27　光敏三极管频率特性

（6）响应时间

工业用的硅光敏二极管的响应时间为 10^{-7} ～ 10^{-5} s 左右，光敏三极管的响应时间比相应的二极管约慢一个数量级。

实践应用

1．宾馆房间电源控制

图 4-28 为一种宾馆房间电源控制器的原理图。在该结构中设置了一个直射式光电传感器，

由 VD_1 发出的红外光照射到光敏二极管 VD_2 上。

① 当没有插入电卡时，VD_1 红外光照射 VD_2，VD_2 呈现低阻抗，VT_1 导通，VT_2 导通，继电器 K 得电，常闭触点 K-1 打开，电源电路不工作。

② 有人插入电卡挡住光线，无红外光照射 VD_2 时，VD_2 呈现高阻抗，VT_1、VT_2 截止，继电器 K 不得电，常闭触点 K-1 闭合，电源电路工作。

③ 二极管 VD_3 为续流二极管，用来保护三极管 VT_2，三极管 VT_2 相当于开关，工作时状态为饱和。

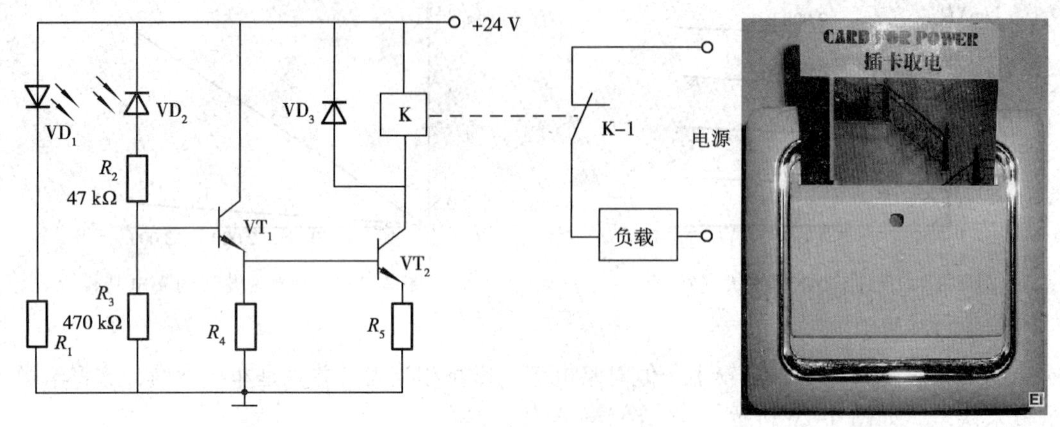

图 4-28 宾馆房间电源控制器原理图

2．由光敏传感器构成的印刷切纸机保护电路

图 4-29 是由光敏传感器构成的印刷切纸机保护电路，可防止工人送纸时误踩切纸开关而造成工伤事故。该电路在人工送纸时，可控制切纸机自动停机。

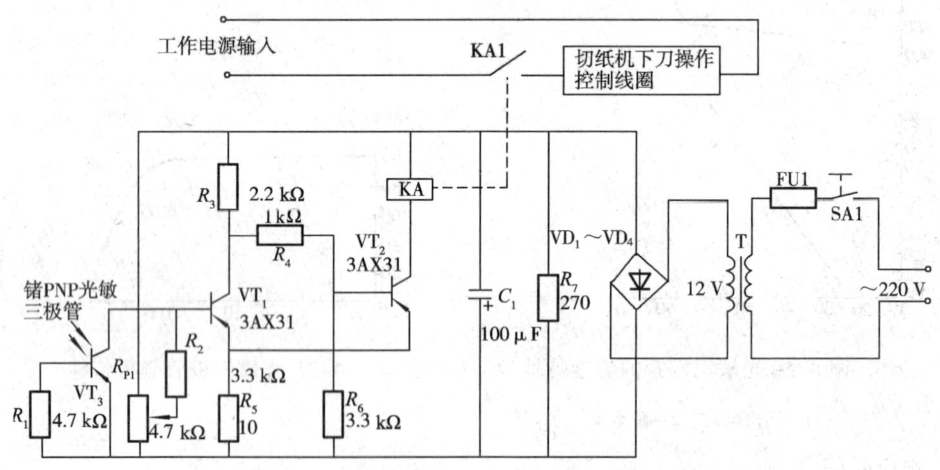

图 4-29 由光敏传感器构成的印刷切纸机保护电路

从图 4-29 中可看出，KA 继电器有一组动合触点 KA1 串接在切纸机下刀操作控制线圈的供电回路中，只有当该动合触点 KA1 闭合后，切纸机才会下刀切纸。

KA 继电器线圈串接在 VT_2 的集电极回路中，受 VT_2 状态的控制，VT_2 又受 VT_1 的控制，VT_1 则受 VT_3 光敏传感器的控制，VT_3 传感器则受光的控制。在切纸机的一边安装有电灯并向另一边照射，VT_3 传感器则安装在另一边用于接收灯泡照射的光线。

根据图 4-35 中的连接方式，VT_1 与 VT_2 和相关电阻共同构成了射极耦合双稳态触发电路。当工人用手放纸时，手就会遮挡住灯泡照射来的光线，使 VT_3 光敏传感器因无光照而使其内阻（集电极与发射极间）呈高阻抗，进而使 VT_1 导通，VT_2 截止，继电器 KA 线圈断电释放，其动合触点 KA1 复位断开，从而使切纸机下刀操作控制线圈中的电流通路被切断，达到了防止切纸机在工人用手放人切纸时发生事故。

任务 5　使用热释红外传感器检测接近物体

知识链接

1.红外线检测基础

1）红外线传感器的分类

凡是存在于自然界的物体，例如：人体、火焰、冰等物体都会辐射出红外线，只是其辐射的红外线的波长不同而已。人体的温度为 36～37 ℃，所辐射的红外线波长为 9～10 μm（属于远红外线区）。加热到 400～700 ℃ 的物体，其辐射出的红外线波长为 3～5 μm（属于中红外线区）。红外线传感器可以检测到这些物体辐射出的红外线，用于测量、成像或控制。

用红外线作为检测媒介，来测量某些非电量，比可见光作为媒介的检测方法要好。其优越性表现在：

① 红外线（指中、远红外线）不受周围可见光的影响，故可在昼夜进行测量。

② 由于待测对象辐射出红外线，故不必设光源。

③ 大气对某些特定波长范围的红外线吸收甚少（2～2.6 μm，3～5 μm，8～14 μm 三个波段称为“大气窗口”），故适用于遥感技术。

红外线传感器按其工作原理可分为量子型及热型。热型红外线光敏元件灵敏度较低、响应速度较慢、响应的红外线波长范围较宽，价格比较便宜、能在室温下工作。 量子型红外线光敏元件的特性则与热型正好相反，一般必须在冷却条件下使用。

热释电红外（PIR）传感器（见图 4-30），又称热红外传感器，是一种能检测人体发射的红外线的新型高灵敏度红外探测元件。它能以非接触形式检测出人体辐射的红外线能量的变化，并将其转换成电压信号输出。将输出的电压信号加以放大，便可驱动各种控制电路，如作电源开关控制、防盗防火报警、感应水龙头,感应灯等。目前市场上常见的热释电人体红外线传感器虽然型号不一样，但其结构、外形和特性参数大致相同，大部分可以彼此互换使用。

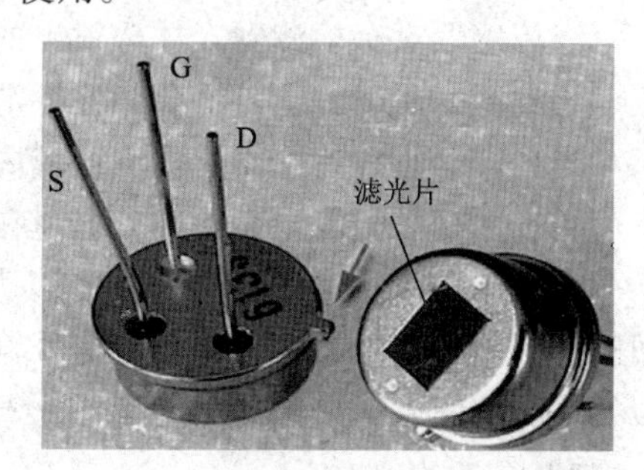

图 4-30　热释电红外（PIR）传感器

2）热释电效应

若使某些强介电物质的表面温度发生变化，随着温度的上升或下降，在这些物质表面上就会产生电荷的变化，这种现象称为热释电效应，是热电效应的一种。这种现象在钛酸钡之类的强介电物质材料上表现得特别显著。热释电效应产生的电荷不是永存的，很快便被空气中的各种离子所结合。

3）热释电红外线光敏元件的材料

热释电红外线光敏元件的材料较多，其中以陶瓷氧化物及压电晶体用得最多。

2. 热释电红外传感器

结构及电路如图 4-31 所示。传感器的敏感元件是 PZT（钛锆酸铅），在上下两面做上电极，并在表面上加一层黑色氧化膜以提高其转换效率。

等效电路是一个在负载电阻上并联一个电容的电流发生器，其输出阻抗极高，输出电压信号又极其微弱，管内有场效应管 FET 放大器及厚膜电阻，以达到阻抗变换的目的。

1）敏感元件

热释电红外线传感器由探测元件、滤光片和场效应管阻抗变换器等三大部分组成。对不同的传感器来说，探测元件的制造材料有所不同。其内部的热电元件由高热电系数的铁钛酸铅汞陶瓷以及钽酸锂、硫酸三甘铁等配合滤光镜片窗口组成。将这些材料做成很薄的薄片，每一片薄片相对的两面各引出一根电极，在电极两端则形成一个等效的小电容。因为这两个小电容是做在同一硅晶片上的，因此形成的等效小电容能自身产生极化，在电容的两端产生极性相反的正、负电荷。传感器中两个电容是极性相反串联的。

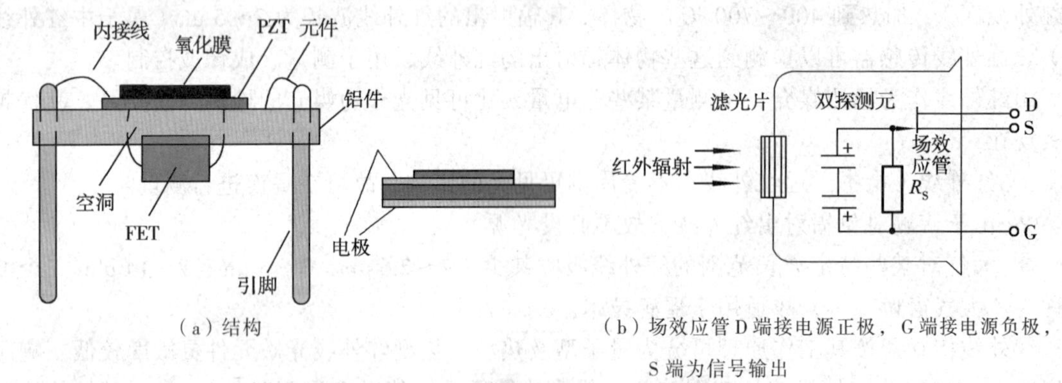

（a）结构

（b）场效应管 D 端接电源正极，G 端接电源负极，S 端为信号输出

图 4-31　热释电红外传感器

当传感器没有检测到人体辐射出的红外线信号时，在电容两端产生极性相反、电量相等的正、负电荷，所以，正负电荷相互抵消，回路中无电流，传感器无输出。

当人体静止在传感器的检测区域内时，照射到两个电容上的红外线光能能量相等，且达到平衡，极性相反、能量相等的光电流在回路中相互抵消，传感器仍然没有信号输出。

当人体在传感器的检测区域内移动时，照射到两个电容上的红外线能量不相等，光电流在回路中不能相互抵消，传感器有信号输出。综上所述，传感器只对移动或运动的人体和体温近似人体的物体起作用。

2）滤光片

滤光片是由一块薄玻璃片镀上多层滤光层薄膜而成的，能够有效地滤除 7.0～14 μm 波长以外的红外线。人体的正常体温为 36～37.5 ℃，即 309～310.5 K，其辐射的最强的红外线的波长为 λ_m=2989/（309～310.5）=9.67～9.64 μm，中心波长为 9.65 μm，正好落在滤光窗的响应波长的中心。所以，滤光片能有效地让人体辐射的红外线通过，而最大限度地阻止阳光、灯光等可见光中的红外线的通过，以免引起干扰。所以，热释电人体红外传感器只对人体和近似人体体温的动物有敏感作用。

3）场效应管和高阻值电阻 Rg

热释电红外传感器在结构上引入场效应管和高阻值电阻 Rg 的目的在于完成阻抗变换。由于探测元输出的是电荷信号，不能直接使用，因而需要将其转换为电压形式。场效应管输入阻抗高达 104 MΩ，接成共漏极形式来完成阻抗变换。使用时 D 端接电源正极，G 端接电源负极，S 端为信号输出。

对于移动速度非常缓慢的物体，如阳光，两个电容上的红外线光能能量仍然可以看做是相等的，在回路中相互抵消；再加上传感器的响应频率很低(一般为 0.1～10 Hz)，即传感器对红外光的波长的敏感范围很窄(一般为 5～15 μm)，因此，传感器对它们不敏感，因而无输出。

4）菲涅尔透镜

（1）菲涅尔透镜的结构特点

菲涅尔透镜是一种精密的光学系统，是由聚乙烯材料注成的塑料薄纹镜片，里面有精细的镜面和纹理[见图 4-32（a）]，它是根据对灵敏度和接收角度的要求设计制造的。镜片表面一面为光面，另一面刻录了由小到大的同心圆，它的纹理是利用光的干涉及衍射和根据相对灵敏度和接收角度要求来设计的，透镜的要求很高，一片优质的透镜必须是表面光洁，纹理清晰，其厚度随用途而变，多在 1 mm 左右，对红外光的透过率大于 65%。菲涅尔透镜实物如图 4-33 所示。

菲涅尔透镜与热释电红外线传感器之间的距离应该与透镜的焦距相等，如 7706 型菲涅尔透镜的焦距为 30mm，探测角（水平角度）为 108°。透镜应严格按要求安装在外壳上，并要仔细调整透镜与传感器窗口之间的距离（焦距）。菲涅尔透镜呈圆弧状，透镜焦距正好对准敏感元件中心，如图 4-32（b）所示。

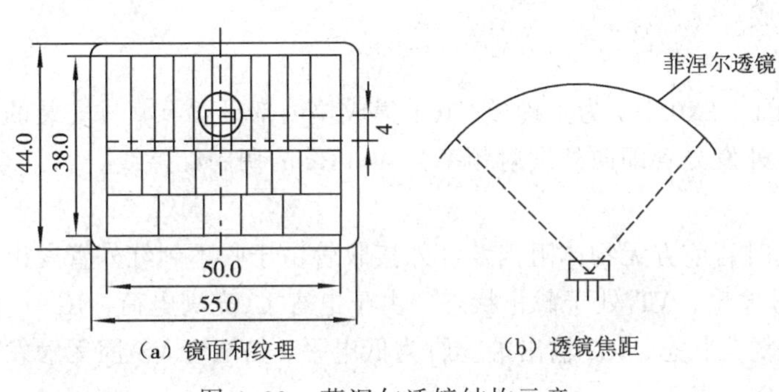

（a）镜面和纹理　　（b）透镜焦距

图 4-32　菲涅尔透镜结构示意

图 4-33　菲涅尔透镜实物图

（2）菲涅尔透镜的工作原理

菲涅尔透镜相当于红外线及可见光的凸透镜，效果较好，但成本比普通的凸透镜低很多。多用于对精度要求不是很高的场合，如幻灯机、薄膜放大镜、红外探测器等。菲涅尔透镜作用有两个：一是聚焦作用，即将热释红外信号折射（反射）在 PIR 上，第二个作用是将探测区域内分为若干个明区和暗区，使进入探测区域的移动物体能以温度变化的形式在 PIR 上产生变化热释红外信。

透镜由很多“盲区”和“高灵敏区”组成，物体或人体发射的红外线通过菲涅尔透镜会产生一系列的光脉冲进入传感器，从而提高了接收灵敏度。

由于人体放射的远红外线能量十分微弱，直接由热释电红外线传感器接收，灵敏度很低，控制距离一般只有 1～2 m，远远不能满足要求，必须配以良好的光学透镜（如抛物镜、菲涅尔透镜等），才能实现较高的接收灵敏度。物体或人体移动的速度越快，灵敏度就越高。目前一般配上透镜可检测 10 m 上下，而采用新设计的双重反射型，则其检测距离可达 20 m 以上。

实践应用

1. 由红外线探测传感器 TX05D 构成的红外线感应式延迟灯电路

图 4-34 所示为由红外线探测传感器 TX05D 构成的红外线感应式延迟灯电路，适用于家庭生间照明或作为卫生间的镜前开关，只要人走近灯时灯就点亮，离开后灯会自动熄灭。

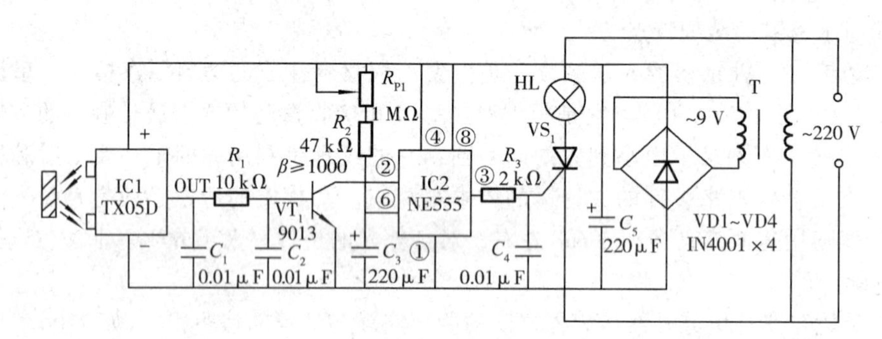

图 4-34 由 TX05D 构成的红外线感应式延迟灯电路

1）电路组成及原理

图 4-34 所示电路主要由红外线探测传感器 TX05D（IC1）、时基集成电路 IC2（NE555）、晶闸管 VS_1 及电源电路等几部分组成。

2）红外线发射接收电路

红外线发射接收电路主要由 IC1（TX05D）为主构成。IC1 集成块内部设置有并排安装的红外发光管与红外接收管，通电后红外发光管即向外发射频率为 40 kHz 的调制红外线。

（1）前方无物体阻挡

当红外发光管向外发射红外线时若前方无物体阻挡，红外接收管由于收不到红外管发出的红外线，IC1 的 OUT 输出端无信号输出，VT_1 处于截止状态。由于电容 C_3 充满电荷，IC2 的阈值端⑥脚为高电平，时基电路处于复位状态，IC2 输出端③脚为低电平，晶闸管 VS_1 因无触发电流而处于关断状态，故 HL 灯泡不会点亮。

（2）前方有物体阻挡

当前方一定范围内有人或物体出现时，红外线被部分反射回来并被红外接收管接收以后，该信号经 IC1 模块内部电路放大、解调、整形、比较处理以后，输出高电平信号。该信号经 R_1、C_1、C_2 平滑滤波以后使 VT_1 导通，其集电极为低电平。

导通使 IC2 的触发端②脚为低电平，IC2 立即置位，其输出端③脚变为高电平。该信号经 R_3 为 VS_1 提供正向触发电流，VS_1 立即导通，等效于 220V 交流电源加到灯泡 HL 两端，使其点亮发光。VT_1 导通使 G 所充电荷得以迅速泄放。

（3）前方的人或物体离开

一旦前方的人或物体离开红外发光管发射红外线的区域，则无反射光反射给接收管，IC1

的输出端 OUT 恢复为低电平，VT_1 截止。此时正电流又通过 R_{P1}、凡对定时电容 C_3 进行充电，当充至电源电压的 2/3 时，时基电路 IC2 翻转为复位状态，其③脚输出又变为低电平，VS_1 失去触发电流，当交流电过零时即关断，HL 灯泡熄灭。

3）IC1 TX05D 选用

IC1 可选用 TX05D 模块。该模块安装在尺寸为 46.5 mm×32 mm×17 mm 的小塑料盒内，小盒上还有安装支架。盒前侧并排安装有红外接收管与红外发光管，旁侧面有一个发光二极管指示灯与一个灵敏度调节孔，指示灯用来指示工作状态。平时该灯熄灭，一旦有反射阻挡物进入，指示灯即发光。调节孔用来调节反射探测距离，顺时针调节可加大探测距离。

图 4-35 为印制电路板图，印制板尺寸为 60mm×40mm。VS1 可采用 MCR100－8 小型塑封单向晶闸管；也可改用 MAC94A4 型等小型塑封双向晶闸管来控制，但应将 R_3 的电阻值相应减小一些。

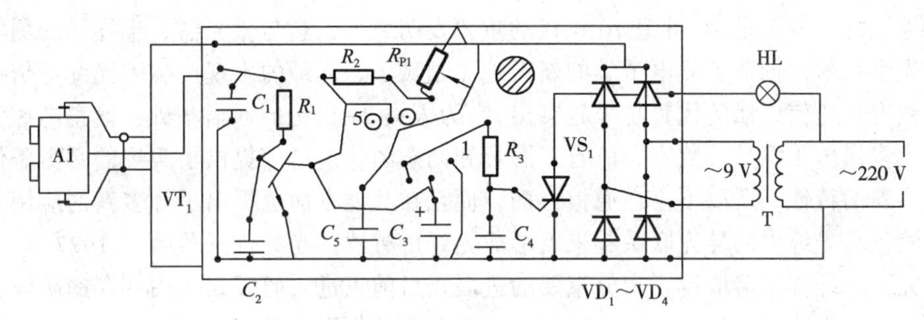

图 4-35　由 TX05D 构成的红外线感应式延迟灯电路印制电路板图

2．由 NE555 构成的红外线自动洗手控制电路

图 4-36 所示为由时基集成电路 NE555 构成的红外线自动洗手控制电路，适用于公共场所、列车洗漱间、宾馆、饭店及家庭卫生间等场所。

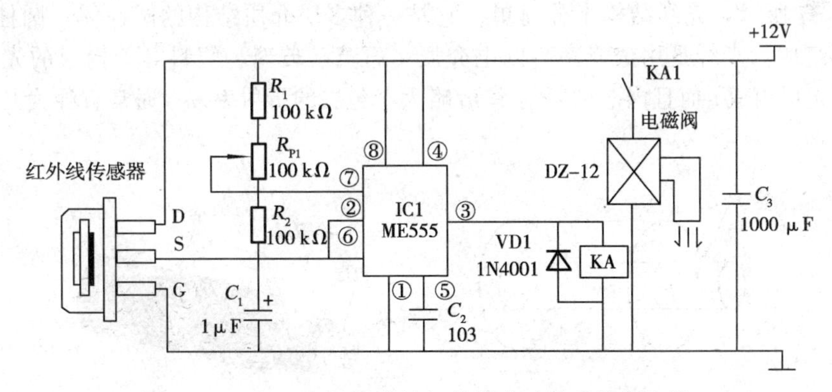

图 4-36　由 NE555 构成的红外线自动洗手控制电路

1）电路组成

图 4-36 所示电路主要由 IC1 集成块为主构成。其中，R_1、R_{P1}、R_2、C_1 构成定时电路。KA 继电器线圈受控于 IC1 的③脚，KA 的动合触点控制着电磁水阀的工作。

2）原理简介

在图 4-36 中，IC1 及其外围元件构成了振荡定时电路。该电路的前端为红外线传感电路由于市场上各种红外线传感器品种繁多，功能各有千秋，用户可根据实际情况自行选用。

当人手伸到红外线传感器前方时，红外线传感器感应到人手信号后，红外线感应头对该信号进行处理，之后输出低电平。该信号加到IC1②脚与⑥脚后，IC1③脚输出电平翻转，由低电平翻转为高电平。该信号使KA继电器线圈得电工作，其动合触点KA1闭合，使电磁水阀线圈得电工作，放水洗手。

当人手离开水龙头后，经延时电路延时2～3 s后，IC1③脚输出状态又翻转为低电平，KA断电水阀自动关闭，从而实现了自动洗手功能。

电磁水阀可选DE-12型，由于使用12 V直流电源，故整个电路属于安全型单元。

*任务6 使用光纤传感器检测接近物体

知识链接

光（导）纤（维）是20世纪70年代的重要发明之一，它与激光器、半导体探测器一起构成了新的光学技术，创造了光电子学的新天地（领域）。光纤的出现产生了光纤通信技术，特别是光纤在有线通信广播的优势越来越突出，它为人类21世纪的通信基础—信息高速公路奠定了基础，为多媒体（符号、数字、语音、图形和动态图像）通信提供了实现的必需条件。由于光纤有许多新的特性，所以不仅在通信方面，而且在其他方面也提出了许多新的应用方法。例如，把待测量与光纤内的导光联系起来就形成光纤传感器。光纤传感器始于1977年，经过20余年的研究，光纤传感器取得了十分重要的进展，目前正进入研究和实用并存的阶段。它对军事、航天航空技术和生命科学等的发展起着十分重要的作用。随着新兴学科的交叉渗透，它将会出现更广阔的应用前景。

1．光纤结构和传光原理

1）光纤结构

如图4-37所示，光纤结构十分简单，它是一种多层介质结构的圆柱体，圆柱体由纤芯、包层和护层组成。光纤是用透光率高的电介质（石英、玻璃、塑料等）构成的光通路。由圆柱形内芯和包层组成，而且内芯的折射率 n_1 略大于包层的折射率 n_2。通常直径为几微米到几百微米。

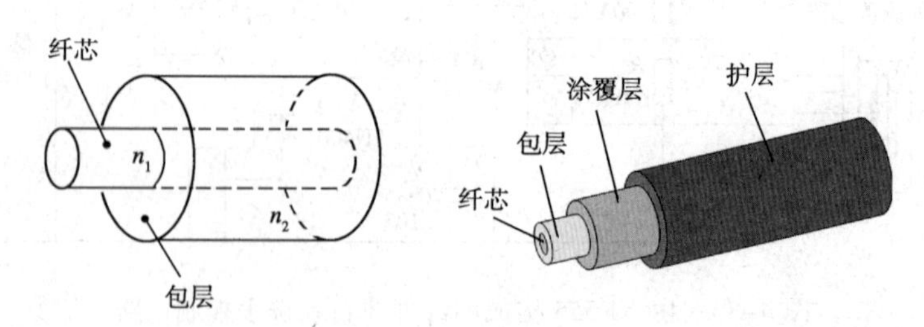

图4-37 光纤结构

纤芯材料的主体是二氧化硅或塑料，制成很细的圆柱体，其直径在5～75 μm内。有时在主体材料中掺入极微量的其他材料如二氧化锗或五氧化二磷等，以便提高的折射率。围绕纤芯的是一层圆柱形套层（包层），包层可以是单层，也可以是多层结构，层数取决于光纤的应用场所，但总直径控制在100～200 μm范围内。包层材料一般为二氧化硅（SiO_2），也有的掺入极微量的三氧化二硼或四氧化硅。与纤芯掺杂的目的不同，包层掺杂的目的是降低其对光的折射率。包层外面还涂有一些涂料，其作用是保护光纤不受外来的损害，增加光纤的机械强度。光纤最外层是一层塑料保护管，其颜色用以区分光缆中各种不同的光纤。光缆是内有多根光纤组成。并在光纤间填入阻水油膏以此保证光缆传光性能。光缆主要用于光纤通信。光纤是利用光的内全反射规律，将入射光传递到另一端的。

2）光纤传光原理

（1）光的全反射现象

光的全反射现象是研究光纤传光原理的基础。根据几何光学原理，当光线以较小的入射角 θ_1 由光密介质1射向光疏介质2（即 $n_1 > n_2$）时（见图4-38），则一部分入射光将以折射角 θ_2 折射入介质2，其余部分仍以 θ_1 反射回介质1。

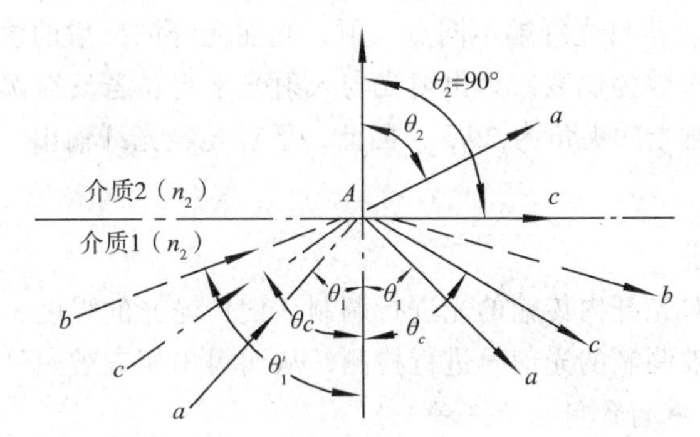

图4-38　光在两介质界面上的折射和反射

依据光折射和反射的斯涅尔(Snell)定律，有

$$n_1 \sin\theta_1 = n_2 \sin\theta_2 \tag{4-2}$$

当 θ_1 角逐渐增大，直至 $\theta_1=\theta_c$ 时，透射入介质2的折射光也逐渐折向界面，直至沿界面传播（θ_1=90°）。对应于 θ_2=90°时的入射角 θ_1 称为临界角 θ_c，由上式则有

$$\sin\theta_c = \frac{n_2}{n_1} \tag{4-3}$$

可见，当 $\theta_1 > \theta_c$ 时，光线将不再折射入介质2，而在介质（纤芯）内产生连续向前的全反射，直至由终端面射出。这就是光纤传光的工作基础。

（2）光纤传光原理

如图4-39所示，当空气中一束光线自光纤端面中心点 O 以 θ_i 角射入光纤时，光线产生折射。光以折射角 θ_0。在纤芯中行进，至纤芯与包层界面时，可能折射进于包层，也可能反射继续在纤芯中行进。根据斯乃尔定理：当光由光密物质（折射率大）射入光疏物质（折射率小）时，折射角大于入射角。因为 $n_1 > n_2$，所以折射角恒大于入射角(90°−θ)。当 $\sin(90°-\theta) = n_2/n_1$ 时，光线开始出现全反射。因此，光线能在界面全反射、不再逸出芯体的条件是

$$N_A = \sin\theta_{\mathrm{im}} = \sqrt{n_1^2 - n_2^2} \tag{4-4}$$

式中：N_A 称为光纤数值孔径，表示光纤传光的能力。N_A 值越大，光纤有效进光量越多。入射角小于临界角 θ_{im} 的光不能在光纤中传输。

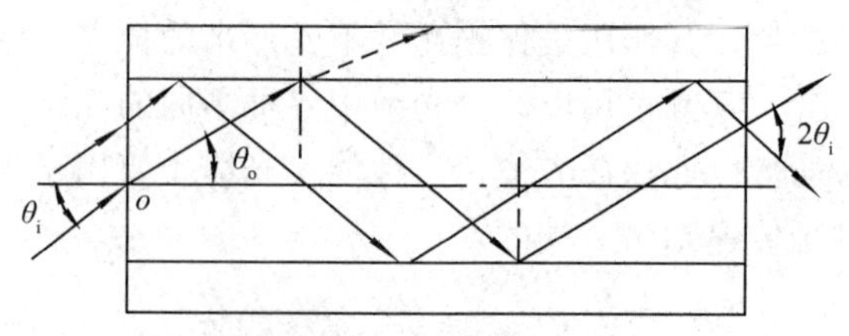

图 4-39 光纤传光原理

由以上分析可知，与光纤轴线相交的光线（称子午光线）以“之”字形的带状方式向前传播，不与光纤轴线相交的光线（称为斜光线）在光纤中以螺旋方式向前推进，且同样遵守全反射定律，只是反射次数、光路长度和数值孔径有所不同。

如果两束平行光以 θ_i 角自光纤端不同点入射，光在光纤内反射的次数不相同，相应出射光的方向也不同。若反射次数为偶数，则出射光与入射光平行；若反射次数为奇数，则出射光与入射光不平行。两束出射光的夹角为 $2\theta_i$，。因此，平行光经光纤输出一般呈圆锥状发散，发散角于 $2\theta_i$。

2．光纤传感器分类

光纤传感器是通过对光纤内传输的光进行调制，使传输光的强度、相位、频率或偏振等特性发生变化，再通过对被调制的光信号进行检测，从而得出相应被测量。

1）按光纤在传感器中的作用分为三种

① 功能型（FF）：这类传感器利用光纤本身对外界被测对象具有敏感能力和检测功能，光纤不仅起到传光作用，而且在被测对象作用下，如光强、相位、偏振态等光学特性得到调制，调制后的信号携带了被测信息。如果外界作用时光纤传播的光信号发生变化，使光的路程改变，相位改变，将这种信号接受处理后，可以得到被测信号的变化。其优点为结构紧凑、灵敏度高。缺点为须用特殊光纤，成本高，

② 非功能型（NF）：利用其他敏感元件感受被测量的变化，光纤仅做为光的传输介质。所以又称传光型传感器或混合型传感器。光纤在其中仅起导光作用，光照在非光纤型敏感元件上受被测量调制。优点为无须特殊光纤及其他特殊技术，比较容易实现，成本低。缺点为灵敏度较低。

③ 拾光型（天线型）：此类光纤传感器中，光纤作为探头，接收由被测对象辐射或被其反射、散射的光，如天线型位移传感器。拾光型实质上也属于 NF 型。

2）按光纤传感器类型分类

如图 4-40 所示，常用光纤传感器可分为遮断型、反射型和反射镜反射型三种。

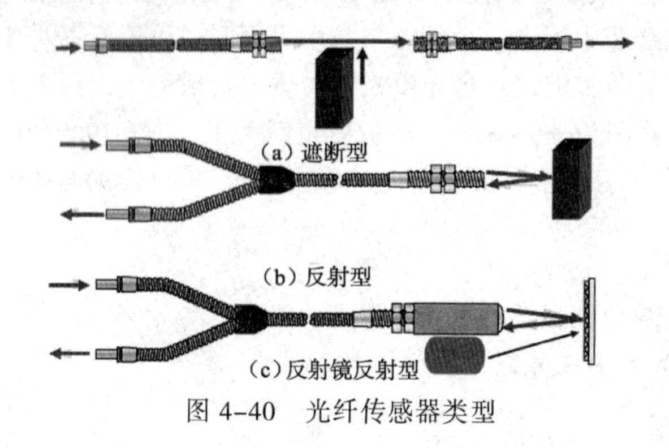

图 4-40 光纤传感器类型

3．光纤位移传感器的原理与特性

光纤位移传感器可分为功能型（FF 型）和天线型（拾光型）两种型式。天线型光纤位移传感器的工作原理与特性如图 4-41 所示。传感器的工作原理如图 4-41 a）所示。由恒定光强的光源发出的光经耦合进入入射光纤，并从入射光纤的出射端射向被测物体，被测物体反射的光一部分被接收光纤接收，根据光学原理可知反射光的强度与被测物体的距离有关。将反射光的强度通过光电转换和处理电路处理，输出电信号，测量电信号的变化即可得物体的位移。

光反射原理如图 4-41（b）所示。当光纤探头紧贴在被测物体上时，接收光纤接收不到反射光，光电转换元件输出的光电流为零。当被测物体逐渐远离光纤探头时，由于入射光纤照亮的被测物体表面面积 A 越来越大，相应的发射光锥和接收光锥重合面积 B 也越来越大，因此接收光纤受反射光照射的面积也逐渐增大，光电转换电路输出的光电流也逐渐增大，直到曲线上的最亮点 I_m。到达 I_{max} 之后，若被测物体继续远离，反射光射人接收光纤的面积将逐渐减小，所以光电转换电路的输出信号也逐渐减弱，从而得到如图 4-47（c）所示的光电流与位移的关系曲线。光电流 I 在 $0 \sim I_{max}$ 的区间，称为前坡。前坡区灵敏度很高，范围很小，用以测量微米级位移。光电流 $I>I_m$ 的区间，称为后坡。后坡区的 I 正比于 d，测量灵敏度低、范围很宽，用于较远距离而线性度、灵敏度和精度要求不高的位移测量，此时可把位移的原点移于曲线的 d_{max} 处。

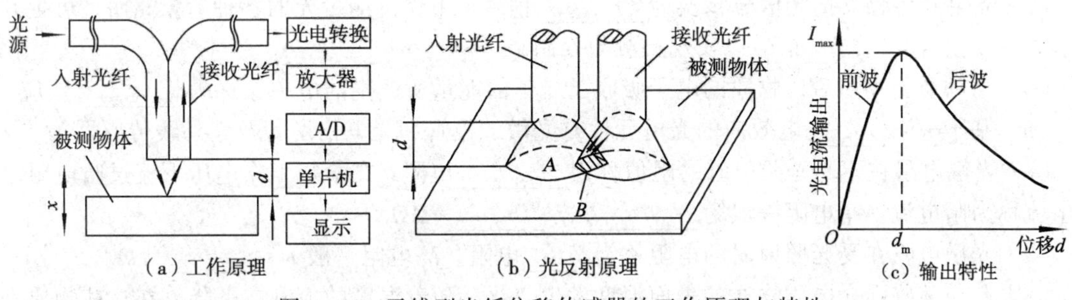

图 4-41　天线型光纤位移传感器的工作原理与特性

实践应用

1．电路板方向检测

在电路板生产线上，如果电路板放置方向错误，在下一工序无论安装器件还是焊接器件都会发生故障。因此在生产线上每隔一段就要安装一个电路板方向检测装置（见图 4-42），该装置主要检测器件为光纤传感器。当光纤发出的光穿过标志孔时，若无反射，说明电路板方向放置正确。

2．IC 芯片引脚检测

光纤光电开关对 IC 芯片引脚进行检测，其工作原理如图 4-43 所示。IC 芯片引脚外观检测一直是电子集成电路器件生产线上的一个重要环节，光电自动检测系统可以实现引脚的内外倾角、左右倾角和横向尺寸的检测。

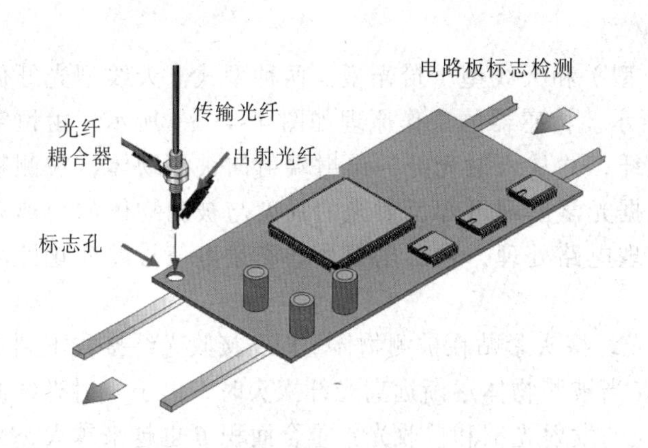

图 4-42　电路板方向检测装置

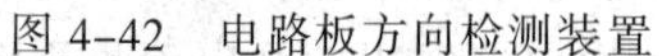

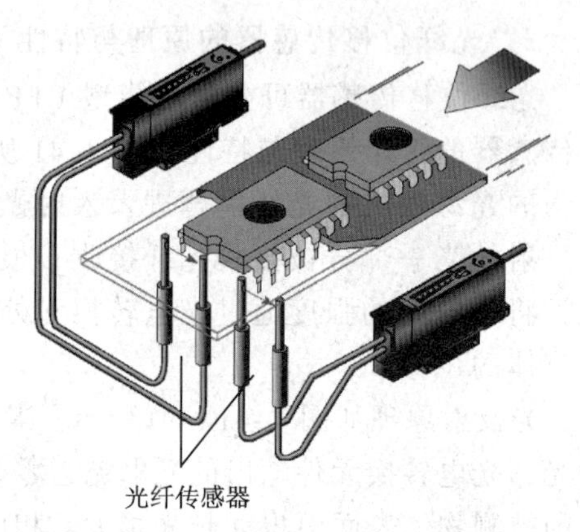

图 4-43　IC 芯片引脚检测

思考与练习

1. 填空题

（1）根据电涡流效应制成的传感器称为________式传感器。

（2）电涡流接近开关分为________与________两种类型。一般有三条引出线，即电源线 VCC（____色）、GND（____色）、OUT（____色）信号输出线。

（3）光电式传感器把光信号转换为________信号，不仅可测量光的各种参量，而且可把其他非电量变换为________信号以实现检测与控制。

（4）当物质受光照后，物质的电子吸收了光子的能量所产生的电现象称为________效应。

（5）基于________光电效应的光电元件有光敏二极管和光电倍增管及紫外线传感器等。

（6）光敏电阻在不受光照射时的阻值称为________电阻，在给定工作电压下流过暗电阻时的电流称为暗电流。暗电阻一般为________～________MΩ。

（7）光敏电阻在受光照射时的电阻称为____电阻，亮电阻一般为____～____Ω。

（8）若使某些强介电质物质的表面温度发生变化，随着温度的上升或下降，在这些物质表面上就会产生电荷的变化，这种现象称为________效应。

（9）光纤结构十分简单，它是一种多层介质结构的圆柱体，圆柱体由____、____和____层组成。

2. 判断题

（1）导体的外周长越长，交变磁场的频率越高，涡流就越大。（　　）

（2）导体内部的涡流会产生热量，如果导体的电阻率大，则涡流很强，产生的热量就很大。（　　）

（3）由于电磁炉采用电涡流发热原理制成，只有铁质器皿才能使用电磁炉加热。（　　）

（4）当铁质器皿离开炉面加热盘，炉面仍然产生热量，使用不安全。（　　）

（5）光电效应分为外光电效应和内光电效应。随着半导体技术的发展，以内光电效应为机理的各种半导体光敏元器件已成为光电式传感器的主流。（　　）

（6）雪崩光敏二极管是利用 PN 结在高反向电压下产生的雪崩效应来工作的一种二极管。这种管子工作电压很高，约 10～20 V，接近于正向电压。（　　）

（7）光敏二极管的频率特性特别好。输出电流一般为几微安到几十微安。 （ ）

（8）热释电红外线传感器由探测元、滤光片和场效应管阻抗变换器等三大部分组成。 （ ）

（9）菲涅尔透镜与热释电红外线传感器之间的距离应该与透镜的焦距相等。 （ ）

（10）人体放射的远红外线可直接由热释电红外线传感器接收。 （ ）

3．简答题

（1）简述电涡流式传感器结构和原理。

（2）简述电涡流式接近开关分类及接线方式。

（3）简述电容式传感器的结构形式。

（4）简述用红外线作为检测媒介的优越性。

（5）简述热释红外传感器中场效应管和高阻值电阻 R_g 的作用。

（6）简述菲涅尔透镜的结构特点。

（7）简述光纤传感器的分类。

项目 5　气体及湿度检测

项目描述：

气体成分分析在很多生产过程，特别是燃烧过程中，一直具有重要意义。近年来，由于人们在生产、生活上对安全防护及保护自然环境的迫切需要，对于有毒气体、可燃性气体的监测和控制，业已上升到非常重要的地位。湿度的检测及控制不仅对科研和工农业生产是必要的，而且对调节人们的生活环境也是必要的。

本项目通过对常用的气体传感器、烟雾传感器和湿度传感器结构、工作原理的介绍及实践应用实例的讲解，使读者了解这些传感器相关的知识，明确其应用场合和使用方法。

知识目标：

（1）熟悉气敏、烟雾、湿度传感器的类型、结构和工作原理；

（2）了解这些传感器的转换电路和应用电路；

（3）掌握其检测方法及应用场合。

技能目标：

（1）掌握气敏、烟雾、湿度传感器的应用方法；

（2）掌握根据不同场合、条件和目标选择最适宜传感器的方法；

（3）能利用这些传感器及其应用电路实现安全防护、环保及改善环境的目标。

任务 1　使用气敏传感器检测气体

知识链接

1．气敏传感器的检测对象与应用

气体传感器是一种把气体（多数为空气）中的特定成分检测出来，并将它转换为电信号的器件，又称气敏传感器。最早用于可燃性气体泄露报警，用于防灾，保证安全。以后逐渐推广应用于有毒气体的检测、容器或管道的检漏，机动车的排放，环境大气的监测等方面。近年来，在医疗、环保、治理污染，安全防护等多方面，气敏传感器得到了普遍应用。

表 5-1 列出了气敏传感器主要检测对象及其应用场所。

表 5-1　气敏传感器主要检测对象及其应用场所

分　类	检　测　对　象　气　体	应　用　场　合
易燃易爆气体	液化石油气、焦炉煤气、发生炉煤气、天然气	家庭
	甲烷	煤矿
	氢气	冶金、实验室

续表

分　　类	检　测　对　象　气　体	应　用　场　合
有毒气体	一氧化碳（不完全燃烧的煤气）	煤气灶等
	硫化氢、含硫的有机化合物	石油工业、制药厂
	卤素、卤化物和氨气等	冶炼厂、化肥厂
环境气体	氧气（缺氧）	地下工程、家庭
	水蒸气（调节湿度、防止结露）	电子设备、汽车和温室等
	大气污染（SO_x，NO_x，Cl_2 等）	工业区
工业气体	燃烧过程气体控制，调节燃空比	内燃机、锅炉
	一氧化碳（防止不完全燃烧）	内燃机、冶炼厂
	水蒸气（食品加工）	电子灶
其他用途	烟雾、司机呼出的酒精	火灾预报、事故预报

2．气敏传感器的类型及结构

随着人们对环保认识和安全防护认识的提高，气体传感器技术发展得很快，所以气体传感器的种类也比较多，图 5-1 所示为几种常见的气敏传感器。

（a）酒精气敏传感器

（b）烟雾传感器

（c）二氧化碳传感器

（d）二氧化硫传感器

图 5-1　常用气敏传感器

现介绍两种最常见的气体（气敏）传感器。

1）半导体气敏传感器

半导体气敏传感器如图 5-2 所示，是利用半导体气敏元件同气体接触，造成半导体性质变化，来检测气体的成分或浓度的气体传感器。半导体气敏传感器大体可分为电阻式和非电阻式两大类。

图 5-2　半导体气敏传感器

电阻式半导体气敏传感器是用氧化锡、氧化锌等金属氧化物材料制作的敏感元件，利用其阻值的变化来检测气体的浓度。

非电阻式半导体气敏传感器是一种半导体器件，它们与气体接触后，如二极管的伏安特性或场效应管的电容—电压特性等将会发生变化，根据这些特性的变化来测定气体的成分或浓度。

表 5-2 列出了部分电阻式和非电阻式半导体气敏传感器的工作条件和被测气体。

表 5-2　半导体气敏传感器的分类及特性

类型	主要的物理特性	传感器举例	工作温度	代表性被测气体
电阻式	表面控制型	氧化锡、氧化锌	室温～450℃	可燃性气体
	体控制型	LaL-xSrxCoO₃，FeO、氧化钛、氧化钴、氧化镁、氧化锡	300～450℃，700℃以上	酒精、可燃性气体、氧气
非电阻式	表面电位	氧化银	室温～450℃	乙醇
	二极管整流特性	铂/硫化镉、铂/氧化钛	室温～200℃	氢气、一氧化碳、酒精
	晶体管特性	铂栅 MOS 场效应管	150℃	氢气、硫化氢

2）接触燃烧式气敏传感器

一般将在空气中达到一定浓度、触及火种可引起燃烧的气体称可燃性气体。如甲烷、乙炔、甲醇、乙醇、乙醚，一氧化碳及氢气等均为可燃性气体。

接触燃烧式气敏传感器如图 5-3 所示，是将铂等金属线圈埋设在氧化催化剂中构成。使用时对金属线圈通以电流，使之保持在 300～600 ℃的高温状态，同时将元件接入电桥电路中的一个桥臂，调节桥路使其平衡。一旦有可燃性气体与传感器表面接触，燃烧热量进一步使金属丝升温，造成器件阻值增大，从而破坏了电桥的平衡。其输出的不平衡电流或电压与可燃性气体浓度成比例，检测出这种电流和电压即可测得可燃气体的浓度。

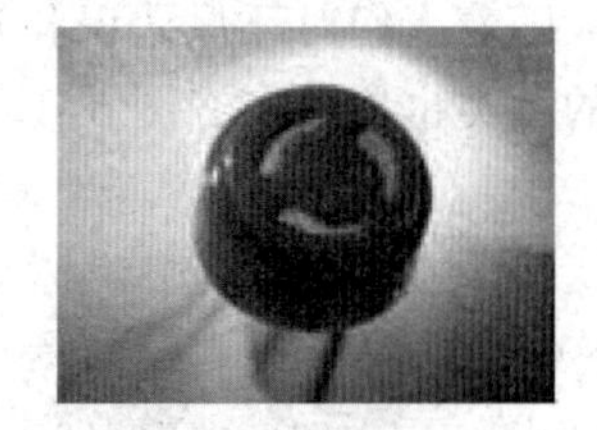

图 5-3　接触燃烧室气敏传感器

此类传感器的优点是对气体选择性好，受温度、湿度影响小，响应快。缺点是：对低浓度可燃气体灵敏度低，敏感元件受到催化剂侵害后其特性锐减，金属丝易断。

3．常用的电阻式半导体气敏传感器结构

电阻式半导体气敏传感器可分为表面电阻型和体电阻型两大系列，在检测可燃性气体中多用表面电阻型，此种传感器又称表面电阻控制型气敏传感器。它有三种结构类型：烧结型、薄膜型及厚膜型，其中，烧结型最为成熟，这里仅介绍烧结型。

烧结型 SnO_2（氧化锡）气体传感器是用粒度在 1 μm 以下的 SnO_2 粉末，加入少量钯（Pb）或铂（Pt）等触媒剂及添加剂，经研磨后使其均匀混合，然后将已均匀混合的膏状物滴入模具内，再埋入加热丝及电极，经 600～800 ℃数小时烧结后，可得多孔状的气敏元件芯体，将其引线焊接在管座上，并罩上不锈钢网制成。为了提高灵敏度，通常设有加热装置，使用时加热器能使附着在探测部分的雾、尘埃等烧掉，同时加速气体的吸附，从而提高了器件的灵敏度和响应速度。按加热方式分为直热式和间热式两种，其结构与符号如图 5-4 所示。

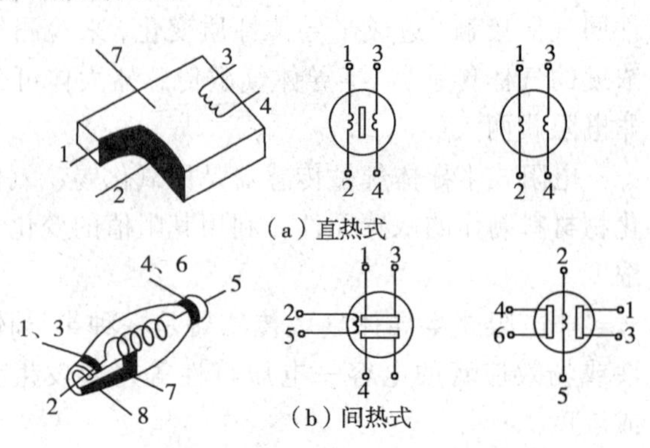

图 5-4　烧结型气体传感器的结构与符号

1、2、3、4—直热式热子兼电极；2、5—间热式热子；1、2、4、6—间热式电极；7—SnO_2 烧结体；8—绝缘瓷管

直热式的加热丝兼作电极。其结构简单、成本低、功耗小；但热容量小，易受环境气流影响；在测量电路中，信号电路和加热电路相互干扰。国产直热式气敏传感器有QN型和MQ型，其外形如图5-5所示。

间热式的加热丝与电极分立，加热丝插入陶瓷管内，管外壁上涂制梳状金电极，最外层为氧化锡烧结体。它克服了直热式的缺点，有较好的稳定性。国产QM-N5即为这种结构。

烧结型气敏传感器主要用来检测甲烷、丙烷、一氧化碳、氢气、酒精、硫化氢等。

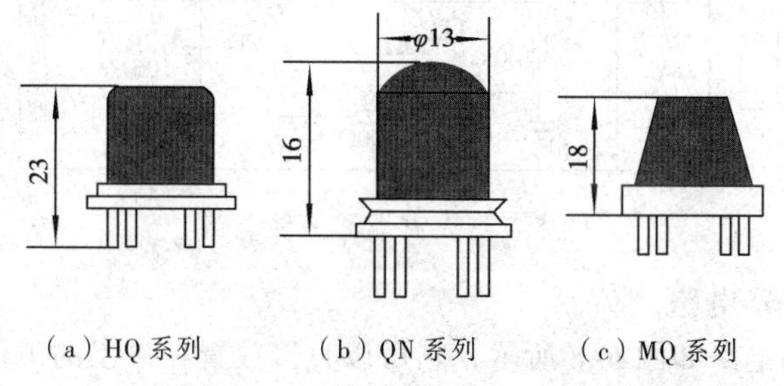

图5-5　部分国产直热式气敏元件的外形图

实践应用

1. 简易酒精测试器

图5-6所示为一种简易酒精测试器。此电路采用TGS812型酒精传感器，对酒精有较高的灵敏度（对一氧化碳也敏感）。传感器的负载电阻 R_1 及 R_2，其输出直接接LED显示驱动器LM3914。当无酒精蒸汽时，其输出电压很低，随着酒精蒸气浓度的增加，输出电压也上升，LM3914的LED（共10个）点亮的数目也增加。

此测试器工作时，人只要向传感器呼一口气，根据LED点亮的数目就可知是否喝酒，并可大致了解饮酒多少。调试方法是，在24 h内没有饮酒的人呼气，使得仅1支LED发光，然后稍调小一点即可。

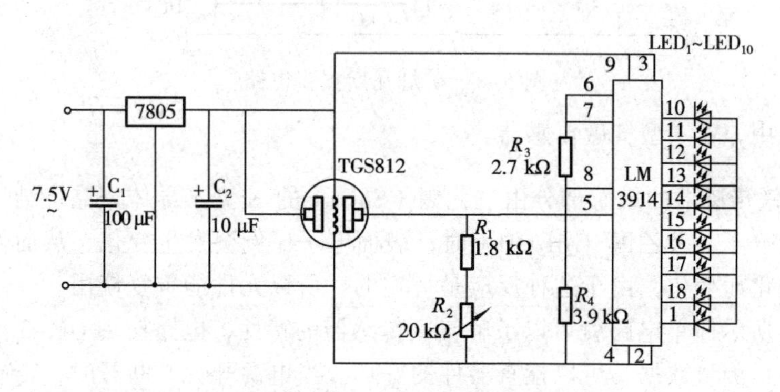

图5-6　简易酒精测试电路

2. 火灾烟雾报警器电路

图5-7所示为火灾烟雾报警电路。TGS109为烧结型 SnO_2 气敏元件，它对烟雾也很敏感，因此用它做成的火灾烟雾报警器可用于在火灾酿成之前或之初进行报警。电路有双重报警装置，当烟雾或可燃性气体达到预定报警浓度时，气敏器件的电阻减小到使 VD_3 触发导通，蜂

鸣器鸣响报警；另外，在火灾发生初期，因环境温度异常升高，使热传感器动作，致使蜂鸣器鸣响报警。

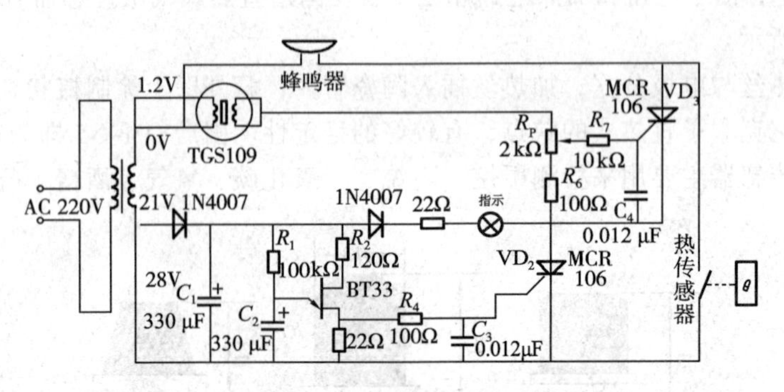

图 5-7 火灾烟雾报警电路

3．矿灯瓦斯报警器电路

矿灯瓦斯报警器的电路如图 5-8 所示，它可以直接放置在矿工的工作帽内，以矿灯蓄电池为电源（4V），间热式气敏传感器为 QM-N5 型，R_1 为传感器加热线圈的限流电阻。为了避免传感器在每次使用前都要预热十多分钟，并且避免在传感器加热期间会造成的误报警，所以传感器电路不接于矿灯开关回路内。矿灯蓄电池在灯房充电时，可同时给传感器预热，所以，当工人们下井前到灯房领取蓄电池和报警电路，可不再进行预热。

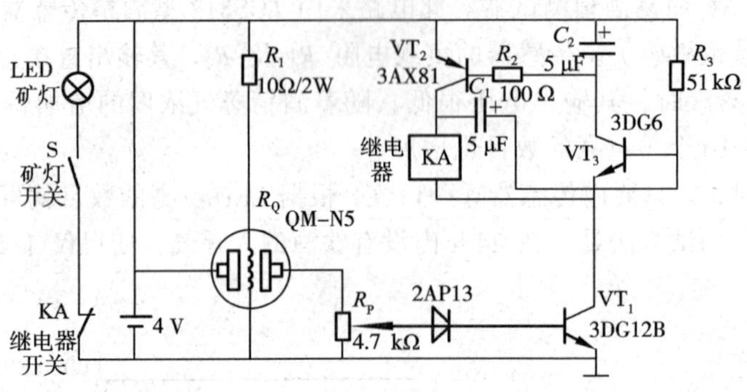

图 5-8 矿灯瓦斯报警电路

做一做： 学习使用 QM-3 型气敏传感器。

QM-3 型气敏传感器的敏感部分由氧化锡（SnO_2）的 N 型半导体微晶烧结层构成。当其表面附有气体酒精分子（及乙醇 C_2H_5OH）时，表面电子比例会发生变化，从而使其表面电阻随着气体浓度的变化而变化，由于这种反应是可逆的，所以元件能重复使用。

采用图 5-9 所示简单电路就可以了解气敏传感器的特性，电路使用 QM-3 型气敏传感器，用数字万用表显示测量数据，可以检查器件的好坏。当电源开关 S 断开时，传感器没有驱动电流（加热电流），A、B 之间电阻大于 20 MΩ。当接通开关 S 时期间内的微加热丝 f，f'得电发热。此时若将内盛酒精的小瓶瓶口靠近传感器，可以看到电阻显示值立即由 20 MΩ 以上降到 0.5～1MΩ。移开小瓶过 20～40 s，A、B 间电阻又恢复至大于 20 MΩ 的状态。以上反应可以重复试验，但需注意要使空气恢复到洁净状态。

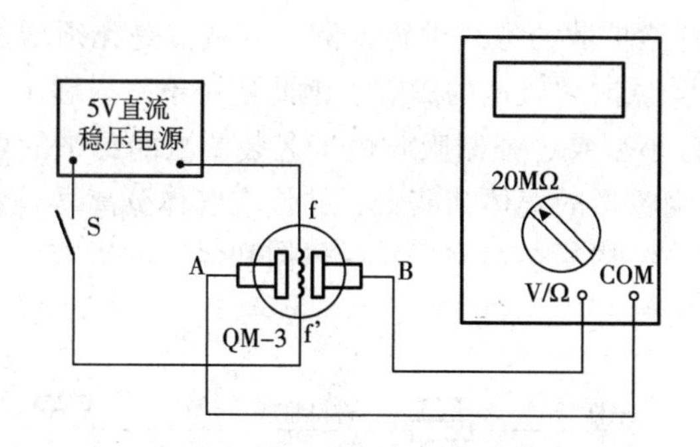

图 5-9 用数字万用表检测气敏传感器

任务2 使用烟雾传感器检测气体

烟雾是比气体分子大得多的微粒悬浮在气体中形成的，和一般的气体成分分析不同，必须利用微粒的特点检测。它是以烟雾的有无决定输出信号的传感器，不能定量的进行测量，多用于有毒烟雾排放和火灾报警。

知识链接

1. 烟雾传感器的类型

烟雾传感器分为散射式和离子式两种类型，如图 5-10 所示。

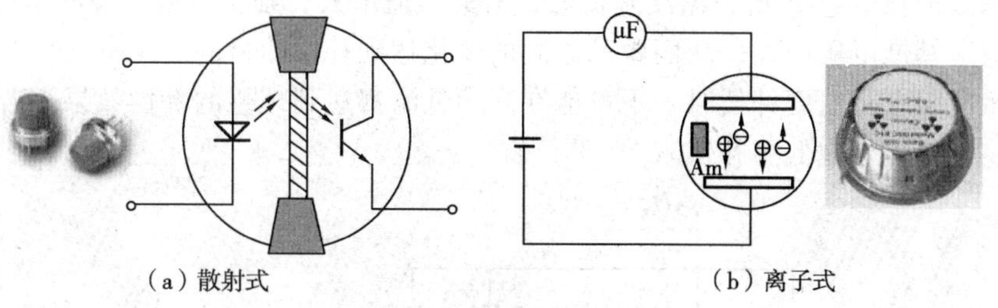

（a）散射式　　（b）离子式

图 5-10 烟雾传感器

1）散射式

散射式烟雾传感器实物和原理示意图如图 5-10（a）所示。它是在发光二极管与光敏元件之间设置遮光屏，无烟时光敏元件接收不到光信号，有烟雾时借助微粒的散射光，使光敏元件接收到光信号并发出电信号。这种传感器的灵敏度与烟雾种类无关。

2）离子式

离子式烟雾传感器的实物及原理示意图如 5-10（b）所示，用放射性同位素镅 Am^{241} 放射出微量的α射线，使附近空气电离，当平行板电极间有直流电压时，产生离子电流 I_K。有烟雾时，微粒将离子吸附，而且离子本身也吸收α射线，其结果是离子电流 I_K 减小。

若有另一个密封装有纯净空气的离子室作为参比元件，将两者的离子电流比较，就可以排除外界干扰，得到可靠的检测结果。这种传感器的灵敏度与烟雾种类有关。

2. 烟雾传感器的采样特点

烟雾（气敏）传感器的采样方式有两种，其特点如下：

① 依靠可燃性气体自然扩散的方式进行检测。其特点是无须增加采样装置，结构简单，体积小，使用方便，但易受风向和风速的影响。因此适用于室内和不受风向影响的场所。

② 在传感器内装一台小型泵，强制吸收由工艺装置泄漏出来的可燃性气体进入传感器进行检测。在吸入口有一个喇叭形的气体捕获罩，并设有气体分离器，对气体进行过滤。此方法的特点是设备多、体积大、结构复杂。但不易受风向和风速的影响，采集率高，应用范围广，如图 5-11 所示。

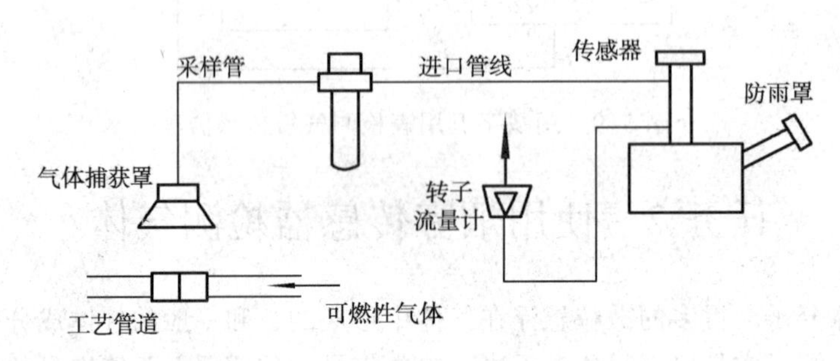

图 5-11　泵吸引式传感器的采样方式

3．气敏传感器的温度补偿

半导体气敏传感器电阻值与温度有关。一般来说，温度和湿度低时，阻值较大；温度和湿度高时，阻值较小，因此需要补偿。

图 5-12 所示为一种简单的温度补偿电路，它是在比较器 A 的反向输入端（基准电压端）接入负温度系数的热敏电阻 R_t 在温度降低时，R_t 的阻值增大，则反向输入端的基准电压降低；而温度升高时，基准电压增大，从而跟踪温度的变化达到补偿的目的。

采用热敏电阻进行温度补偿时，不可能在高、低温都达到理想的补偿效果。若需要灵敏地检测气体时，可优先考虑低温补偿。

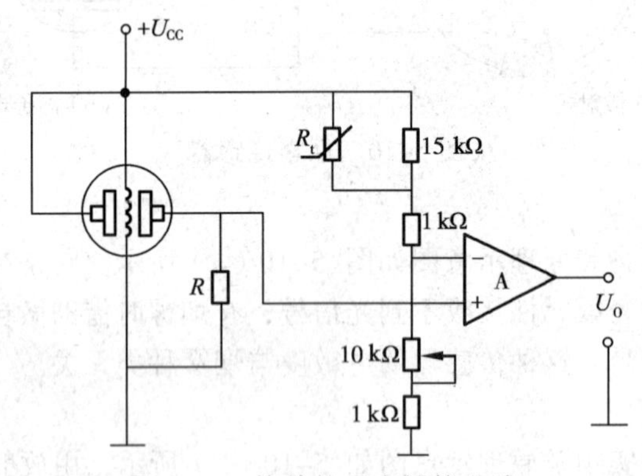

图 5-12　简单的温度补偿电路

实践应用

图 5-13 所示为三端双向可控硅控制的可燃气体/烟雾探测电路，传感器为常用的烟雾传感器 TGS308，晶体管和双向晶闸管用的是美国元器件型号。

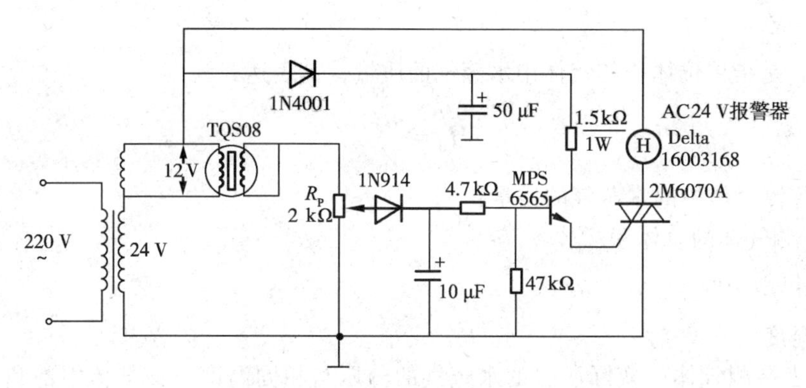

图 5-13　可燃气体/烟雾探测电路

任务 3　使用湿敏电阻型传感器检测湿度

随着现代工农业技术的发展及生活条件的提高，湿度的监测与控制成为生产和生活中必不可少的手段。例如：大规模集成电路生产车间，当其相对湿度低于 30%时，容易产生静电而影响生产；一些粉尘大的车间，当湿度小而产生静电时，容易发生爆炸事故；纺织厂为了减少棉纱的断头，车间要保持相当高的湿度（60%～75%）；一些仓库（如存放烟草、茶叶、粮食等）在湿度过大时易发生霉变。在现代农业中，先进的工厂式育苗，大棚温室生产新鲜的水果、蔬菜和花卉等都离不开湿度的检测和控制。

湿敏传感器的应用领域及其应用湿度范围如表 5-3 所示。

表 5-3　湿敏传感器的应用领域及其应用湿度范围

应用领域	应用实例	温度范围/℃	相对湿度/%
家　电	空调机（空气调节）	5～40	40～70
	微波炉（调理控制）	5～100	2～100
	录像机（防止结露）	-5～60	60～100
汽　车	汽车后窗除湿机	-20～80	50～100
医　疗	医疗仪（呼吸设备）	10～30	80～100
	保育设备（空气调节）	10～30	50～80
工　业	电子元件制造（LSI，IC）	5～40	0～50
	纺织业（抽丝）	10～30	50～100
	食品干燥	50～100	0～50
农牧业	室内空调（调节空气）	5～40	0～100
	育雏饲养（健康管理）	20～25	40～70
测　量	恒温恒湿槽（环境试验）	-40～100	0～100
	无线电探仪（高精度测量）	-50～40	0～100

小知识

湿度是指物质中的含水蒸气的量，目前的湿度传感器多数是测量气体中的水蒸气含量。通常用绝对湿度、相对湿度和露点来表示。

1．绝对湿度

绝对湿度，是指单位体积的气体中水蒸气的质量，其表达式为

$$H_d = \frac{m_v}{V} \tag{5-1}$$

式中：m_v——待测气体中的水蒸气的质量；

V——待测气体的总体积；

H_d的单位为 g/m^3。

2．相对湿度

相对湿度为待测气体中实际所含的水蒸气的分压与相同温度下该气体中饱和水蒸气分压之比的百分数。其表达式为

$$H_t = \frac{P_v}{P_w} \times 100\% \tag{5-2}$$

式中：P_v——某温度下待测气体中水蒸气的分压；

P_w——同温度下待测气体中饱和水蒸气的分压。

日常生活中所说的空气湿度，实际上是指相对湿度。

3．露点

在一定大气压下，将含有水蒸气的空气冷却，当降到某温度时，空气中的水蒸气达到饱和状态，开始从气态变成液态而凝结成露珠，这种现象称为结露。此时的温度称为露点或露点温度。

知识链接

所谓湿敏传感器，是指能够检测环境湿度变化并能将湿度变化信号转换成电信号的一种传感器。

水是一种强极性的电介质，在氢原子附近有极大的正电场，因而它具有很大的电子亲和力，使得水分子易于吸附在固体表面并渗透到固体内部。目前，在现代工业中使用的湿度传感器大都是水分子亲和力型传感器。按照输出电信号的不同，此类传感器又分为电阻型和电容型。由于电阻型输出为电阻变化的信号使用起来更为方便。

湿敏传感器主要由感湿层、电极和具有一定机械强度的绝缘基片构成，感湿层在吸收环境中的水分后引起电阻率的变化从而将湿度的变化转换成电阻的变化，湿敏电阻按照感湿层所用材料不同，又分为氯化锂、金属氧化物、硫酸钙、碘化物等多种形式。目前应用较多的是金属氧化物半导体陶瓷湿敏电阻，它具有测湿范围宽、响应时间短、工艺简单、成本低廉等特点。半导体陶瓷湿敏电阻按结构可分为烧结型和涂覆膜型两大类。

1．烧结型湿敏电阻

烧结型金属氧化物半导体材料一般为多孔结构的多晶体，其结构不甚紧密，各晶粒之间带有一定的空隙，呈多孔毛细管状，因而水分可以通过陶瓷材料中的细孔，在各晶粒表面和晶粒间界面上吸附，且在晶粒间界面处凝聚。由于晶粒间界面处的接触电阻是陶瓷整体电阻的主要部分，使材料的电阻率下降。因此，利用这一特性就可以实现湿度检测。

$MgCr_2O_4$-TiO_2（铬酸镁—氧化钛）半导体陶瓷湿敏电阻的结构如图 5-14 所示，在铬酸镁中

加入 30%的氧化钛，在 1 300 ℃的温度下烧结成陶瓷体，切割成所需薄片，在薄片两面印制并烧结氧化钌电极，制成感湿体。感湿体外面安装由镍铬丝烧制而成的加热清洗线圈，以便对元件进行加热清洗，排除油污、有机物和尘埃等有害物质对元件的污染。感湿体和加热线圈安装在高度致密的、疏水性陶瓷（三氧化二铝）基片上。在测量电极周围设置了隔漏环，避免电极之间因吸湿和玷污而引起的漏电电流影响测量精度。

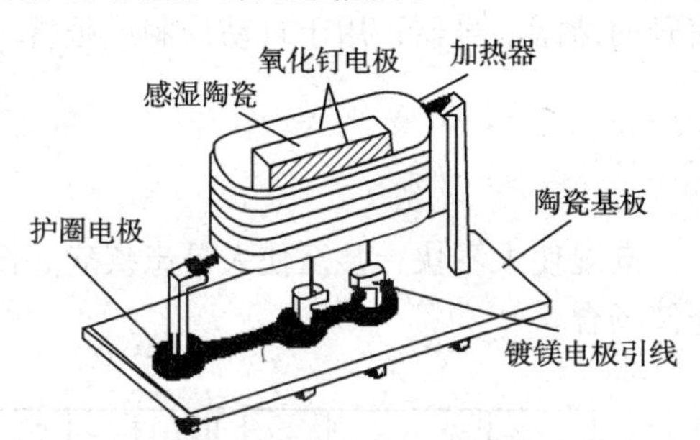

图 5-14　烧结型半导体陶瓷湿敏电阻的结构

铬酸镁-氧化钛陶瓷湿敏传感器随着湿度的增加，电阻值急剧下降，基本上按负指数规律变化，其电阻-湿度特性，如图 5-15 所示。

2．涂覆膜型湿敏电阻

涂覆膜型湿敏电阻，是由金属氧化物粉末或某些金属氧化物烧结体研磨成的粉末，通过一定方式调和，然后喷洒或涂覆在具有电极的陶瓷基片上制成的。由于粉粒之间结构松散，相互之间具有极大的接触电阻，在总体电阻中起主导作用。这种松散的结构使其粉末具有很大的准自由表面，这些表面非常有利于水分子附着，特别是粉粒与粉粒之间不太紧密的接触处更有利于水分子附着。当水分子在粉粒接触处附着后使其接触程度强化，其接触电阻显著降低。因此，环境湿度越高，水分子附着越多，元件的电阻就越低。从而将湿度变化信号转换成电阻变化信号。

涂覆膜型 Fe_3O_4（四氧化三铁）湿敏电阻结构如图 5-16 所示，在陶瓷基片上用丝网印刷工艺印制成梳状钯银电极，将纯净的 Fe_3O_4 胶粒用水调试成适当黏度的浆料，涂覆在陶瓷基片和电极上，经低温烘干使之固化成膜，然后引出电极即可。

涂覆膜型 Fe_3O_4 湿敏电阻工艺简单、价格便宜，在常温、常湿下性能稳定，有较强的抗结露能力，但其响应速度慢，有较明显的湿滞效应，适合用在工作精度要求不高的场合。

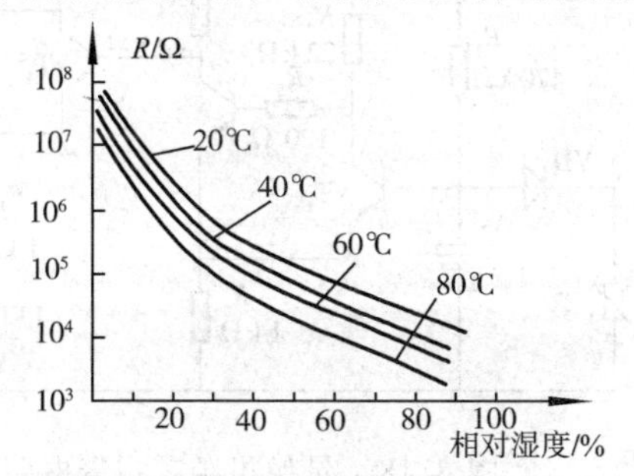

图 5-15　陶瓷湿敏传感器电阻-湿度特性

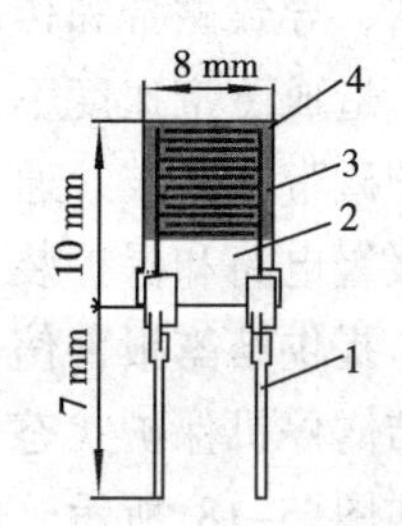

图 5-16　涂覆膜型湿敏电阻

1—电极；2—陶瓷基片；
3—梳状电极；4—感湿膜

3．结露传感器

当需检测空气中的水蒸气是否将要结露时，可使用结露传感器。结露传感器实际上是一个开关型的湿敏传感器，它对低湿不敏感，仅对高湿敏感。它是利用掺入碳粉的有机高分子材料吸湿后的膨胀现象进行工作的，即在高湿下，高分子材料的膨胀将引起其中所含碳粉间距离变化而产生电阻突变，利用这种现象就可制成具有开关特性的结露传感器。结露传感器一般不用于测湿，而作为提供开关信号的结露信号器，用于自动控制或报警。

实践应用

1．自动去湿装置

在南方低温多雨的季节，潮湿使人不快，甚至使人易患疾病，图 5-17 所示为一自动去湿装置，可用于居室或一些仓储场合。

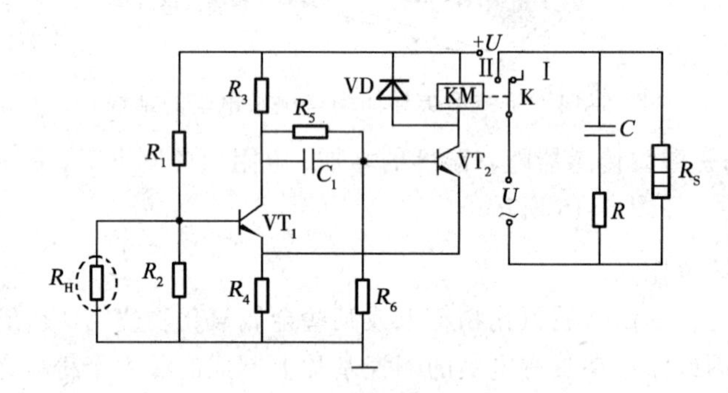

图 5-17　自动去湿装置

R_H为湿敏传感器，R_s为加热电阻丝，VT_1和VT_2结成施密特触发器，VT_2的集电极负载 KM 为继电器线圈。在常温常湿情况下调好各电阻值，使 VT_1导通，VT_2截止。当阴雨等天气使室内环境湿度增大，而导致R_H阻值下降达到某值时，R_H与R_2并联阻值，小到不足以维持 VT_1导通，VT_1截止，VT_2导通，其负载继电器 KM 通电，KM 的动合触点Ⅱ闭合，加热电阻丝 R_s由交流电源 U通电加热，驱散湿气。当湿度减小到一定程度时，施密特电路又翻转到初始状态，VT_1导通，VT_2截止，动合触点Ⅱ断开，R_s断电停止加热。从而实现了去湿自动控制。

2．录像机结露报警电路

在磁带录像机中，当环境湿度较大时，走带机构的磁鼓、导带杆、主导轴等金属部件上会结露，导致磁带和传动机构之间的摩擦增大，造成磁带速度不稳，甚至停机。为了保护磁带和磁鼓，通常在录像机中设置结露报警电路和保护装置，在环境湿度较大时，提供结露报警信号，使录像机自动进入结露停机保护状态。录像机结露报警电路如图 5-18 所示，电路由湿敏电阻 R_H和 VT_1～VT_4构成。

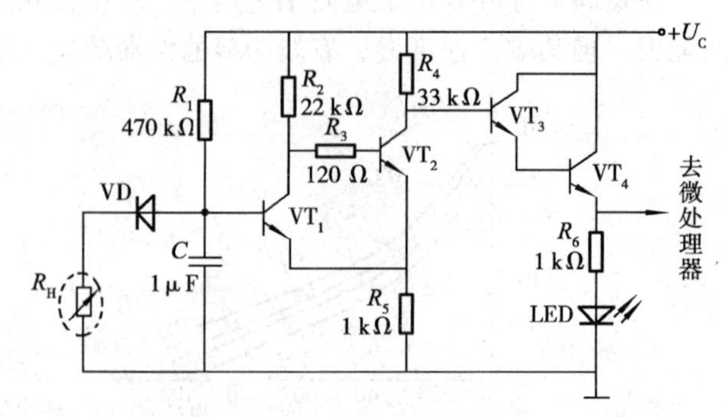

图 5-18　录像机结露报警电路

在常态下，湿敏电阻 R_H呈低阻，阻值大约为 2 kΩ左右，经与 R_1、VD 分压后不能使 VT_1

导通，而 VT_2 导通，集电极输出低电平，VT_3、VT_4 截止，输出低电平，结露指示发光二极管不亮，控制电路不动作。当出现结露后，湿敏电阻呈高阻态，阻值大约为 50 kΩ左右，经与 R_1、VD 分压后使 VT_1 饱和导通，VT_2 截止，集电极输出高电平。VT_3、VT_4 饱和导通，输出高电平信号向微处理器发出控制指令，禁止所有机械动作，同时结露指示发光二极管点亮报警，待结露消失后，电路自动恢复常态。

3．汽车后窗玻璃自动除湿电路

汽车后窗玻璃自动去湿电路如图 5-19 所示。其中 R_L 为嵌入玻璃的加热电阻丝，R_H 为设置在后窗玻璃上的湿度传感器。晶体管 VT_1 和 VT_2 组成施密特触发电路。

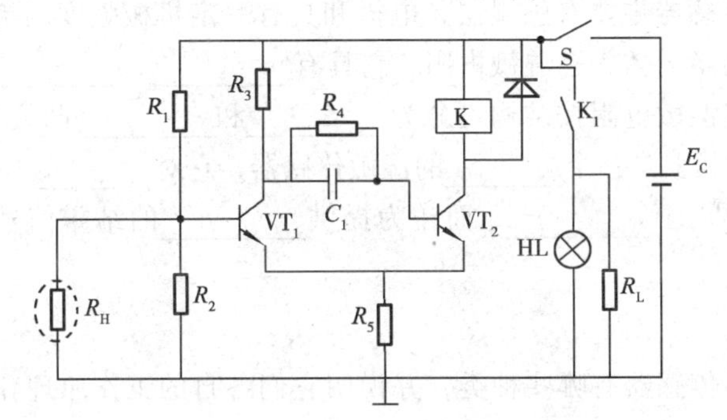

图 5-19　汽车玻璃自动除湿电路

在常温常湿条件下，由于 R_H 的阻值较大，VT_1 导通而 VT_2 截止，继电器 K 不吸合，加热电阻无电流通过。当车内湿度较大时，湿度传感器 R_H 的阻值减小，使 VT_1 截止，VT_2 翻转为导通状态，继电器 K 工作，其动合触点 K_1 闭合，指示灯 HL 点亮，加热电阻开始加热。当后窗玻璃被加热到一定程度，潮气被驱散，湿度减小，R_H 阻值降低，施密特触发器又翻转到初始状态，指示灯熄灭，电阻丝停止加热，从而实现了自动除湿控制。图 5-20 所示为汽车后窗玻璃自动除湿的实际情况。

图 5-20　汽车后窗玻璃除湿

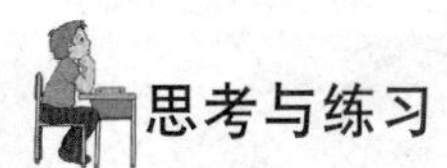

思考与练习

1．填空题

（1）气体传感器是一种把气体中的________检测出来，并将它转换为________的器件，又称为气敏传感器。最早用于________泄漏报警，用于防灾，保证安全，以后逐渐推广。近年来，在________、________、________、________等方面，气敏传感器得到了普遍应用。

（2）电阻式半导体气敏传感器是用________、________等金属氧化物材料制作的敏感元件，利用其________来检测气体的浓度；非电阻式半导体气敏传感器是一种________，它们与气体接触后，部分物理特性等将会发生变化，根据这些________来测定气体的成分或浓度。

（3）烟雾是比气体分子________的微粒悬浮在气体中形成的，和一般的气体成分分析不同，必须利用________检测。它是以________决定输出信号的传感器，多用于________烟雾排放和________报警。

（4）湿敏传感器是指能够检测________并能将________信号转换成电信号的一种传感器。

（5）电阻型湿敏传感器主要有感湿层，电极和具有一定机械强度的绝缘基片构成，目前应用较多的是金属氧化物半导体陶瓷湿敏电阻，它具有________、________、工艺简单、成本低廉等特点。半导体陶瓷湿敏电阻按结构可分为________和________两大类。

（6）结露传感器实际上是一个________的湿敏传感器，它对________不敏感，仅对________敏感。结露传感器一般不用于________，而作为提供________的结露信号器，用于自动控制或报警。

2．简答题

（1）简要说明气敏传感器有哪些种类，并说明它们各自的工作原理和特点。

（2）为什么气敏电阻附有加热器？

（3）说明直热式和间热式气敏电阻元件的区别。

（4）烟雾检测与一般的气体检测有何区别。

（5）试叙述湿敏电阻型传感器的工作原理及用途。

（6）简述汽车后窗玻璃自动除湿电路的工作原理。

项目6　位 移 测 量

项目描述：

位移测量广泛应用在机械加工、自动控制、测绘及军事等方面，尤其在工业生产中的机械加工和机电控制方面更为重要。在“机械行业”中很早就流传着一句话，“没有测量就没有精度”，这里当然是指正确、规范的测量。现在的测量技术较之传统工业中的测量早已有极大的变化，且向着“更准、更快、更便捷”方向发展。当前，位移测量技术已经发展到非常高的水平。

目前，用于位移测量的传感器类型很多，根据传感器的信号输出形式，可以分为模拟式和数字式两大类，其中模拟式有电位器式位移传感器，数字式有光栅、磁栅式位移传感器和同步感应器等。根据被测物体的运动形式可分为线位移传感器和角度位移传感器。

本项目通过对电位器传感器、光栅传感器、磁栅传感器、感应同步器及编码器测量位移的原理和方法的讲述，使读者了解这些传感器测量位移的方法和特点，通过介绍这些传感器的实践应用，使读者了解传感器应用的场合，并掌握基本的操作方法。

知识目标：

（1）理解位移传感器的定义分类；

（2）熟悉位移传感器的基本原理、特点，作用和组成。

技能目标：

（1）掌握位移传感器的简单判断方法；

（2）掌握常见位移检测方法及应用场合。

看一看： 观察一下，生产、生活实践中，哪些地方需要测量位移？如机床刀架移动、传送带运行、机械手臂圆周旋转角度定位等。

任务1　使用电位器式传感器测量位移

知识链接

1．认识电位器式传感器结构

电位器是人们常用到的一种电子元件，它作为传感器可以将机械位移或其他能转换为位移的非电量转换为与其位移有一定函数关系的电阻值的变化，从而引起输出电压的变化。所以它是一个机电传感元件。

1）线绕电位器式传感器

线绕电位器的电阻体由电阻丝缠绕在绝缘物上构成。电阻丝的种类很多，由康铜丝、铂铱合金及卡玛丝等电阻丝绕制，其额定功率范围一般为 0.25～50 W，阻值范围为 100 Ω～100 kΩ 之间。当接触电刷从这一匝移到另一匝时，阻值的变化呈阶梯式。电阻丝的材料是根据电位器的结构、容纳电阻丝的空间、电阻值和温度系数来选择的。电阻丝越细，在给定空间内越获得较大的电阻值和分辨率。但电阻丝太细，在使用过程中容易断开，影响传感器的寿命。

常用电位器式传感器有：直线位移型、角位移型、非线性型。图 6-1 所示为典型的电位器式传感器的结构原理。它由电阻元件（包括骨架和金属电阻丝）和电刷（活动触点）两个基本部分组成。

由图 6-1 可见，当有机械位移时，电位器的动触点产生位移，而改变了动触点相对于电位参考点（A 点）的电阻，从而实现了非电量（位移）到电量（电阻值或电压幅值）的转换。电位器式传感器分线性和非线性两大类。

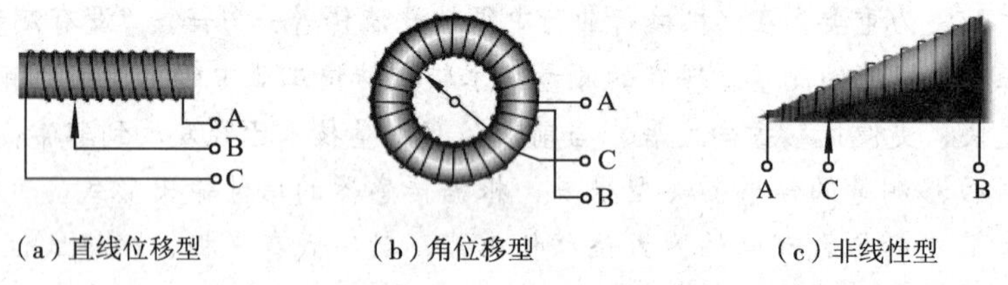

（a）直线位移型　（b）角位移型　（c）非线性型

图 6-1　常用电位器式传感器

2）非线绕电位器式传感器

为了克服线绕电位器存在的缺点，人们在电阻的材料及制造工艺上下了很多工夫，发展了各种非线绕电位器。

（1）合成膜电位器

合成膜电位器的电阻体是用具有某一电阻值的悬浮液喷涂在绝缘骨架上形成电阻膜而成的，这种电位器的优点是分辨率较高、阻值范围很宽（100～4.7 MΩ），耐磨性较好、工艺简单、成本低、输入—输出信号的线性度较好等，其主要缺点是接触电阻大、功率不够大、容易吸潮、噪声较大等。

（2）金属膜电位器

金属膜电位器由合金、金属或金属氧化物等材料通过真空溅射或电镀方法，沉积在瓷基体上一层薄膜制成。

金属膜电位器具有无限的分辨率，接触电阻很小，耐热性好，它的满负荷温度可达 70℃。与线绕电位器相比，它的分布电容和分布电感很小，所以特别适合在高频条件下使用。它的噪声信号仅高于线绕电位器。金属膜电位器的缺点是耐磨性较差，阻值范围窄，一般在 10～100 kΩ 之间。由于这些缺点限制了它的使用。

（3）导电塑料电位器

导电塑料电位器又称有机实心电位器，这种电位器的电阻体是由塑料粉及导电材料的粉料经塑压而成。导电塑料电位器的耐磨性好，使用寿命长，允许电刷接触压力很大，因此它在振动、冲击等恶劣的环境下仍能可靠地工作。此外，它的分辨率较高，线性度较好，阻值范围大，能承受较大的功率。导电塑料电位器的缺点是阻值易受温度和湿度的影响，故精度不易做得很高。

（4）光电电位器式传感器

光电电位器是一种非接触式电位器，它用光束代替电刷，图 6-2 为光电电位器结构图。光电电位器主要是由电阻体、光电导层和导电电极组成。光电电位器电阻体和导电电极之间留有一个窄的间隙，无光照时，电阻体和导电电极之间由于光电导层电阻很大而呈现绝缘状态。有光照时，由于光电导层被照射部位的亮电阻很小，使电阻体被照射部位和导电电极导通，于是光电电位器的输出端就有电压输出，输出电压的大小与光束位移照射到的位置有关，从而实现了将光束位移转换为电压信号输出。

光电电位器最大的优点是非接触型，不存在磨损问题，从而提高了传感器的精度、寿命、可靠性及分辨率。光电电位器的缺点是接触电阻大，线性度差。由于它的输出阻抗较高，需要配接高输入阻抗的放大器。

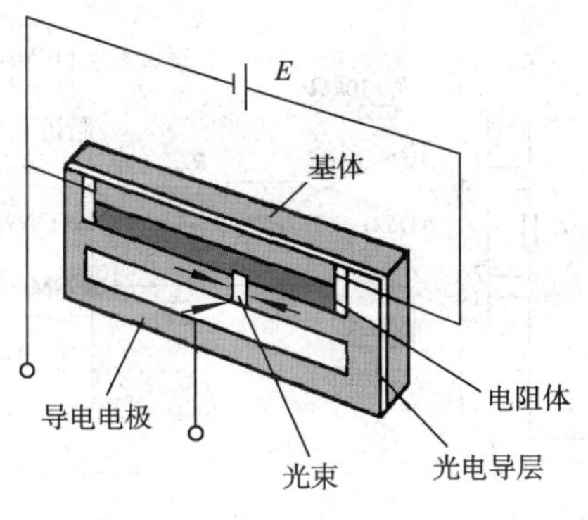

图 6-2　光电电位器

2．**电位器式传感器工作原理**

图 6-3 所示为直线位移型电位器式传感器，当被测量沿直线发生位移时，滑动触头的触点 C 沿电位器移动。若移动 x，则 C 点与 A 点之间的电阻为 $R_x=K_t x$。K_t 为单位长度的电阻值。如果电阻丝直径与材质一定，则电阻值 R 的大小随电阻丝的长度而变化。这就是电位器式电阻传感器的工作原理。

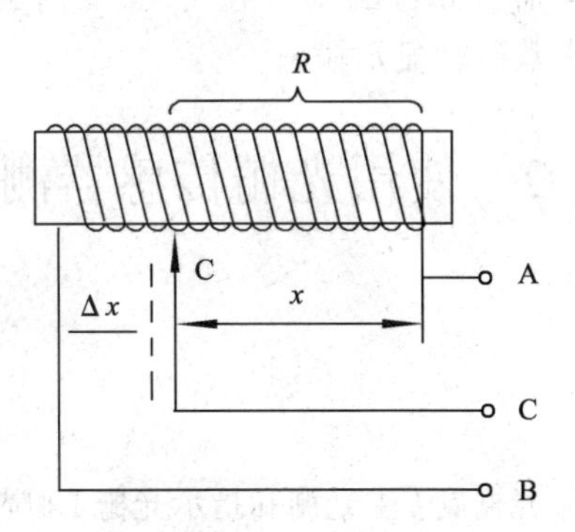

图 6-3　直线位移型电位器式传感器

电位器式传感器的优点是结构简单，性能稳定，使用方便。其缺点是分辨力不高，因为受到骨架尺寸和导线直径的限制，分辨力很难高于 20 μm。由于滑臂机构的影响，使用频率范围也受到限制。此外它还有噪声较大、绕制困难等缺点。

电位器式传感器主要用于线位移和角位移的测量。在测量仪器中用于伺服记录仪器、电子电位差计或电位器式传感器电子位移测量仪等。

实践应用

电位器式传感器电子位移测量仪电路原理图如图 6-4 所示，直流电桥电路的四个桥臂是由电阻 R_1，R_2，R_3，R_4 组成，R_1，R_2 为 R_1，R_2 与传感器电阻的组合。其中 a，c 两端接 9V 直流电压，而 b，d 两端为输出端，其输出电压为 ΔU。一般情况下，桥路应接成等臂电桥（即 $R_1=R_2=R_3=R_4$）且输出 $\Delta U=0$。当电位器电阻值变化时桥臂上受到外来信号作用后，桥路将失去平衡，从而有信号输出。其输出电压为

$$\Delta U=U_{ab}-U_{ad}=\frac{U(R_1R_3-R_2R_4)}{(R_1+R_2)(R_3+R_4)} \tag{6-1}$$

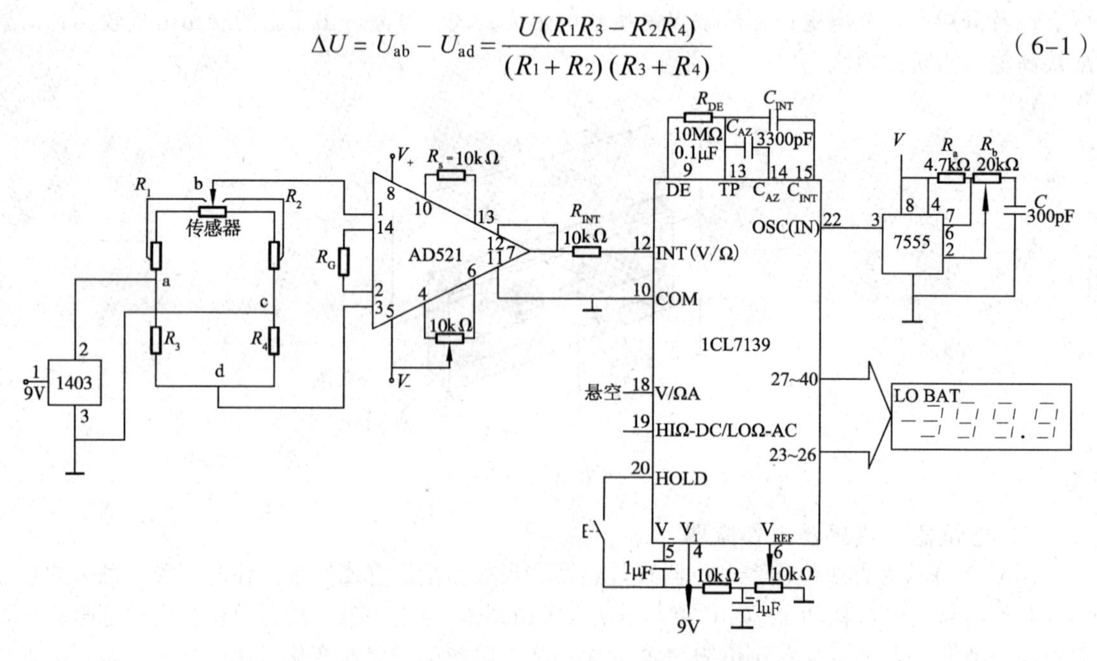

图 6-4　电位器式传感器电子位移测量仪

电压信号输入到测量放电器 AD521 将信号放大，最后由数字万用表集成电路 ICL7139 将信号电压转换成实际位移量，由数码管显示输出。

任务 2　使用光栅传感器测量位移

知识链接

1．光栅的组成和类型

1）光栅的组成

光栅传感器由光源、透镜、光栅副（主光栅和指示光栅）和光电接收元件组成，如图 6-5 所示。

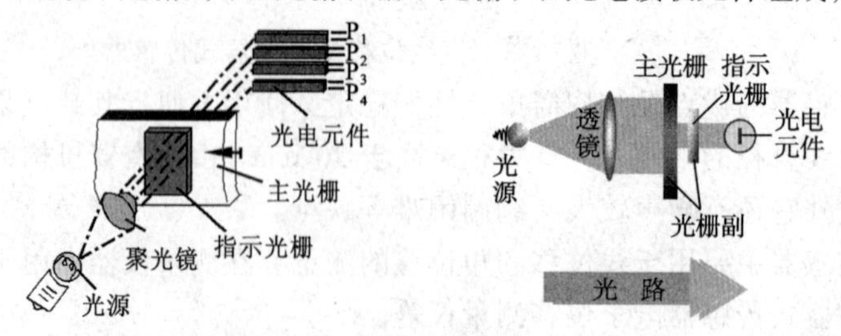

图 6-5　光栅传感器组成

主光栅和指示光栅的刻线宽度和间距完全一样。将指示光栅与主光栅叠合在一起，两者之间保持很小的间隙（0.05 mm 或 0.1 mm）。在长光栅中主光栅固定不动，而指示光栅安装在运动部件上，所以两者之间可以形成相对运动。

如图 6-6 所示，$a+b=W$ 称为光栅的栅距（或光栅常数）。通常情况下，$a=b=W/2$。

光栅传感器常制成光栅尺（见图 6-7）。光栅尺位移传感器是有标尺光栅（主光栅）和光栅读数头两部分组成。标尺光栅一般固定在机床活动部件上，光栅读数头装在机床固定部件上，指示光栅装在光栅读数头中。

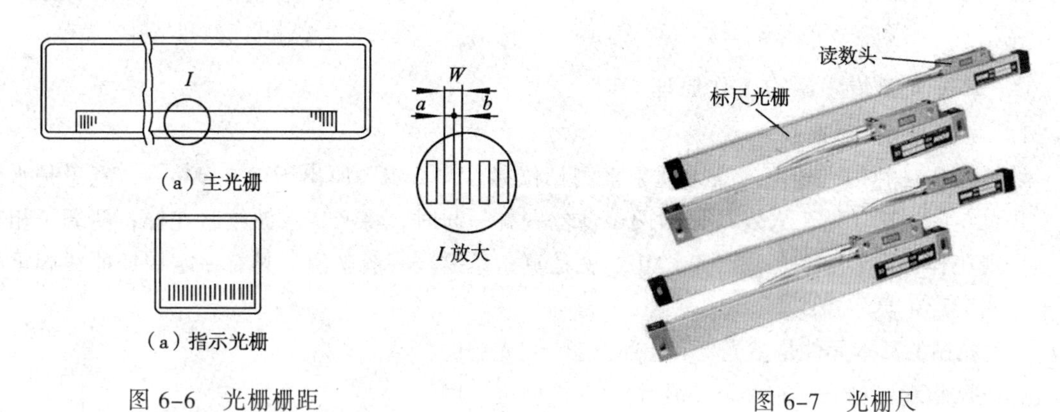

图 6-6　光栅栅距　　图 6-7　光栅尺

2）光栅尺类型

（1）按用途分为物理光栅和计量光栅

物理光栅利用光的衍射现象，主要用于光谱分析、光波长测量。在检测技术中常用的是计量光栅，利用莫尔条纹现象，主要用于长度、角度、速度、加速度、振动等物理量的测量。有很高的分辨力，可优于 0.1 mm。

（2）按计量光栅分为长光栅和圆光栅

如图 6-8 所示，刻画在玻璃尺上的光栅称为长光栅，又称光栅尺，用来测量长度或直线位移等。根据栅线形式的不同，长光栅分为黑白光栅和闪烁光栅。黑白光栅是指只对入射光波的振幅或光强进行调制的光栅。闪烁光栅是对入射光波的相位进行调制，又称相位光栅。

刻画在玻璃盘上的光栅称为圆光栅，又称光栅盘，用来测量角度或角位移。根据栅线刻画的方向，圆光栅分两种，一种是径向光栅，其栅线的延长线全部通过光栅盘的圆心；另一种是切向光栅，其全部栅线与一个和光栅盘同心的直径只有零点几毫米或几个毫米的小圆相切。按光线的走向，圆光栅只有透射光栅。

（3）按光的走向分为透射式光栅和反射式光栅

根据光线的走向，长光栅分为透射光栅和反射光栅。透射光栅光源与光电元件在两侧透射光线，结构如图 6-5 所示。反射光栅光源与光电元件同一侧，是将栅线刻制在有强反射能力的金属（如不锈钢）或玻璃镀金属膜（如铝膜）上，光栅也可刻制在钢板上再黏结在尺基上。透射式光栅和反射式光栅形式如图 6-9 所示。

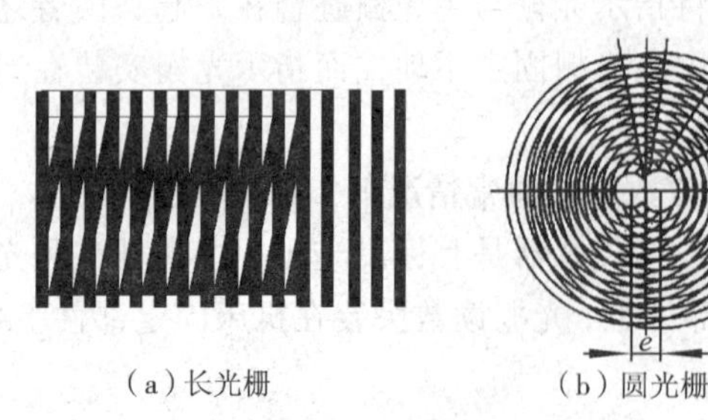

(a) 长光栅　　(b) 圆光栅

图 6-8　计量光栅

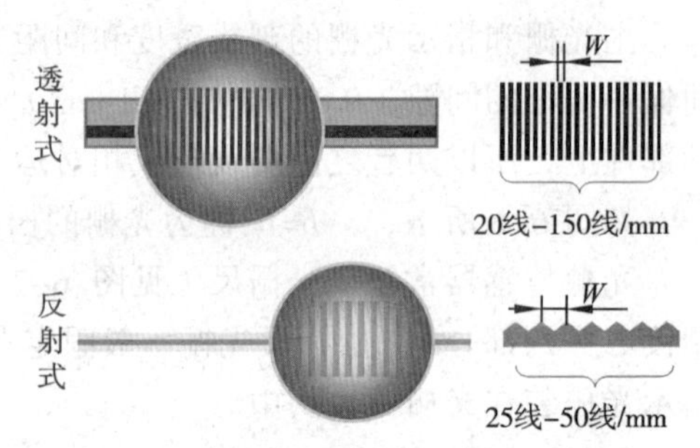

图 6-9　透射式光栅和反射式光栅

2. 掌握光栅传感器的工作原理

1）莫尔条纹的形成

计量光栅是利用光栅莫尔条纹现象来测量位移。“莫尔”原出于法文 Moire，意思是水波纹。几百年前法国丝绸工人发现，当两层薄丝绸叠一起时，将产生水波纹状花样；薄绸子相对运动，则花样也跟着移动，这种奇怪花纹就是莫尔条纹。一般来说，只有一定周期曲线簇重叠起来，便会产生莫尔条纹。

计量光栅的基本元件是主光栅和指示光栅，主光栅的刻线一般比指示光栅长。在实际应用中，主光栅可以固定不动，也可以移动，指示光栅可以移动，也可以固定不动，但二者必须一块固定不动，一块移动。

在透射式直线光栅中，把主光栅与指示光栅的刻线面相对叠和在一起，中间留有很小的间隙，并使两者的栅线保持很小的夹角 θ。在两光栅的刻线重合处，光从缝隙透过，形成亮带；在两光栅刻线的错开处，由于相互挡光作用而形成暗带，如图 6-10 所示。

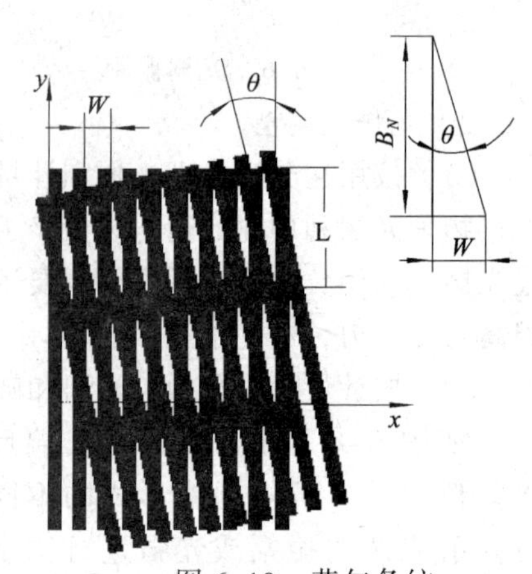

图 6-10　莫尔条纹

这种亮带和暗带形成明暗相间的条纹称为莫尔条纹，条纹方向与刻线方向近似垂直。通常在光栅的适当位置安装光敏元件。

由于光栅的刻线非常细微，很难分辨到底移动了多少个栅距，而利用莫尔条纹的实际价值就在于：能让光敏元件“看清”随光栅刻线移动所带来的光强变化。

当指示光栅沿 x 轴（例如水平方向）自左向右移动时，莫尔条纹的亮带和暗带将顺序自下而上（图中的 y 方向）不断地掠过光敏元件。光敏元件“观察”到莫尔条纹的光强变化近似于正弦波变化。光栅移动一个栅距 W，光强变化一个周期。

2）莫尔条纹的特征

① 莫尔条纹是由光栅的大量刻线共同形成的，对光栅的刻划误差有平均作用，从而能在很大程度上消除光栅刻线不均匀引起的误差。

② 当指示光栅沿与栅线垂直的方向作相对移动时，莫尔条纹则沿光栅刻线方向移动（两者的运动方向相互垂直）；指示光栅反向移动，莫尔条纹亦反向移动。在图中，当指示光栅向

右移动时，莫尔条纹向上运动。

③ 莫尔条纹的间距是放大了的光栅栅距，它随着指示光栅与主光栅刻线夹角 θ 而改变。θ 越小，L 越大，相当于把微小的栅距扩大了 $1/\theta$ 倍。由此可见，计量光栅起到光学放大器的作用。

例如，对 25 线/mm 的长光栅而言，$W=0.04$mm，若 θ=0.016 rad，则 L=2.5 mm.，光敏元件可以分辨 2.5 mm 的间隔，但无法分辨 0.04 mm 的间隔。

计量光栅的光学放大作用与安装角度有关，而与两光栅的安装间隙无关。莫尔条纹的宽度必须大于光敏元件的尺寸，否则光敏元件无法分辨光强的变化。

④ 莫尔条纹移过的条纹数与光栅移过的刻线数相等。例如，采用 100 线/mm 光栅时，若光栅移动了 x mm（也就是移过了 $100x$ 条光栅刻线），则从光电元件面前掠过的莫尔条纹也是 $100x$ 条。由于莫尔条纹比栅距宽得多，所以能够被光敏元件所识别。将此莫尔条纹产生的电脉冲信号计数，就可知道移动的实际距离了。

3．光栅传感器的测量电路

1）光栅传感器光电转换原理

主光栅和指示光栅作相对位移产生了莫尔条纹，莫尔条纹需要经过转换电路才能将光信号转换成电信号。光栅传感器的光电转换系统由光源、聚光镜和光电转换电路组成，如图 6-11（a）所示。当两块光栅作相对移动时，光敏元件上的光强随莫尔条纹移动而变化。在图 6-11（b）所示 a、g 处两光栅刻线重叠，透过的光强最大，光电元件输出的电信号也最大；c 处由于光被遮去 1/2，光强减小：d 处的光全被遮去，成全黑，光强为零；若光栅继续移动，透射到光敏元件上的光强又逐渐增大，因而形成了如图 6-11（b）所示近似正弦波的输出波形。

光敏元件输出的波形可近似描述为

$$U=U_{\rm o}+U_{\rm m}\sin(\frac{2\pi x}{W}) \tag{6-2}$$

式中：U——输出信号的直流分量；

$U_{\rm o}$——输出信号的交流信号幅值；

x——光栅的相对位移量。

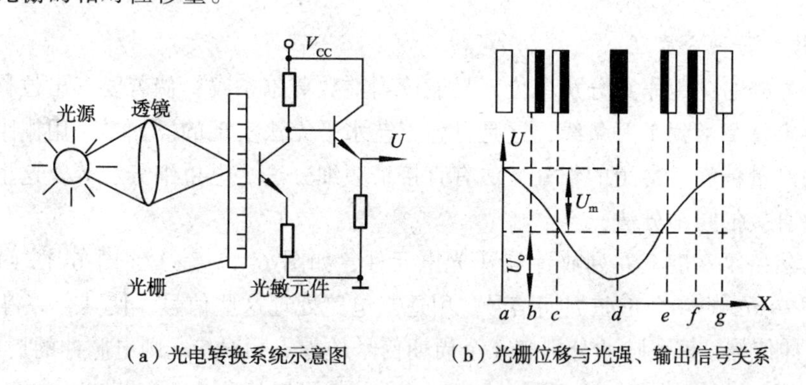

（a）光电转换系统示意图　（b）光栅位移与光强、输出信号关系

图 6-11　光电转换

2）光栅传感器方向辨别

如果传感器只安装一套光电元件，则在实际应用中，无论光栅作正向移动还是反向移动，光

敏元件都产生相同的正弦信号，无法分辨移动方向。如某 1024p/r 圆光栅，正转 10 圈，反转 4 圈，若不采取辨向措施，则后边进行计数处理的电路将错误地得到 14 336 个脉冲，而正确值应为：(10−4) ×1024 = 6 144 个脉冲。

为了辨别光栅是向左还是向右移动，可在相隔 1/4 条纹间距的位置上安装两套光敏元件(又称正弦和余弦光电元件)，这两套光敏元件输出信号 U_1、U_2 的相位差将为 π/2，所以 U_1、U_2 又称正弦信号和余弦信号，可以根据它们超前滞后的关系判别出光栅的移动方向，如图 6-12 所示。两种信号经整形后得到方波 U_1' 和 U_2' 。U_2' 作为门控信号同 U_1' 的微分信号一起输入到与门 Y_1、同时 U_2' 和 U_1' 经 F 倒相后的微分信号一起输入到与门 Y_2。光栅右移时，U_2' 超前 U_1' ，则先于 U_1' 的微分信号打开了 Y_1，可从 Y_1 得到光栅向右移动的输出脉冲；而 U_1' 倒相后的微分信号到达 Y_2 时 Y_2 已关闭，则 Y_2 没有输出，反之亦然。这样就实现了指示光栅左右移动的方向辨别和移动脉冲的输出。

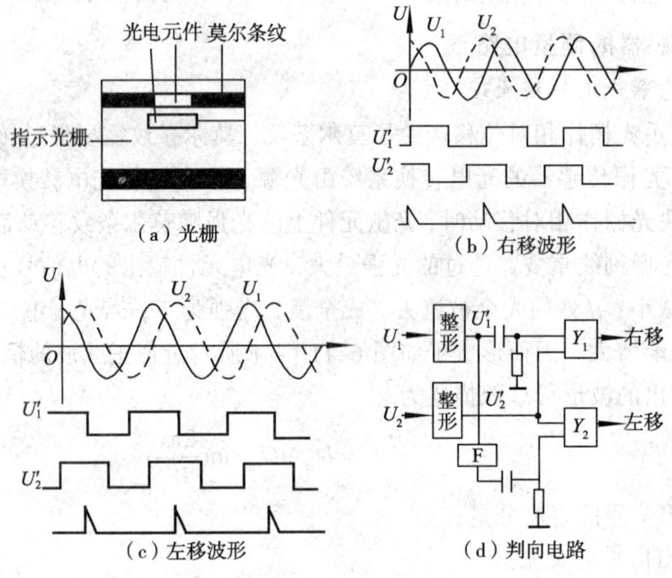

图 6-12　辨向电路原理图

3）光栅传感器细分原理

如果仅以光栅的栅距作其分辨单位，只能读到整数莫尔条纹；倘若要读出位移为 0.1μm 的距离，势必要求每毫米到 1 万条线，这是目前工艺水平无法实现的。如果采用栅距细分技术可以获得更高的测量精度。常用的细分方法有直接倍频细分法、电桥细分法等。这里仅以四倍频细分为例介绍直接倍频细分法。

在一个莫尔条纹宽度上并列放置 4 个光电元件，如图 6-13（a）、图 6-13（b）所示，得到相位分别相差 π/2 的 4 个正弦周期信号。用适当电路处理这些信号，使其合并得到如图 6-13（c）所示的脉冲信号。每个脉冲分别和 4 个周期信号的零点相对应，则电脉冲的周期反应了 1/4 个莫尔条纹宽度。用计数器对这一列脉冲信号计数，就可以读到 1/4 个莫尔条纹宽度的位移量，这将是光栅固有分辨力的 4 倍。此种方法被称为四倍频细分法。若再增加光敏元件，则可以进一步地提高测量分辨力。

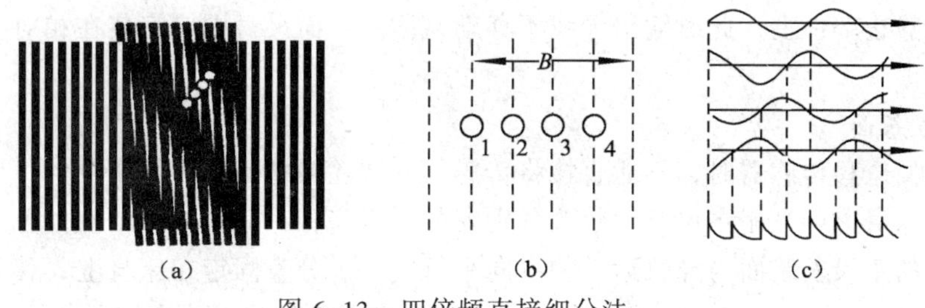

图 6-13 四倍频直接细分法

实践应用

1. 光栅位移传感器的显示

为了光栅位移传感器应用方便，生产光栅位移传感器的厂家都研制了多种型号的光栅数显表，可以和光栅位移传感器进行连接。所以对于用户来说，只要能根据被测量设备（如机床）的最大行程，选择合适的光栅位移传感器及光栅数显表，即可构成数字式位移测量系统。

目前，光栅数显表主要有两种类型，即数字逻辑电路数显表和以 MCU（微型控制单元，Micro Control Unit）为核心的智能化数显表。前者以传统的放大、整形、细分、辨向电路、可逆计数器及数字译码显示器等电路组成，其基本框图如图 6-14 所示。随着可编程逻辑器件的广泛使用，将细分、辨向、计数器、译码驱动电路通过 CPLD 来实现，使得数字逻辑电路的数显表组成框图数显表的电路大为简化，体积缩小很多。

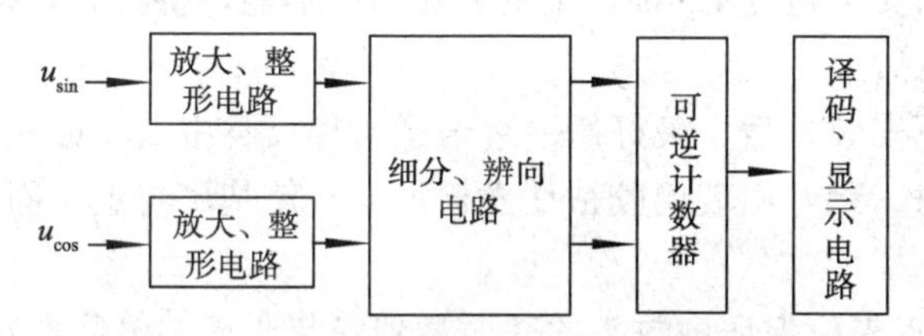

图 6-14 数字逻辑电路数显表基本框图

如图 6-15 所示，放大、整形电路后，送到 MCU 及相关电路进行辨向、细分及计数，处理后将位移值显示在显示器件上。由于微控制器具有强大的处理能力，此类数显表除了能显示位移之外，还能进行打印实时数据，并可以和上位机进行通信，是数显表的主要方案。

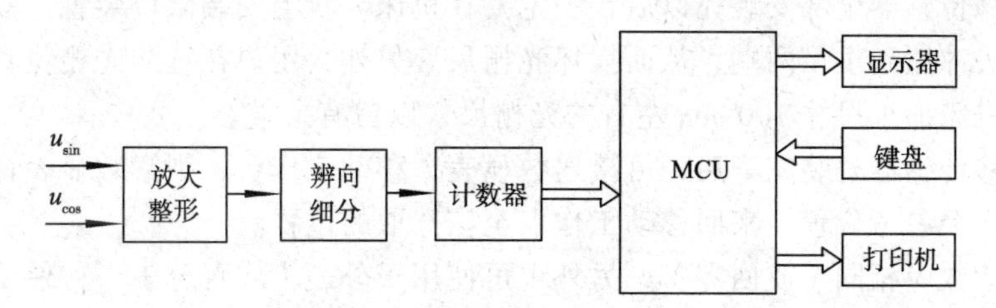

图 6-15 基于 MCU 的光栅数显表的功能框图

2. 光栅位移传感器的安装方式

光栅位移传感的安装比较灵活，可安装在机床的不同部位，一般将主尺安装在机床的工作台（滑板）上，随机床走刀而动，读数头固定在床身上，尽可能使读数头安装在主尺的下方。其安装方式的选择必须注意切屑、切削液及油液的溅落方向。如果由于安装位置限制必须采用读数头朝上的方式安装时，则必须增加辅助密封装置。另外，一般情况下，读数头应尽量安装在相对机床静止部件上，此时输出导线不移动易固定，而尺身则应安装在相对机床运动的部件上（如滑板）。

1）安装基面

安装光栅位移传感器时，不能直接将传感器安装在粗糙不平的机床身上，更不能安装在打底涂漆的机床身上。光栅主尺及读数头分别安装在机床相对运动的两个部件上。用千分表检查机床工作台的主尺安装面与导轨运动的方向平行度。千分表固定在床身上，移动工作台，要求达到平行度为 0.1 mm/1 000 mm 以内。如果不能达到这个要求，则需设计加工一件光栅尺基座。基座要求做到：①应加一根与光栅尺尺身长度相等的基座（最好基座长出光栅尺 50 mm 左右）。②该基座通过铣、磨工序加工，保证其平面平行度在 0.1 mm/1 000 mm 以内。另外，还需加工一件与尺身基座等高的读数头基座。读数头的基座与尺身的基座总共误差不得大于±0.2 mm。安装时，调整读数头位置，达到读数头与光栅尺尺身的平行度为 0.1 mm 左右，读数头与光栅尺尺身之间的间距在 1～1.5 mm 范围内。

2）主尺安装

将光栅主尺用螺钉装在机床安装的工作台安装面上，但不要上紧，把千分表固定在床身上，移动工作台（主尺与工作台同时移动）。用千分表测量主尺平面与机床导轨运动方向的平行度，调整主尺螺钉位置，使主尺平行度满是 0.1 mm/1 000 mm 以内时，把 M 螺钉彻底上紧。在安装光栅主尺时，应注意如下三点：

① 在装主尺时，如安装超过 1.5 m 以上的光栅时，不能与桥梁式一样只安装两端头，尚需在整个主尺尺身中有支撑。

② 在有基座情况下安装好后，最好用一个卡子卡住尺身中点（或几点）。

③ 不能安装卡子时，最好用玻璃胶粘住光栅尺身，使基尺与主尺固定好。

3）读数头的安装

在安装读数头时，首先应保证读数头的基面达到安装要求，然后再安装读数头，其安装方法与主尺相似。最后调整读数头，使读数头与光栅主尺平行度保证在 0.1 mm 之内，其读数头与主尺的间隙控制在 1～1.5 mm 以内。

4）限位装置

光栅位移传感器全部安装完以后，一定要在机床导轨上安装限位装置，以免机床加工产品移动时读数头冲撞到主尺两端，从而损坏光栅尺。另外，用户在选购光栅位移传感器时，应尽量选用超出机床加工尺寸 100 mm 左右的光栅尺，以留有余量。

光栅位移传感器安装完毕后，可接通数显表，移动工作台，观察数显表计数是否正常。在机床上选取一个参考位置，来回移动工作点至该选取的位置。

数显表读数应相同（或回零）。另外也可使用千分表（或百分表），使千分表与数显表同时调至零（或记忆起始数据），往返多次后回到初始位置，观察数显表与千分表的数据是否一致。通过以上工作，光栅传感器的安装就完成了。但对于一般的机床加工环境来讲，铁屑、切削液及油污较多。因此，光栅传感器应附带加装护罩，护罩的设计是按照光栅传感器的外形截面放大留一定的空间尺寸确定，护罩通常采用橡皮密封，使其具备一定的防水防油能力。

3．光栅位移传感器使用注意事项

① 光栅传感器与数显表插头座插拔时应关闭电源后进行。

② 尽可能外加保护罩，并及时清理溅落在尺上的切削液和油污，严格防止任何异物进入光栅传感器壳体内部。

③ 定期检查各安装联结螺钉是否松动。

④ 为延长防尘密封条的寿命，可在密封条上均匀涂上一薄层硅油，注意勿溅落在玻璃光栅刻划面上。

⑤ 为保证光栅传感器使用的可靠性，可每隔一定时间用乙醇混合液（各 50%）清洗擦拭光栅尺面及指示光栅面，保持玻璃光栅尺面清洁。

⑥ 光栅传感器严禁剧烈振动及摔打，以免损坏光栅尺，如光栅尺断裂，光栅传感器即失效了。

⑦ 不要自行拆开光栅传感器，更不能任意改动主栅尺与副栅尺的相对间距，否则一方面可能破坏光栅传感器的精度；另一方面还可能造成主栅尺与副栅尺的相对摩擦，损坏铬层也就损坏了栅线，从而造成光栅尺报废。

⑧ 应注意防止油及水污染光栅尺面，避免破坏光栅尺线条纹分布，从而避免由此引起的测量误差。

⑨ 光栅传感器应尽量避免在有严重腐蚀作用的环境中工作，以免腐蚀光栅铬层及光栅尺表面，破坏光栅尺质量。

4．光栅位移传感器常见故障现象及判断方法

光栅位移传感器常见故障现象及判断方法如表 6-1 所示。

表 6-1　光栅位移传感器常见故障现象及判断方法

故障现象	排除方法及原因
接电源后数显表无显示	①检查电源线是否断线，插头接触是否良好 ②数显表电源熔丝是否熔断 ③供电电压是否符合要求
数显表不计数	①将传感器插头换至另一台数显表上，若传感器能正常工作说明原数显表有问题 ②检查传感器电缆有无断线、破损
数显表间断计数	①检查光栅尺安装是否正确，光栅尺所有固定螺钉是否松动，光栅尺是否被污染 ②插头与插座是否接触良好 ③光栅尺移动时是否与其他部件刮碰、摩擦 ④检查机床导轨运动精度是否过低，造成光栅工作间隙变化
数显表显示报警	①没有接光栅传感器 ②光栅传感器移动速度过快 ③光栅尺被污染
光栅传感器移动后只有末位显示器闪烁	①A 相或 B 相无信号或只有一相信号 ②有一路信号线不通 ③光敏三极管损坏
移动光栅传感器只有一个方向计数，而另一个方向不计数（即单方向计数）	①光栅传感器 A、B 信号输出短路 ②光栅传感器 A、B 信号移相不正确 ③数显表有故障

续表

故障现象	排除方法及原因
读数头移动发出“吱吱”声或移动困难	①密封胶条有裂口 ②指示光栅脱落，标尺光栅严重接触摩擦 ③下滑体滚珠脱落 ④上滑体严重变形
新光栅传感器安装后，其显示值不准	①安装基面不符合要求 ②光栅尺尺体和读数头安装不合要求 ③严重碰撞使光栅尺位置变化

任务 3　使用磁栅传感器测量位移

磁栅式传感器（magnetic grating transducer）是利用磁栅与磁头的磁作用进行测量的位移传感器。它是一种新型的数字式传感器，成本较低且便于安装和使用。当需要时，可将原来的磁信号（磁栅）抹去，重新录制。如图 6-16 所示，还可以安装在机床上后再录制磁信号，这对于消除安装误差和机床本身的几何误差，以及提高测量精度都是十分有利的。并且可以采用激光定位录磁，而不需要采用感光、腐蚀等工艺，因而精度较高，可达±0.01 mm/m，分辨率为 1～5 μm。

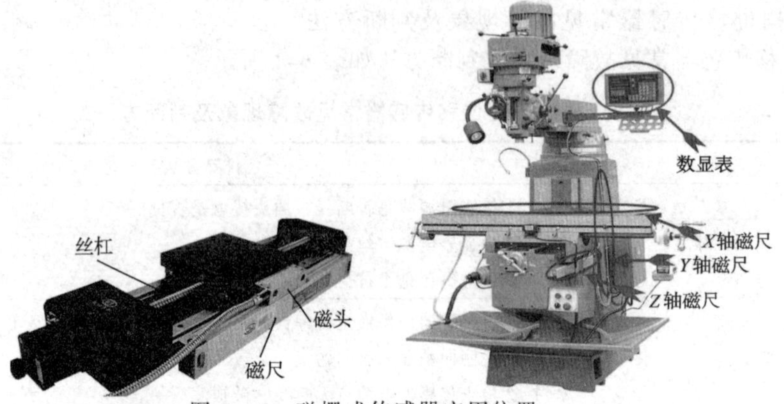

图 6-16　磁栅式传感器应用位置

知识链接

1．磁栅的类型和结构

1）磁栅的类型

表 6-2 列出了磁栅传感器的分类方式及分类情况。

表 6-2　磁栅传感器的类型

分类分式	分　类	说　明
按被测物体的运动状态	动态磁栅	动态磁栅用于检测匀速运动的被测物体，读出磁头通常采用速度响应式磁头（其工作原理相当于录音机磁头）
	静态磁栅	静态磁栅用于检测变速运动的被测物体，读出磁头需用调制式的磁通响应式磁头（又称静态磁头）。静态磁栅检测系统对被测物体运动速度的变化无特殊要求，即使处于静止状态下也照样能进行位置检测。静态磁栅检测系统又称磁栅数显系统

续表

分类分式	分 类	说 明
按检测位移的类型	角位移磁栅	角位移磁栅是用于测量角度位移量的磁栅，又称磁栅盘
	线位移磁栅	① 实体型磁栅。它是用具有相当厚度的金属或玻璃作为尺体的一种磁栅。这种磁栅精度高，但对其尺体的平面性和表面粗糙度要求都相当高，故成本较高，长度有一定限制。 ② 带型磁栅。它是用约 20 mm 宽、0.2 mm 厚的带材作为尺体的一种磁栅。带型磁栅主要用于大型机床上，其有效长度可达 30 m，甚至更长。 ③ 线型磁栅。它是用直径 2～4 mm 的线材作为尺体的一种磁栅。线型磁栅的结构特点是磁栅尺和磁头组装在一起，安装使用都相当方便，且截面积较小。它的有效长度一般在 3 m 以内，是磁栅中应用得很广的一个品种

2）磁栅传感器的结构

如图 6-17 所示，磁栅传感器分为带型磁栅和线型磁栅，它们的基本区别在于磁栅尺的基体不同。带型磁栅尺的基体是带材，而线型磁栅尺的基体是线材。另外，带型磁栅磁头的工作面压在磁带上，是接触式测量；而线型磁栅是用带孔的磁头套在线材上，是非接触式测量。

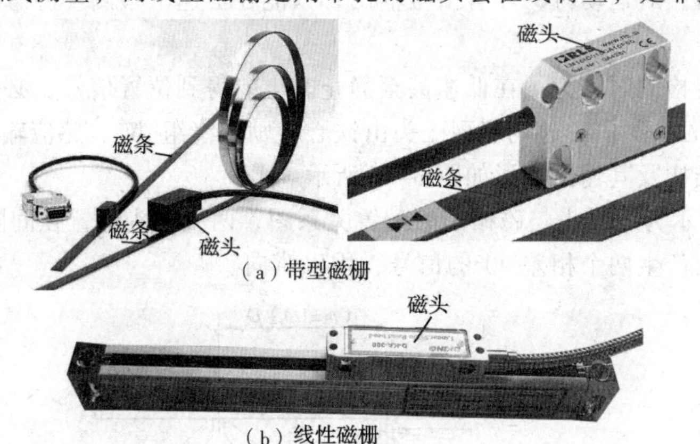

图 6-17 磁栅传感器的结构

从结构上分，线型磁栅尺有双端固定式和单端固定式两种。双端固定式又分于不带导向机构和带导向机构的两种。其中，不带导向机构的双端固定式线型磁栅应用最广。不带导向机构的双端固定式线型磁栅适用于导轨精度高的机床。带导向机构的线型磁栅适用于导轨精度较差或工作中滑板移动时振动较大的机床，缺点是结构较复杂。

2．磁栅的工作原理

磁栅式传感器由磁栅、磁头和检测电路组成。磁栅（又称磁尺）也是一种电磁监测装置。它利用磁记录原理，将一定波长的矩形波或正弦波的信号用磁头记录在磁性标尺的磁膜上，作为测量基准。检测时，磁头将磁性标尺上的磁化信号转化为电信号，并通过检测电路将磁头相对于磁性标尺的位置或位移量用数字显示出来或转化为控制信号输入给数控机床等设备。

1）磁栅

磁栅是一种有磁化信息的标尺。它是在非磁性体的平整表面上镀一层约 0.02 mm 厚的 Ni-Co-P 磁性薄膜，并用录音磁头沿长度方向按一定的激光波长 λ 录上磁性刻度线而构成的，采用录磁的方法在磁胜薄膜上录上等距离的周期性的磁化信号，因此又把磁栅称为磁尺。磁栅的种类可分为单面型直线磁栅、同轴型直线磁栅和旋转型磁栅等。磁栅主要作为位置或位移量的检测元件。磁栅和其他类型的位移传感器相比，具有结构简单、使用方便、动态范围大(1～20 m)和磁信号可重新录制等优点。

录制磁信息时，要使磁尺固定，磁头根据来自激光波长的基准信号，以一定速度在其长度方向两边运行边流过一定频率的相等电流，这样，就在磁尺上录上了相等节距 W 的磁化信息而形成磁栅，磁化信号的周期称为节距 W，有 0.05mm、0.1mm、0.2mm、1mm 等几种。磁栅录制后的磁化结构磁铁按 NS、SN、NS……的状态排列起来，如图 6-18 所示。因此在磁栅上的磁场强度呈周期性地变化，并在 N-N 或 S-S 相接处为最大。

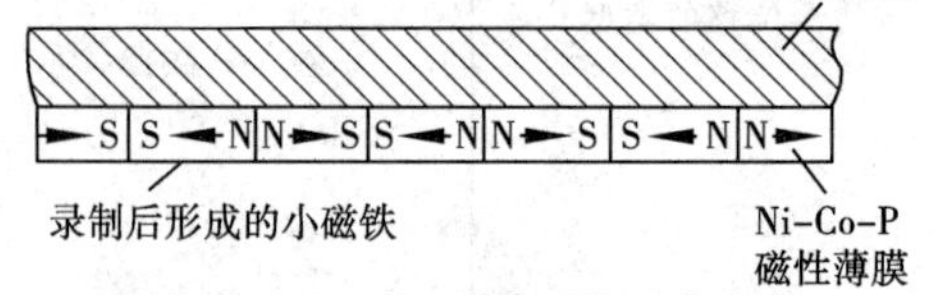

图 6-18 磁栅录制后的磁化结构

2）磁头

如图 6-19 所示，磁头是进行磁—电转换的转换器，磁头将反映位置变化的磁性信号检测出来，并转换成电信号送给检测电路。

磁头分动态磁头（又称速度响应式磁头）和静磁头（又称磁通响应式磁头）两大类。动态磁头与磁尺间有相对运动时，才有信号输出，只能在恒速下检测。静态磁头输出与速度无关，应用广泛。

在进行位置检测时，为了在低速甚至静止时也能得到位置信号，必须采用磁通响应型磁头（又称磁调制式磁头）。磁通响应型磁头由铁心、励磁绕组 W_1、感应输出绕组 W_2 组成。磁通响应型磁头的结构及其输出波形如图 6-21 所示。

图 6-19 所示为两磁头与磁栅尺的配置关系图，两个磁头配置在间隔（m±1/4）D（m 为整数）的位置上，产生两个相差 90°的信号，用以辨向。

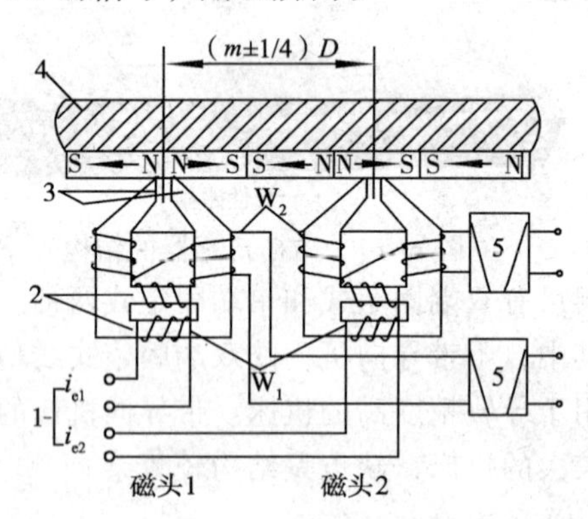

图 6-19 磁头与磁栅尺的配置关系图

1—输入励磁电流；2—励磁绕组；3—磁头；4—磁性标尺；5—检测电路

3）磁栅传感器的工作原理

在励磁绕组中通入交变的励磁电流，频率一般为 5 kHz 或 25 kHz，幅值约 20.0 mA。励磁电流使磁心的可饱和部分（截面积较小）在每周期内发生两次磁饱和。磁饱和时磁心的磁阻很大，磁栅上的漏磁通不能通过铁心，输出绕组不产生感应电动势。只有在励磁电流每周两次过零时，可饱和磁心才能导磁，磁栅上的漏磁通使输出绕组产生感应电动势 e。由于磁头的铁心是非线性的，因此磁头直接输出的感应电动势为脉冲状波形，其频率 ω 为励磁电流频率的两倍，如图 6-20 所示。感应电动势 e 的包络线反映了磁头与磁尺的位置关系，其幅值与磁栅到磁心漏磁通的大小成正比，经带通滤波器后的输出信号波形如图 6-21 所示。感应电动势 e 的数学表达式为

$$e = E\sin\frac{2\pi x}{\lambda}\cos\omega t \tag{6-3}$$

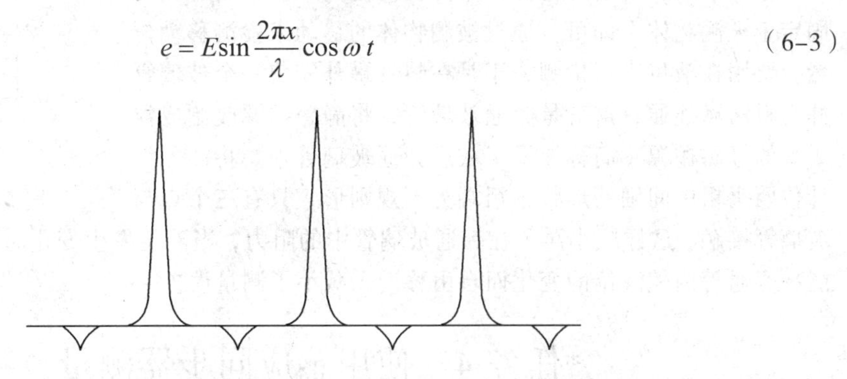

图 6-20　磁头直接输出的感应电动势为脉冲状波形

为增大输出，实际使用时常采用多间隙磁头，各磁头的励磁线圈和信号输出线圈可分别串联或并联。多间隙磁头的输出是许多间隙磁头所取得信号的平均值，有平均效应的作用，因而可提高测量精度。

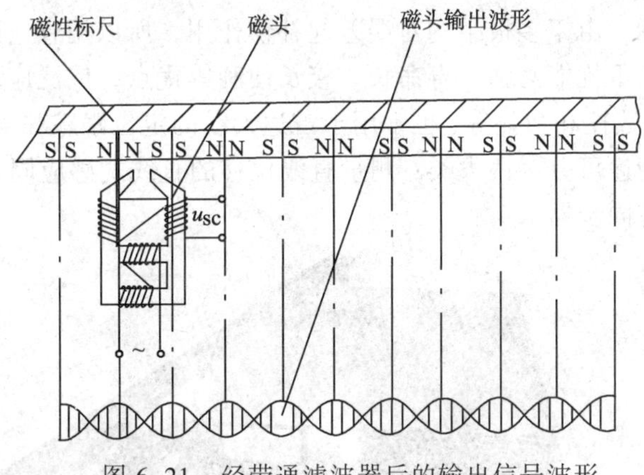

图 6-21　经带通滤波器后的输出信号波形

实践应用

烟厂梗丝加料液位检测系统应用

1）传统现场液位测量与控制中的问题

传统梗丝加料液位检测（即现场液位测量与控制）是采用电容式以及超声波液位计或静磁栅液位计，但其缺陷是：一直存在检测不准的问题，所以一直都没有让其参与控制；另外，车间加（送）料、加（送）香的管路与地沟都直接相连，阀门误动作会出现泄漏，以前就出现过由于阀门不到位，而导致料液进入地沟或泄漏的情况。因由于以前车间的液位计没有参与控制，出现此类情况时就未能及时发现，导致质量事故的发生。为此，应对静磁栅液位计进行了改进后，再试用于梗丝加料和片叶加料处。

2）静磁栅尺的改进

静磁栅尺的改进后液位测量与控制示意图如图 6-22 所示。

静磁栅位移传感器允许最高工作速度为 12 m/min，系统精确度可达 0.01 mm/m，最小指示值 0.001 mm，使用范围为 0～40 ℃，是一种测量大位移的传感器。

静磁栅以前用于对运动物体位置的检测，静磁栅源只需固定于被测物体上即可。通过被测物体的移动来检测移动位置，要用在液位进行检测，于是在料液罐外安装一个玻璃管并与料液罐连通，这就是旁通玻璃管，将静磁栅源改制成浮子式的静磁栅源（简称浮子）放进旁通玻璃管中。将浮子设计位两头粗中间细的形状，粗端为不规则形，只有三个点与玻璃管接触，这样减小浮子在旁通玻璃管中的阻力，当液位发生变化时“静磁栅源”即“浮子”能在旁通管内随液位的变化而自由移动，减小了测量误差。

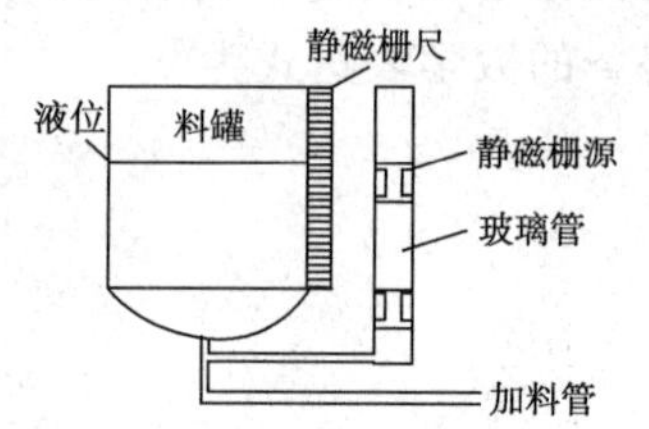

图 6-22　静磁栅尺控制示意图

*任务 4　使用感应同步器测量位移

感应同步器是应用电磁感应定律把位移量转换成电量的传感器，是 20 世纪 60 年代末发展起来的一种高精度位移（直线位移，角位移）传感器。它的基本结构是两个平面形的矩形线圈，相当于变压器的初、次级绕组，通过两个绕组间的互感量随位置变化来检测位移量。感应同步器是一种多极感应元件，由于多极结构对误差起补偿作用，所以用感应同步器来测量位移具有精度高、工作可靠、抗干扰能力强、寿命长、接长便利等优点，广泛应用于坐标镗床、坐标铣床及其他机床的定位、数控和数显等，也常用于雷达天线的定位跟踪和某些仪表的分度装置等。

感应同步器按其用途可分为两大类：测量直线位移的直线式感应同步器（见图 6-23）和测量角位移的旋转式感应同步器。

图 6-23　直线位移的直线式感应同步器

知识链接

1．感应同步器种类和结构

1）直线式感应同步器

直线式感应同步器的绕组结构如图 6-24 所示。它由定尺和滑尺两部分组成。滑尺部分又可分为 W 形和 U 形两种，如图 6-24 和图 6-25 所示。其制造工艺是先在基板（玻璃或金属）上涂上一层绝缘黏合材料，将铜箔沾牢，用制造印制电路板的腐蚀方法制成节距 W（一般为 2 mm）的方齿形线圈。对于定尺，绕组均匀分布在长度为 250 mm 的定尺上，如图 6-24（a）所示。滑尺长度一般为 100 mm，其上交替分布着两个励磁绕组，分别称为正弦绕组（S 绕组）和余弦绕组（C 绕组），它们在空间位置上相差 1/4 节距（即 90°相位角），如图 6-25（b）所示。滑尺和定尺相对平行安装，其间保持一定间隙（0.05～0.2 mm）。节距 $W=2(a+b)$，又称周期。

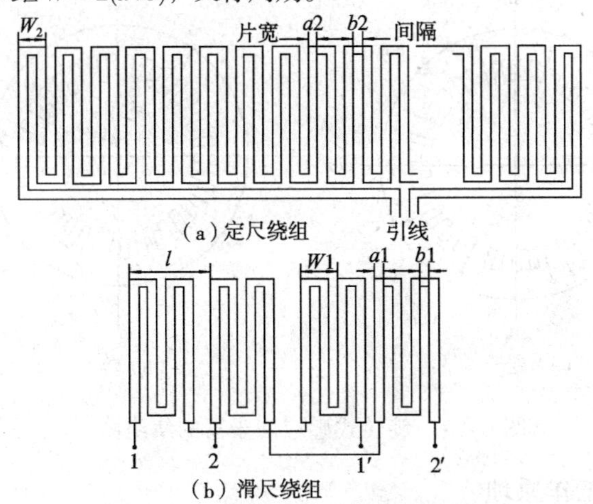

图 6-24　W 形滑尺绕组直线式感应同步器绕组布置

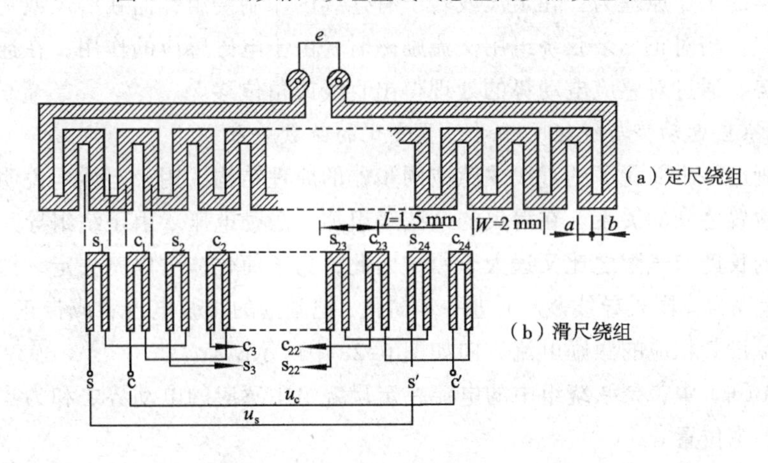

图 6-25　U 形滑尺绕组定、滑尺绕组结构图

2）旋转式感应同步器

如图 6-26 和图 6-27 所示，旋转式感应同步器由定子和转子组成。其转子相当于直线式感应同步器的定尺，定子相当于滑尺。旋转式感应同步器的定子绕组也做成正弦、余弦绕组形式，两者相差 90° 相角，转子为连续绕组。

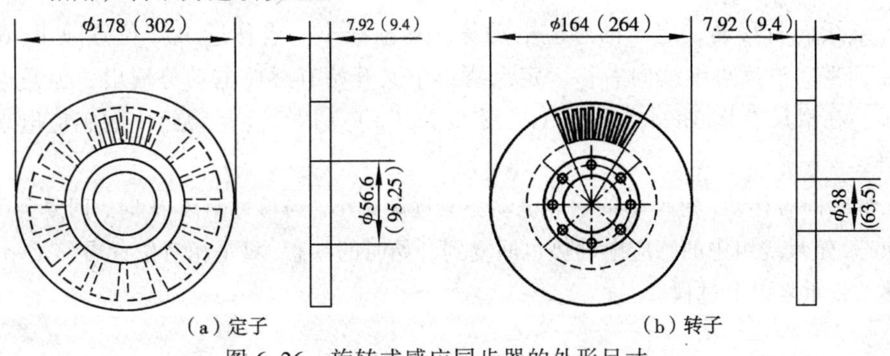

图 6-26　旋转式感应同步器的外形尺寸

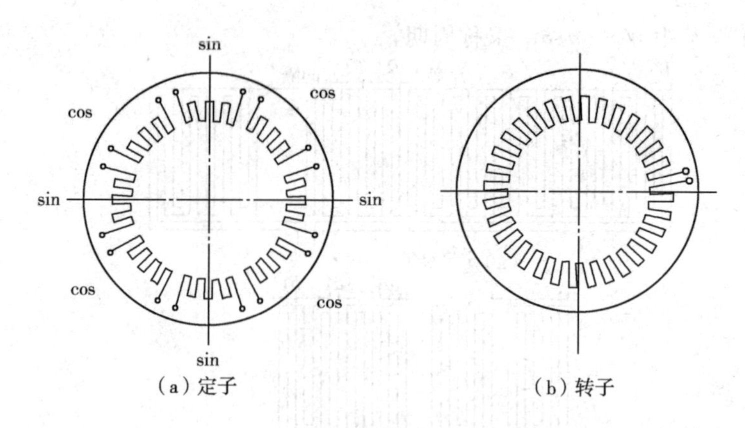

图 6-27 旋转式感应同步器的绕组图形

2．感应同步器的工作原理

感应同步器的工作原理为：在定尺或转子有连续的印制绕组，而在滑尺或定子上有正、余弦两相印制绕组。当对正、余弦绕组用交流励磁时，由于电磁感应的作用，在连续绕组上就会产生感应电动势。通过对感应电动势的处理得出直线或角位移。

1）定尺的感应电动势与绕组间相对位置变化的函数关系

图 6-28 画出一个简化了的直线式感应同步器的原理结构，用来定性地说明它的输出感应电动势与相对位置之间的关系。在滑尺的余弦绕组加上激励电压。由于绕组导片的长度远大于其端部，导片的长度与气隙之比又远大于 1，因此，为了简化，可以略去定、滑尺绕组的端部影响，并将导片视为无限长导线。为了进一步简化，把激励的正弦电压看成带正、负号的“直流”持续增长情况。设其相应的激励电流方向如图 6-28 中所示。

在图 6-28（a）中，余弦绕组中的电流在定尺绕组中感应的电动势之和为零。这个位置称为感应同步器的零位置。

当滑尺向右移动一段距离（$W/8$），如图 6-28（b）的位置时，保持激励电压不变，余弦绕组左侧导片在定尺绕组中感应的电动势比右侧导片所感应的大，定尺绕组中感应电动势的总和就不再为零，它的感应电流的方向如图中所示。

可以得出，定尺的感应电动势随着滑尺的右移而增大，在向右移动 $W/4$ 位置时（见图 6-28（c）），达到最大值。

滑尺继续向右移动，定尺的感应电动势又逐渐减小。当移过 $W/2$ 位置[见图 6-28（d）]时又回复到零。滑尺再继续向右移，定尺绕组中又开始有感应电动势输出，但是电动势的极性改变了。在滑尺右移 $3W/4$ 位置图（见图 6-28（e））时，定尺绕组中的感应电动势达到负的最大值。

滑尺继续向右移动，定尺中的感应电动势会逐渐减小。当移过距离 W 时，回复到图 6-28（a）的位置状态，定尺绕组中的感应电动势也回复到开始时的零态，只是相对位置右移了一个周期 W，再继续移动将重复以上过程。

可见，当滑尺绕组上加上激励电压时，定尺输出感应电动势是滑尺与定尺相对位置的正弦函数，如图 6-28（f）所示，可以写成

$$e = E_{\mathrm{m}} \sin \frac{2\pi}{W} x = E_{\mathrm{m}} \sin \theta \tag{6-4}$$

式中：$\theta=2\pi x/W$，为位移所形成的正弦电压的相位角。

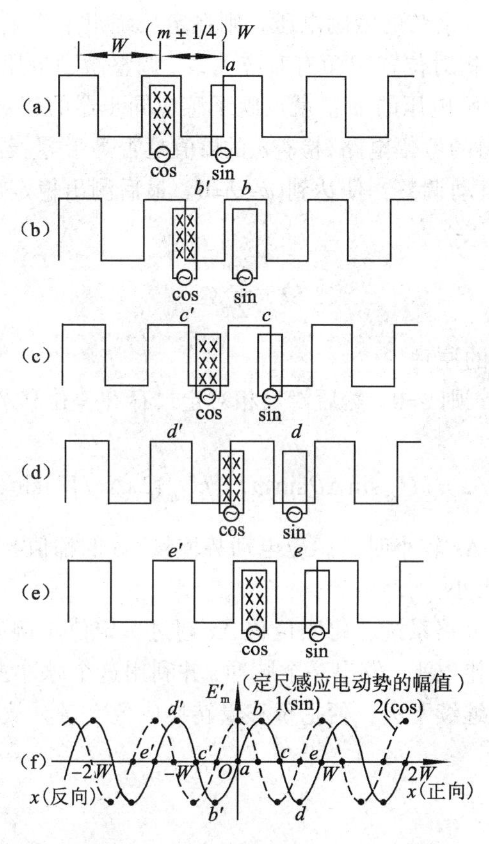

图 6-28　定尺感应电动势与两绕组相对位置关系

同理，如果滑尺正弦绕组加上与余弦绕组相同的激励电流，则由于正、余弦绕组在空间位置上相差 π/2 的相位角（即空间位置相差 W/4），在同样移动情况下，将会在定尺绕组中产生相同的感应电动势，只不过相位差 π/2 而已。为后面讨论方便，可以将正、余弦绕组在定尺中的感应电动势分别写成

$$\begin{cases} e_{\mathrm{s}} = E_{\mathrm{m}} \sin \theta \\ e_{\mathrm{c}} = E_{\mathrm{m}} \cos \theta \end{cases} \tag{6-5}$$

2）信号处理方式

感应同步器的输出信号可以用其幅值和相位两个物理量来说明。感应同步器测量电路有鉴相和鉴幅两种方式。

感应同步器是利用两个平面形绕组的互感，随位置不同而变化的原理制成的测位移的传感器，其输出是数字量，测量精度高，并且能测 1 m 以上的大位移，因而广泛应用于数控机床。

（1）鉴相法

鉴相式信号处理方式是在滑尺的两个绕组分别施加相同频率和相同幅值、但相位相差 90°

的两个激励电压，定尺感应电动势的大小会随滑尺位置而相应变化，根据感应电动势的相位，就可以测定滑尺的位置。

（2）鉴幅法

这种工作法是在感应同步器滑尺的两个绕组上输入同频率、同相位、但幅值不等的两个交流电压激磁时，通过检测感应电动势的幅值来测量位置状态或位移的方法称为鉴幅法。

如果在滑尺绕组输入正、余弦的激励电压，则在定尺绕组中产生感应电动势。激励电压的电相角 φ 值与感应同步器的相对位置 θ 角有对应关系。调整激励电压的 φ 值，使输出感应电动势 e_0 的幅值为零，此时，激励电压的 φ 值就反映了感应同步器的相对位置 θ。

在这种情况下，利用专门的鉴幅电路，检查 e_0 的幅值是否等于零。若不等于零，则判断 $(\varphi-\theta)>0$ 或是 $(\varphi-\theta)<0$，通过对 φ 的自动调整，使达到 $(\varphi-\theta)=0$。最后测出稳定后的 φ 值，它就是 θ 值。由于 $\varphi=\theta=2\pi x/W$，所以

$$x=\frac{W}{2\pi}\varphi \tag{6-6}$$

这就是鉴幅法测位移 x 的原理。

若设在初始状态时 $\varphi=\theta$，则 $e=0$。然后滑尺相对定尺存在一位移 Δx，使 θ 变为 $\theta+\Delta\theta$，则感应电动势增量为

$$\Delta e=kU_{\mathrm{m}}\sin\Delta\theta\sin\omega t\approx kU_{\mathrm{m}}(2\pi\Delta x/W)\sin\omega t \tag{6-7}$$

由此可见，在位移增量 Δx 较小时，感应电动势增量 Δe 的幅值与 Δx 成正比，通过鉴别 Δe 的幅值，就可以测出 Δx 的大小。

实际中设计了这样一个电路系统，每当位移 Δx 超过一定值（例如 0.01 mm），就使 Δe 的幅值超过某一预先调定的门槛电平，发出一个脉冲，并利用这个脉冲去自动改变激励电压幅值，使新的 φ 跟上新的 θ。这样继续下去，便把位移量转换成数字量，从而实现了对位移的数字测量。

实践应用

1．直线式感应同步器的接长与定尺激励方式

标准型直线式感应同步器定尺的规定长度为 250 mm，单块使用时有效长度为 180 mm 左右。因此，当测量长度超过 180 mm 时，需要用两块以上的定尺接长使用。

定尺接长后输出电动势会减弱。这是因为接长后感应同步器输出阻抗增大所造成的。为此，当测量长度超过一定值时，需要对定尺采取串、并联组合的方法来改善信号条件。一般对 3 m 以下的接长，采用定尺绕组串联接线方式；对于 3 m 以上的大行程接长，往往采用分段串联后再并联的接线方式。

定尺接长时，在接缝区因为磁路的变化将出现误差跳动的现象。目前我国已能生产长度为 1 m，精确度达±1.5 μm 的定尺，这将有助于改进直线式感应同步器的接长工作。

为了改善滑尺激励的缺点，20 世纪 70 年代中期出现了定尺激励技术。定尺激励工作方式是在定尺绕组输入一个激励信号，如 $Y_{\mathrm{m}}\cos\omega t$，滑尺绕组中就分别输出两个幅值与感应同步器位置状态 θ 有关的相位差 $\pi/2$ 的信号

$$e_{\mathrm{s}}=kY_{\mathrm{m}}\sin\theta\sin\omega t,\qquad e_{\mathrm{c}}=kY_{\mathrm{m}}\cos\theta\sin\omega t \tag{6-8}$$

通过相应的电路处理，就可以测出感应同步器的位置状态 θ 的值，进而确定位置 x。

这种激励工作方式的优点：

① 因激励信号的负载是一个恒定负载——定尺，它不需要像滑尺激励方式那样改变有关参数，电路中没有开关元件，因此，可以有效地加强激励，提高输出信号电平。

② 在系统中，定尺是处于强信号电平下，滑尺是处于弱信号电平下。因此，定尺激励改善了信号通道的信噪比，提高了抗干扰能力。

③ 在感应同步器的制作中，不可能保证滑尺两个绕组的空间位置完全正交（相差 W/4 间隔），因而也就引入了一定的测量误差。这种误差在滑尺激励方式中是无法弥补的。但是，在定尺激励方式下，因为它的处理电路在感应同步器的后面，因此可以对这种误差加以校正。因而有利于提高细分，实现高精度测量。

④ 在对正、余弦函数信号的处理中不涉及功率，因此，有利于提高电路工作的稳定性和可靠性。

2．感应同步器的绝对坐标测量系统

感应同步器作为位移测量传感器，当位移量在一个节距 W 内时，它是一个闭环的跟踪系统，亦即 φ 必须等于 θ，或者接近于 θ，系统才处于稳定状态，因而具有良好的抗干扰能力和可靠性。但是，当测量范围超过感应同步器的节距 W 时，它仍然属于增量式的数字测量系统。因此，闭环跟踪的优点就大为削弱了。

为了充分发挥感应同步器的优点且在长距离位移后仍能测出位移的绝对值，必须在上述感应同步器上加以改进，三重感应同步器就可以实现大量程范围内的闭环跟踪测量。

三重感应同步器如图 6-29 所示，定尺和滑尺均有粗、中、细三套绕组。其中细尺和普通定尺、滑尺一样，栅条都是和位移方向垂直的，其节距 W_x=2 mm。滑尺的粗、中绕组的栅条与位移方向平行。定尺的粗、中绕组的栅条相对于位移倾斜不同的角度：定尺的中绕组栅条与位移方向夹角 α=1° 8′45″；粗绕组栅条与位移方向夹角 β=1′4″。细绕组用来确定 1 mm 内的位置状态，分辨力一般为 0.1 mm；中绕组节距 W_z=100 mm，用来确定 1～100 mm 内的位置状态；粗绕组节距 W_c=4 000 mm，用来确定 100～4000 mm 内的位置状态。这三套绕组构成一套 4 000 mm 范围内的绝对坐标测量系统。

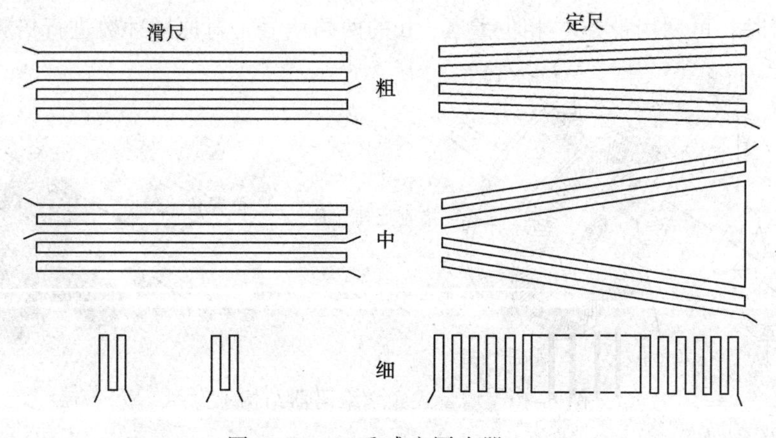

图 6-29　三重感应同步器

任务 5　使用编码器测量位移

编码器是把角位移或直线位移转换成电信号的一种装置。由于编码器具有高精度、高分辨力和高可靠性等特点，已被广泛应用于各种位移量、转速等的测量。编码器的种类很多，根据检测原理可分为电刷式、电磁感应式及光电式等。按照读出方式可以分为接触式和非接触式两种。接触式编码器采用电刷输出，电刷接触导电区或绝缘区来表示代码的状态是“1”还是“0”；非接触式的接收敏感元件是光敏元件或磁敏元件，采用光敏元件时以透光区和不透光区来表示代码的状态是“1”还是“0”。由于光电编码器具有非接触、体积小、分辨力高、抗干扰能力强等优点，因此，它是目前应用最为广泛的一种编码器。

按照工作原理编码器又可分为增量式和绝对式两类。下面就增量式和绝对式光电编码器加以介绍。

知识链接

1．旋转编码器的原理和特点

旋转编码器是集光机电技术于一体的位移传感器。当旋转编码器轴带动光栅盘旋转时，经发光元件发出的光被光栅盘狭缝切割成断续光线，并被接收元件接收产生初始信号。该信号经后继电路处理后，输出脉冲或代码信号。其特点是体积小，重量轻，品种多，功能全，频响高，分辨能力高，力矩小，耗能低，性能稳定，可靠使用寿命长等特点。

1）增量式编码器

光电码盘与转轴连在一起。码盘可用玻璃材料制成，表面镀上一层不透光的金属铬，然后在边缘制成向心的透光狭缝。透光狭缝在码盘圆周上等分，数量从几百条到几千条不等。这样，整个码盘圆周上就被等分成 n 个透光的槽。增量式光电码盘也可用不锈钢薄板制成，然后在圆周边缘切割出均匀分布的透光槽。

增量式编码器轴旋转时，有相应的相位输出。其旋转方向的判别和脉冲数量的增减，需借助后部的判向电路和计数器来实现。其计数起点可任意设定，并可实现多圈的无限累加和测量。如图 6-30 所示还可以把每转发出一个脉冲的信号，作为参考机械零位。当脉冲已固定，而需要提高分辨率时，可利用带 90° 相位差 A，B 的两路信号，对原脉冲数进行倍频。

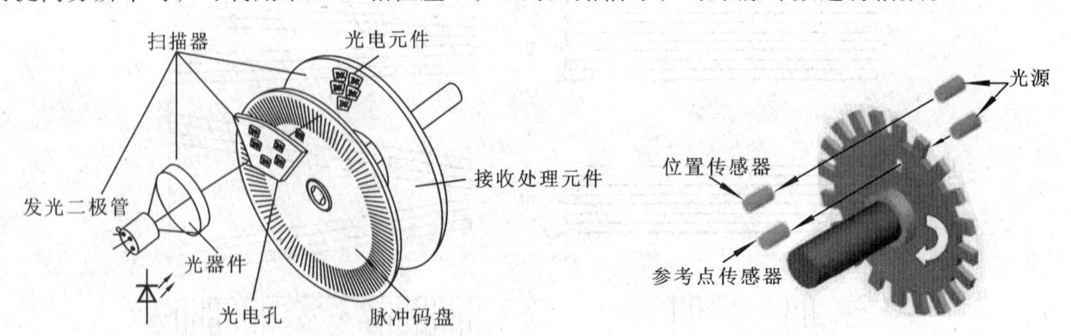

图 6-30　增量式光学编码器结构示意图

2）绝对值编码器

如图 6-31 所示，绝对值编码器轴旋转时，有与位置一一对应的代码（二进制，BCD 码等）

输出，从代码大小的变更即可判别正反方向和位移所处的位置，而无须判向电路。它有一个绝对零位代码，当停电或关机后再开机重新测量时，仍可准确地读出停电或关机位置地代码，并准确地找到零位代码。一般情况下绝对值编码器的测量范围为 0° ～360° ，但特殊型号也可实现多圈测量。

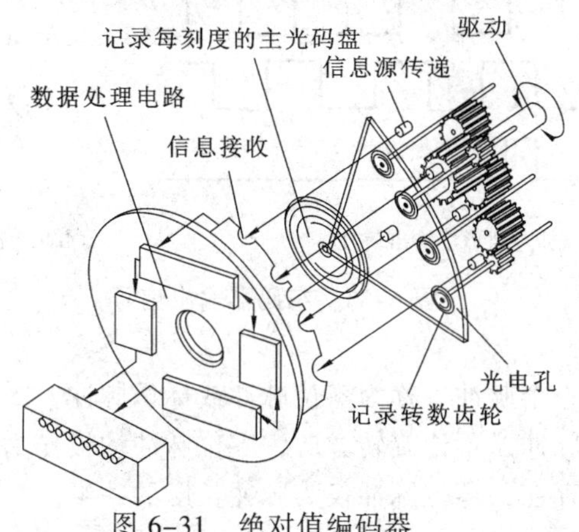

图 6-31 绝对值编码器

（1）二进制编码盘

如图 6-32（a）所示，不论码盘处于哪个位置，都有与之对应的唯一的一个二进制编码显示其绝对角度值。若有 n 圈码道的码盘，就可以表示为 n 位二进制编码，且圆周均分为 $2n$ 个数据分别表示其不同位置，其能分辨的角度 α 为 $\alpha = 360°/2n$，分辨率为 $1/2n$。

（2）格雷编码盘

如图 6-32（b）所示，格雷编码盘的特点是编码盘从一个计数状态转到下一个计数状态时，只有一位二进制码改变，所以它能把误差控制在最小单位内，较二进制编码盘提高了可靠性。

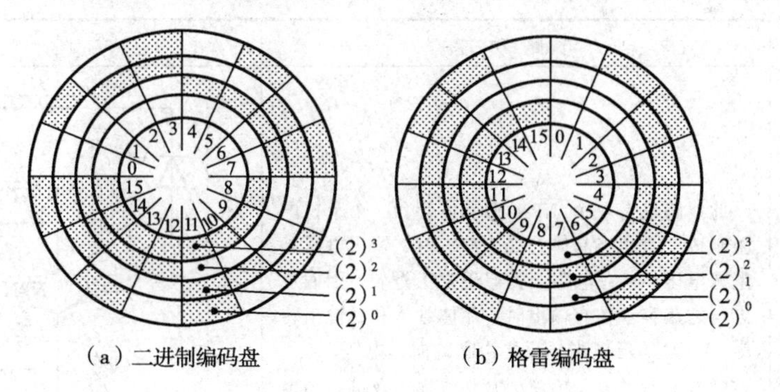

图 6-32 编码盘

2. 编码器信号输出

1）信号序列

一般编码器输出信号除 A、B 两相（A、B 两通道的信号序列相位差为 90° ）外，每转一周还输出一个零位脉冲 Z。当主轴以顺时针方向旋转时，按图 6-33（a）所示输出脉冲，A 通道信号位于 B 通道之前；当主轴逆时针旋转时，A 通道信号则位于 B 通道之后。从而由此判断主轴是正转还是反转。图 6-33（a）所示为矩形波输出信号，图 6-33（b）所示为正弦输出编码器输出的差分信号。

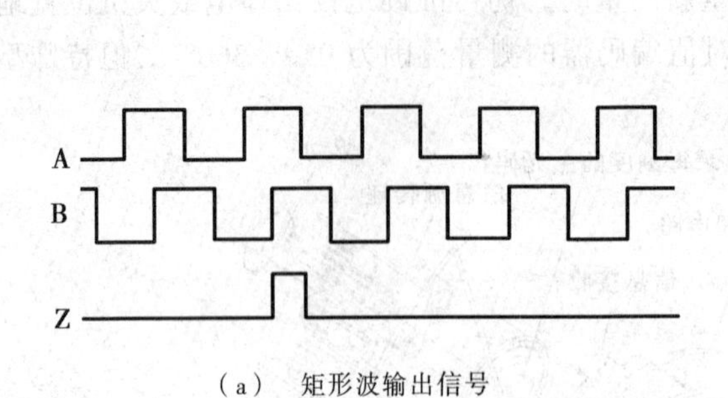

（a） 矩形波输出信号

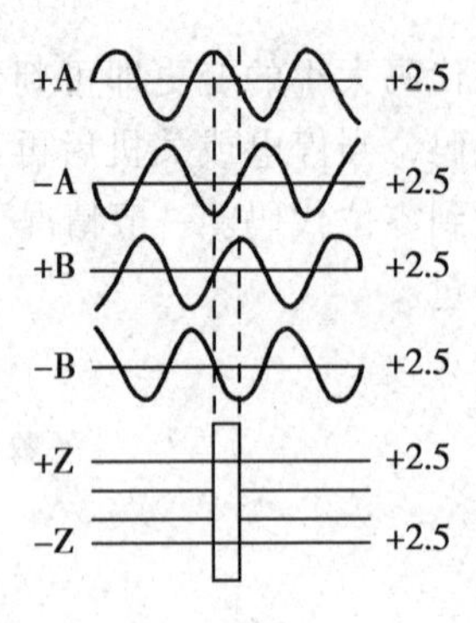

（b） 正弦输出编码器输出的差分信号

图 6–33 编码器输出信号

2）零位信号

编码器每旋转一周发一个脉冲，称为零位脉冲或标识脉冲，零位脉冲用于决定零位置或标识位置。要准确测量零位脉冲，不论旋转方向，零位脉冲均被作为两个通道的高位组合输出。由于通道之间的相位差的存在，零位脉冲仅为脉冲长度的一半。

3）预警信号

有的编码器还有报警信号输出，可以对电源故障，发光二极管故障进行报警，以便用户及时更换编码器。

3．编码器输出电路

编码器的输出电路是使用关键，在实际应用中应根据现场情况选择不同类型的输出电路，以保证控制系统正常稳定工作。表 6–3 列出了编码器输出电路分类及功能。

表 6-3 编码器输出电路分类及功能

电路类型	电路功能	图例
NPN 电压输出 NPN 集电极开路线路	此线路仅有一个 NPN 型晶体管和一个上拉电阻组成，因此当晶体管处于静态时，输出电压是电源电压，它在电路上类似于 TTL 逻辑，因而可以与之兼容。在有输出时，晶体管饱和，输出转为 0V DC 的低电平，反之由零跳向正电压。 随着电缆长度、传递的脉冲频率、及负载的增加，这种线路形式所受的影响随之增加。因此要达到理想的使用效果，应该对这些影响加以考虑。集电极开路的线路取消了上拉电阻。这种方式晶体管的集电极与编码器电源的反馈线是互不相干的，因而可以获得与编码器电压不同的电流输出信号	+V VD NPN集电极开路 OUT NPN 0 V +V VD 4.7 kΩ OUT NPN NPN 0 V

续表

电路类型	电路功能	图例
PNP 电压输出 PNP集电极开路线路	该线路与 NPN 线路是相同，主要的差别是晶体管，它是 PNP 型，其发射极强制接到正电压，如果有电阻的话，电阻是下拉型的，连接到输出与 0V 之间	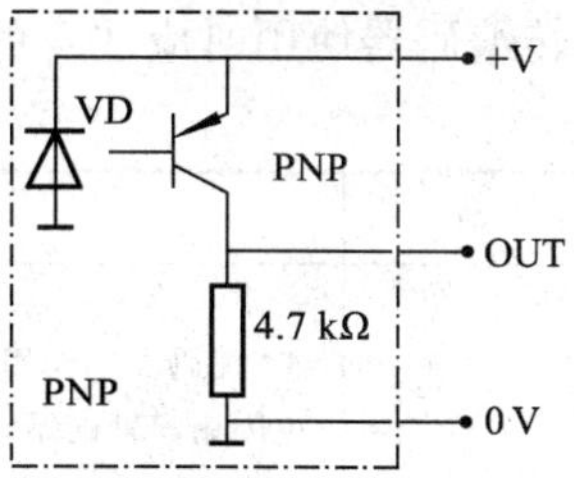 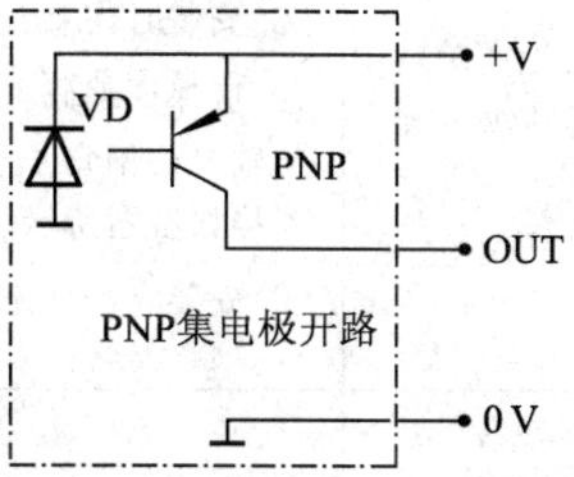
推挽式线路	这种线路用于提高线路的性能，使之高于前述各种线路。事实上，NPN 电压输出线路的主要局限性是因为它们使用了电阻，在晶体管关闭时表现出比晶体管高得多的阻抗，为克服些这缺点，在推挽式线路中额外接入了另一个晶体管，这样无论是正方向还是零方向变换，输出都是低阻抗。推挽式线路提高了频率与特性，有利于更长的线路数据传输，即使是高速率时也是如此。信号饱和的电平仍然保持较低，但与上述的逻辑相比，有时较高。任何情况下推挽式线路也都可应用于 NPN 或 PNP 线路的接收器	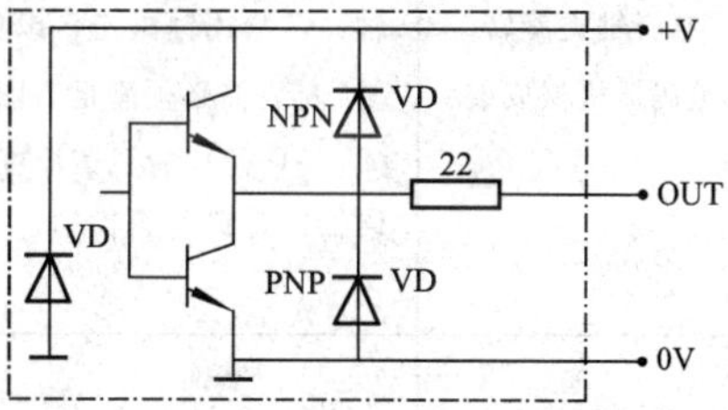
长线驱动器线路	当运行环境需要随电气干扰或编码器与接收系统之间存在很长的距离时，可采用长线驱动器线路。数据的发送和接收在两个互补的通道中进行，所以干扰受到抑制（干扰是由电缆或相邻设备引起的）。这种干扰可看成“共模干扰”。此外，总线驱动器的发送和接收都是以差动方式进行的，或者说互补的发送通道上是电压的差。因此对共模干扰它不是第三者，这种传送方式在采用 DC 5V 系统时可认为与 RS422 兼容；在特殊芯片时，电源可达 DC 24V，可以在恶劣的条件（电缆长，干扰强烈等）下使用	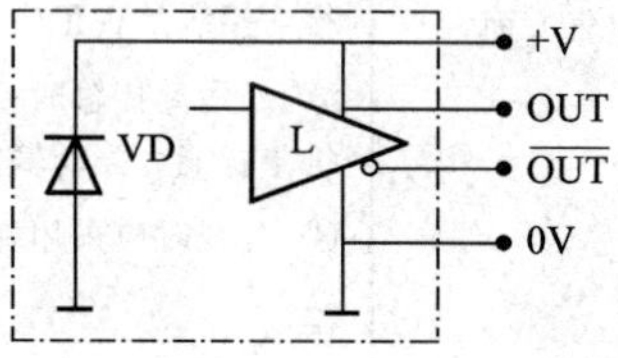
差动线路	差动线路用在具有正弦长线驱动器的模拟编码器中，这时，要求信号的传送不受干扰。像长线驱动器线路那样，对于数字信号产生两个相位相差 180° 的信号。这种线路特意设置了 120 Ω 的特有线路阻抗，它与接收器输入电阻相平衡，而接收器必须有相等的负载阻抗。通常，在互补信号之间并联连，120 Ω 的终端电阻就达到了这种目的	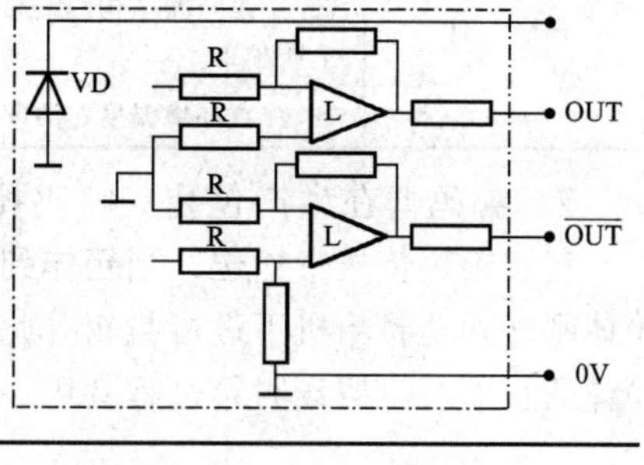

实践应用

1. 旋转编码器使用注意事项

旋转编码器使用时应注意的事项如表 6-4 所示。

表 6-4 旋转编码器使用注意事项

注意事项	说 明	图 例
实心轴类旋转编码器机械安装	① 编码器轴与用户端输出轴之间应采用弹性软连接，以避免因用户轴的窜动、跳动，造成编码器轴系和码盘的损坏。 ② 安装时注意允许的轴负载。 ③ 应保证编码器轴与用户输出轴的不同轴度小于 0.2 mm，与轴线的偏角小于 1.5°。实心轴编码器与电动机输出轴的连接如右图所示。 ④ 安装时严禁敲击和摔打碰撞，以免损坏轴系统和码盘	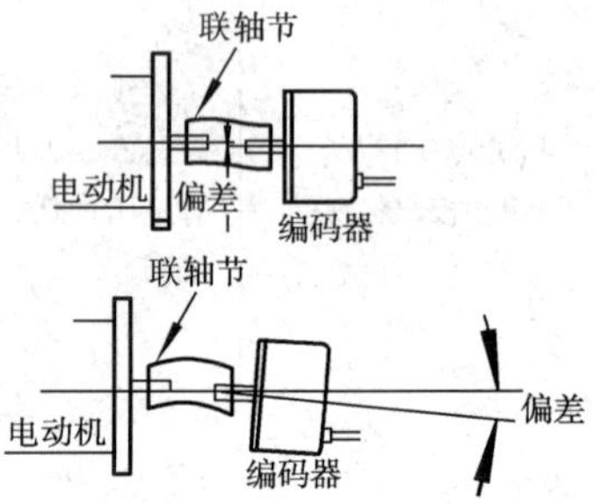 联轴节 电动机 偏差 编码器 联轴节 电动机 编码器 偏差
空心轴类旋转编码器机械安装	① 避免与编码器刚性连接，采用板弹簧。 ② 安装时请注意允许的轴负载，编码器应轻轻推入被套轴，严禁用锤敲击，以免损坏轴系和码盘。 ③ 安装轴必须满足右图的要求。 ④ 长期使用时，请检查板弹簧对编码器是否松动；固定编码器的螺钉是否松动	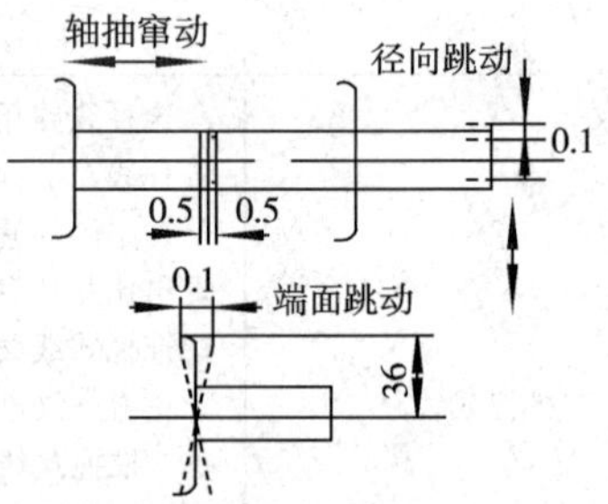 轴抽窜动 径向跳动 0.1 0.5 0.5 0.1 端面跳动 36
电气方面	① 请不要将编码器的输出线与动力线等绕在一起或同一管道传输，也不宜在配电盘附近使用。 ② 开机前，应仔细检查产品说明书与编码器型号是否相符、接线是否正确。 ③ 长距离传输时，应考虑信号衰减因素，选用输出阻抗低、抗干扰能力强的输出方式。 ④ 配线时应采用屏蔽电缆	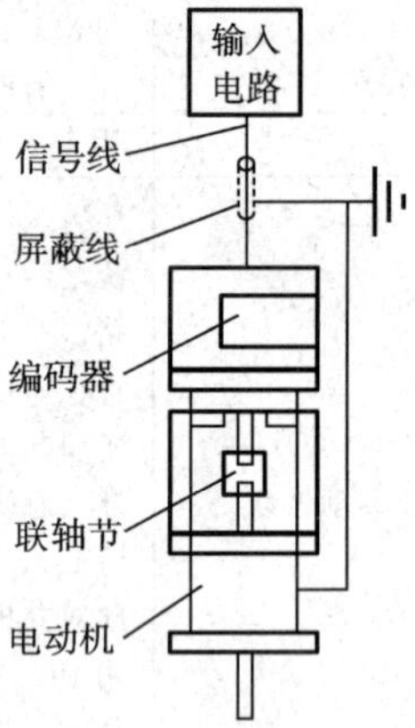 输入电路 信号线 屏蔽线 编码器 联轴节 电动机
环境方面	① 编码器是精密仪器，使用时要注意周围有无震源。 ② 不是防漏结构的编码器不要溅上水、油等，必要时要加上防护罩。 ③ 注意环境温度、湿度是否在仪器使用要求范围之内	

2. 编码器在生产包装、喷码控制系统中的应用

包装箱用传送带输送，当箱体到达检测传感器 A 时，开始计数。计数到 2 000 个脉冲时，箱体刚好到达封箱机下进行封箱，此时传送带并没有停下，而是继续运转。则在封箱过程中，箱体还在前行。假设封箱过程共用 300 个脉冲，然后封箱机停止工作。继续前行，当计数脉冲

又累加了 1 500 个脉冲时，开始喷码，喷码机开始工作，喷码距离为 50 个脉冲，喷码结束后，整个工作过程结束。箱体输送过程示意图如图 6-34 所示。

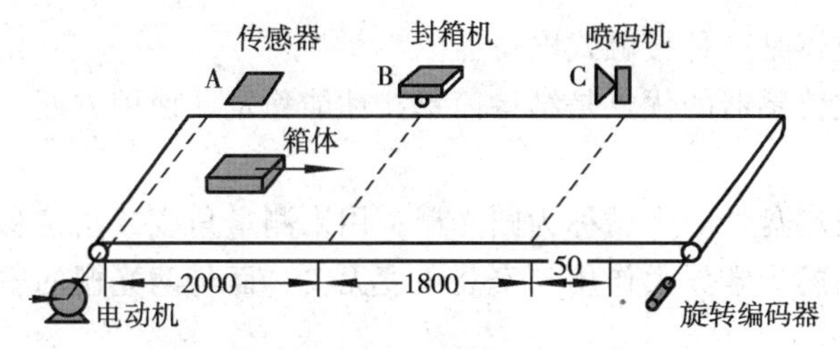

图 6-34　在生产包装、喷码控制系统

在系统中如使用增量式光电编码器，工作过程中如遇停电，系统停止工作，系统再启动时需要在 A 点重新寻址，使编码器计数归零，否则系统运行将出现错误。

3．编码器在定位加工中的应用

由于绝对式编码器每一转角位置均有一个固定的编码输出，若编码器与转盘同轴相连，则转盘上每一工位安装的被加工工件均可以有一个编码相对应，转盘工位编码如图 6-35 所示。当转盘上某一工位转到加工点时，该工位对应的编码由编码器输出给控制系统。

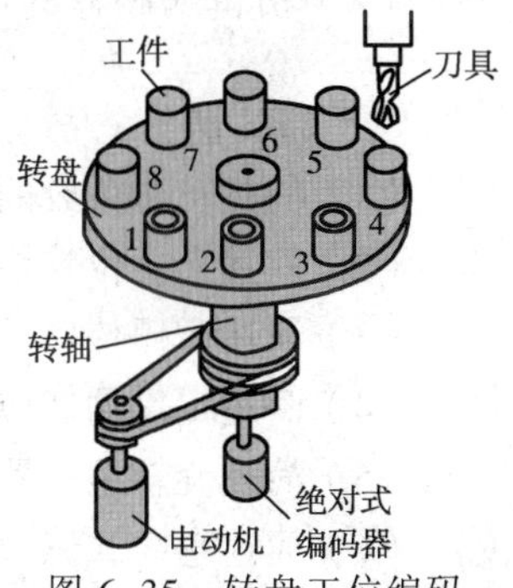

图 6-35　转盘工位编码

例如，要使处于工位 4 上的工件转到加工点等待钻孔加工，计算机就控制电动机通过皮带轮带动转盘逆时针旋转。与此同时，绝对式编码器（假设为 4 码道，编码方式为格雷码）输出的编码不断变化。设工位 1 的绝对二进制码为 0000，当输出从工位 3 的 0110，变为 0101 时，表示转盘已将工位 4 转到加工点，电动机停转。

使用旋转编码器控制系统较传统控制系统可节省大量位置开关或传感器，且大大提高了封箱、喷码的准确度。

思考与练习

1．填空题

（1）常用电位器式传感器有：__________型、__________型、__________型。

（2）电位器式传感器主要用于__________和__________的测量。

（3）光栅传感器由__________、__________、__________和__________组成。

（4）在检测技术中常用用莫尔条纹现象，测量__________、__________、__________、__________等物理量。

（5）根据光线的走向，长光栅分为 __________光栅和 __________光栅。

（6）磁栅式传感器式利用 __________与 __________的磁作用进行测量的位移传感器。

（7）直直线式感应同步器的绕组由 __________和 __________两部分组成。

（8）感应同步器测量电路有__________和 __________两种方式。

（9）按照工作原理编码器又可分为 __________式和 __________式两类。

（10）编码器每旋转一周发一个脉冲，称为 __________脉冲或 __________脉冲，零位脉冲用于决定________位置或________位置。

2．判断题

（1）光电电位器是一种接触式电位器。（　　）

（2）电位器式传感器的优点是结构简单，性能稳定，使用方便，缺点是分辨力不高。（　　）

（3）刻画在玻璃盘上的光栅称为圆光栅，用来测量角度或角位移。（　　）

（4）计量光栅的光学放大作用与安装角度无关，而与两光栅的安装间隙有关。（　　）

（5）带型磁栅磁头。是接触式测量；而线型磁栅是非接触式测量。（　　）

（6）感应同步器按其用途可分为直线式感应同步器和旋转式感应同步器。（　　）

（7）由于光电编码器具有非接触、体积小、分辨力高、抗干扰能力强等优点，因此，它是目前应用最为广泛的一种编码器。（　　）

（8）格雷编码盘的可靠性没有二进制编码盘的可靠性高。（　　）

3．简答题

（1）简述莫尔条纹的形成及其特征。

（2）简述光栅位移传感器的安装方式。

（3）简述磁栅传感器的工作原理。

（4）简述定尺的感应电动势与定、滑尺绕组间相对位置变化的函数关系。

（5）简述旋转编码器使用注意事项。

（6）简述直线式感应同步器的接长方法。

项目7　磁 性 检 测

项目描述：

磁敏传感器能在有效范围内感知磁性物体的存在或者磁性强度，这些磁性材料除永磁体外，还包括顺磁材料（如铁、钴、镍及它们的合金），也可包括感知通电线圈或导线周围的磁场。磁敏传感器主要有霍尔传感器和磁敏电阻。

知识目标：

（1）理解磁敏传感器的定义分类；

（2）熟悉磁敏传感器的基本原理、特点，作用和组成。

技能目标：

（1）掌握磁敏传感器的简单判断方法；

（2）掌握常见磁性检测方法及应用场合。

任务1　使用霍尔传感器进行磁性检测

知识链接

霍尔传感器简称霍尔元件，是目前国内外应用最为广泛的一种磁敏传感器，它是利用半导体材料的霍尔效应制成的，可用来制作特斯拉计、钳形电流表、接近开关、无刷直流电动机等。这种传感器广泛应用于自动控制和电磁检测等各个领域。

1．霍尔效应

霍尔传感器是根据霍尔效应制作的一种磁场传感器。霍尔效应是磁电效应的一种，这一现象是霍尔（A.H.Hall，1855—1938）于1879年在研究金属的导电机构时发现的。后来发现半导体、导电流体等也有这种效应，且半导体的霍尔效应比金属强得多，利用这现象制成的各种霍尔元件，广泛地应用于工业自动化技术、检测技术及信息处理等方面。

霍尔效应是由于载流子在磁场中受到洛伦兹力的作用而产生的。洛伦兹力的本质是电磁力。荷兰物理学家洛伦兹（1853—1928）首先提出磁场对运动电荷有力的作用，称这种力为洛伦兹力。判断洛伦兹力方向时，平伸左手，四指与拇指垂直，让磁力线穿过掌心，四指表示正电荷运动方向，则和四指垂直的大拇指所指方向即为洛伦兹力的方向。但须注意，运动电荷是正的，大拇指的指向即为洛伦兹力的方向。反之，如果运动电荷是负的，那么大拇指的指向为洛伦兹力的反方向洛伦兹力。磁场越强，电荷量越大，速度越快，电荷受到的洛伦兹力就越大。当电荷静止或运动方向与磁力线平行时，电荷不受洛伦兹力。洛伦兹力的方向总和电荷运动的方向垂直，所以洛伦兹力只能改变粒子运动的方向，不能改变粒子运动的快慢，即洛伦兹力对带电粒子不做功。

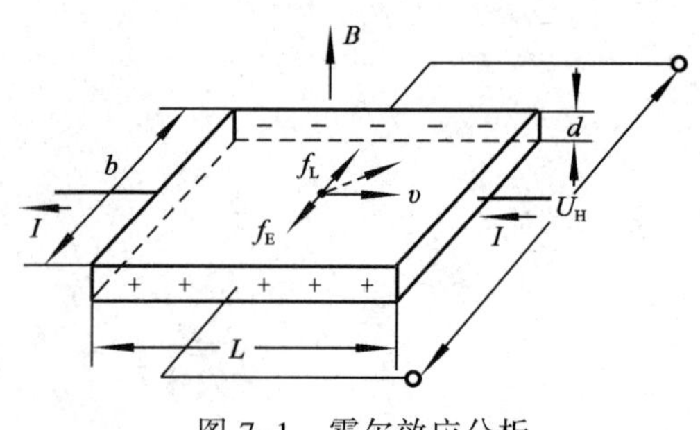

图 7-1　霍尔效应分析

如图 7-1 所示，在与磁场垂直的 N 型半导体薄片上通以电流 I（N 型半导体中的载流子是带负电荷的电子，P 型半导体中的载流子是带正电荷的空穴），由于 N 型半导体的载流子为电子，因此电子将沿与电流相反的方向运动。由于洛伦兹力的作用，电子发生偏转，一侧形成电子累积，另一侧形成正电荷累积，于是元件的横向便形成了电场。该电场阻止电子继续向侧面偏移，当电子所受电场力 f_E 与洛伦兹力 f_L 相等时，电子的累积达到动态平衡。这时在两端横面之间建立的电场称为霍尔电场 E_H，相应的电势称为霍尔电势 U_H。

电子所受洛伦兹力 $f_L = q_0 vB$，霍尔电场力 $f_E = q_0 \dfrac{U_H}{b}$，当两者达到动态平衡时，$f_E = f_L$ 则

$q_0 vB = q_0 \dfrac{U_H}{b}$； $bvB = U_H$。

设电流 I 在霍尔芯片（N 型半导体片）内均匀分布，则电流 I 为

$$I = nq_0 vbd \qquad (7\text{-}1)$$

经变换 $v = \dfrac{I}{nq_0 bd}$，将 $bvB = U_H$ 代入则

$$U_H = \frac{IB}{nq_0 d} \qquad (7\text{-}2)$$

式中：n——N 型半导体中的电子浓度；

q_0——电子所携带的电量；

v——电子运动速率；

B——磁感应强度；

b,d——霍尔芯片的几何尺寸；

U_H——霍尔电压。

设 $R_H = \dfrac{1}{nq_0}$ 称为霍尔系数（N 型），反映霍尔效应的强弱，则

$$U_H = R_H \frac{IB}{d} \qquad (7\text{-}3)$$

设 $K_H = \dfrac{R_H}{d}$ 为霍尔片的灵敏度系数（N 型），则

$$U_H = K_H IB \qquad (7\text{-}4)$$

K_H 表征在单位磁感应强度和单位控制电流时，输出霍尔电压大小的一个重要参数，一般要求越大越好。

由式 $U_H = K_H IB$ 可知，霍尔电势的大小正比于控制电流 I 和磁感应强度 B。

由于金属的电子浓度很高，所以它的霍尔系数或灵敏度都很小，因此不适宜制作霍尔元件；对绝缘材料，虽然电阻率很大，但迁移率很小，也不宜作霍尔元件。因此霍尔元件都是由半导

体材料制成的。一般电子（N 型）迁移率大于空穴迁移率（P 型），因而霍尔元件多用 N 型半导体材料。

元件的厚度越小，灵敏度越高，因而制作霍尔片时可采取减小厚度的方法来增加灵敏度，但是不能认为厚度越小越好，因为这会导致元件的输入和输出电阻增加，一般厚度 $d \approx 0.2$ mm。

2．霍尔传感器

1）霍尔传感器的常用材料

霍尔传感器主要由霍尔元件构成。霍尔元件采用的材料有 N 型锗（Ge）、锑化铟（InSb）、砷化铟（InAs）、砷化镓（GaAs）及磷砷化铟（InAsP）等。各种材料制成的霍尔元件特性各异，锑化铟元件的输出信号较大，但受温度的影响也较大（近期生产的新型霍尔元件，温度性能有所提高，在-20℃～+80℃时，其温度系数低于 0.002/℃）；砷化铟元件及锗元件的输出不如锑化铟大，但温度系数小，线性也好；采用砷化镓的元件温度特性好，但价格较贵。

2）霍尔传感器的结构

（1）霍尔元件的结构

早期霍尔元件由霍尔片、引线和壳体三部分组成，如图 7-2 所示。霍尔片是一块矩形半导体单晶薄片，在长边的两个端面上焊上两根控制电流端引线 a、a′ 作为外加激励电压或电流的激励电极；在短边的中间以点的形式焊上两根霍尔输出端引线 b、b′ 作为霍尔输出引线，称为霍尔电极。在焊接处要求接触电阻小，而且呈纯电阻性质。霍尔元件壳体由非导磁金属、陶瓷或环氧树脂封装而成。

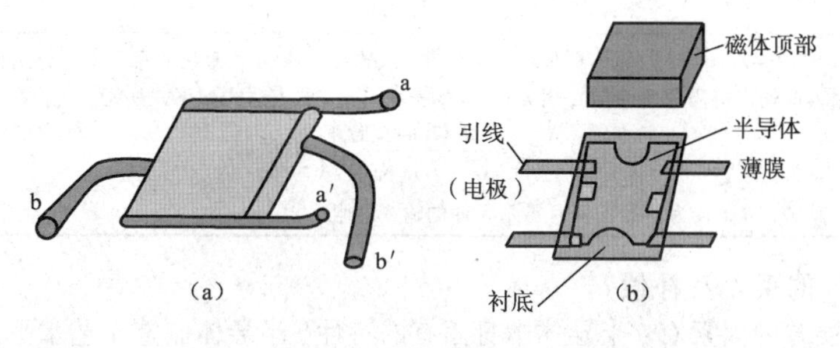

图 7-2　霍尔元件的结构

现在生产的霍尔传感器元件是采用外延及离子注入工艺、或者是采用溅射工艺制造出的产品，由于尺寸小，性能优良，也使生产成本大大降低。图 7-2（b）所示为由锑化铟为材料制成的霍尔传感器元件结构。它是由衬底、十字形溅射薄膜、引线（电极）及磁性体顶部（用来提高输出灵敏度）等部分构成的，采用陶瓷或塑料封装方式。

（2）霍尔元件符号

在电路中霍尔元件可用两种符号表示，如图 7-3 所示。其型号是用 H 代表霍尔元件，后面的字母代表元件的材料，数字代表产品序号。如 HZ-1 元件，说明是用锗材料制成的霍尔元件。HT-1 元件，说明是用锑化铟材料制成的霍尔元件。

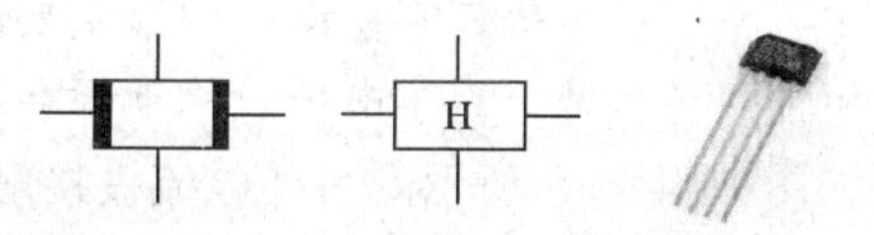

图 7-3　霍尔元件图形符号及实物图

3．霍尔元件特性参数

正确理解霍尔元件的技术参数的含义才能对霍尔元件进行正确使用，下面给出较常用的几种霍尔元件参数，如表 7–1 所示。

表 7-1　霍尔元件的技术参数及含义

参　数	含　　义	单　位
输入电阻	室温、零磁场下测量时霍尔元件两控制电极之间的电阻	欧姆（Ω）
输出电阻	室温、零磁场下测量时霍尔元件两霍尔电极之间的电阻	欧姆（Ω）
额定控制电流	空气中，且满足一定散热条件下霍尔元件温升不超过 10°C 时所通过的控制电流	安培（A）
最大允许控制电流	空气中，且满足一定散热条件下霍尔元件允许通过的最大控制电流。该电流与霍尔元件的几何尺寸、电阻率 ρ 及散热条件有关	安培（A）
不等位电势	额定控制电流下，外磁场为零时，霍尔电极间的开路电压。不等位电势是由两个霍尔电极不在同一个等位面上造成的，其正负随控制电流方向而变化，但数值不变	伏特（V）
不等位电阻	不等位电势 V_M 与额定控制电流 I_c 之比称为不等位电阻，即 $R_M=V_M/I_c$	欧姆（Ω）
磁灵敏度	额定控制电流下，B=1T（特斯拉）的磁场垂直于霍尔元件电极面时，霍尔电极间的开路电压，称为磁灵敏度，即 $S_B=V_H/B$	V/T
乘积灵敏度	控制电流为 1A,B=1T 的磁场垂直于霍尔元件电极面时，霍尔电极间的开路电压，称为乘积灵敏度，即：$S_H=V_H/(I_cB)$	V/（A·T）
霍尔电势温度系数	外磁场 B 一定，控制电流 $I=I_c$，温度变化 $\Delta T=T_2-T_1=\pm1^\circ\mathrm{C}$ 时，霍尔电势 V_H 变化的百分率称为霍尔电势温度系数，即：$\beta=\dfrac{V_H(T_2)-V_H(T_1)}{(T_2-T_1)\times V_H(0^\circ\mathrm{C})}\times100\%$ 其中：$V_H(^\circ\mathrm{C})$为零摄氏度时霍尔电势的输出值。	
输入/输出电阻温度系　数	$\Delta T=T_2-T_1=\pm1^\circ\mathrm{C}$ 时霍尔器件输入电阻 R_{in} 或输出电阻 R_{out} 变化的百分率，分别称为其输入或输出电阻温度系数（用 α_{in} 或 α_{out} 表示），α_{in} 的表达式如下式所示，α_{out} 类似。$\alpha_{in}=\dfrac{R_{in}(T_2)-R_{in}(T_1)}{(T_2-T_1)\times R_{in}(0^\circ\mathrm{C})}\times100\%$ 其中：$R_{in}(^\circ\mathrm{C})$为零摄氏度时霍尔元件的输入电阻	

4．霍尔元件的误差及补偿

常见的产生误差的因素有：半导体本身固有的特性、半导体制造工艺水平、环境温度变化、霍尔传感器的安装是否合理等，测量误差一般表现为零位误差和温度误差。

1）零位误差及其补偿

当霍尔元件的激励电流不为零时，若所处位置的磁感应强度为零，则霍尔电势仍应为零，但实际中若不为零，则此时空载的霍尔电势称为零位误差，由不等位电势和寄生直流电势组成。

（1）不等位电势及其补偿

不等位电势是零位误差中最主要的一种。不等位电势 U_o 产生的原因主要是由于制造工艺不可能保证将两个霍尔电极对称地焊在霍尔片的两侧，致使两电极点不能完全位于同一等位面上，如图 7–4（a）所示。另外电流极接触不良会使等位面歪斜（图 7–4（b）），致使两霍尔电极不在同一等位面上，也会产生不等位电势一般要求 U_o<1mV，除了工艺上采取措施降低不等位电势外，还需采用补偿电路加以补偿。

可以把霍尔元件等效成如图 7–5 所示的电桥，电桥的 4 个电阻阻值分别为 R_1、R_2、R_3、R_4。当两个霍尔电势电极在同一等位面上时，$R_1=R_2=R_3=R_4$，则电桥完全平衡，$U_o=0$；当两个电极不在同一位面上时，因 R_3 增大，R_4 减小，电桥的平衡被破坏，则有 U_o 输出。恢复电桥平衡的办法是减小 R_2 或 R_3。如果确知霍尔电极偏离等位面的方向，就可以采用机械修磨或化学腐蚀的方法来减小不等位电势。另外，还可以采用补偿线路进行补偿。具体方法是可在某一桥臂上并上一定电阻而将 U_o 降到最小，甚至为零。图 7－6 中给出了几种常用的不等位电势的补偿电路。

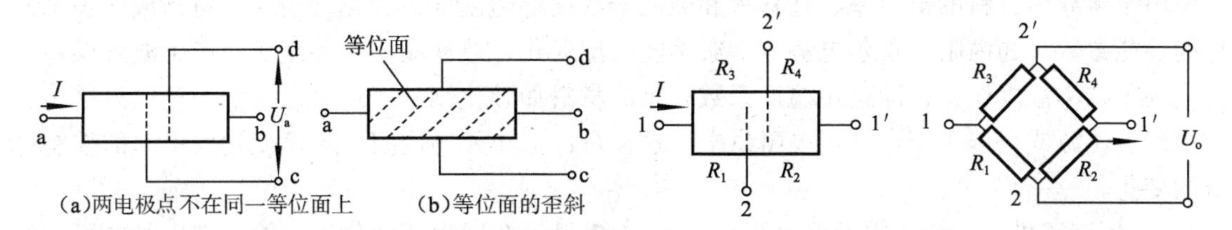

图 7-4　霍尔元件等效电路和不等位电动势补偿电路　　　　图 7-5　霍尔元件等效电路

① 图 7-6（a）是不对称补偿电路，在不加磁场时，调节 R_P 可使 U_o 为零。但若温度变化，补偿被破坏。

② 图 7-6 中（b）、（c）、（d）三种电路为对称补偿电路，因而对温度变化的补偿稳定性要好一些。

③ 当控制电流为交流，可用图 7-6（e）的补偿电路，这时不仅要进行幅值补偿，还要进行相位补偿。

④ 图 7-6（f）不等位电势 U_o 可分为恒定部分 U_{oL} 和随温度变化部分 ΔU_o 两部分，分别进行补偿。

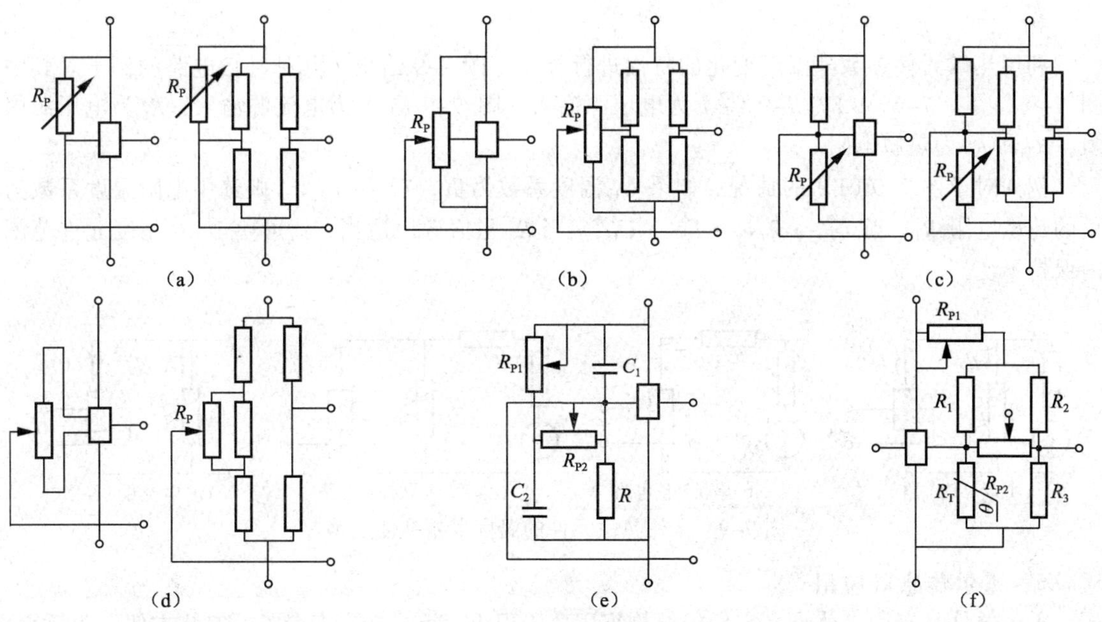

图 7-6　不等位电势的补偿电路

（2）寄生直流电势及预防

当霍尔元件控制电极上通以交流控制电流而不加外磁场时，霍尔输出除了交流不等位电势外，还有一直流分量，称为寄生直流电势。

元件的两对电极与半导体片不是完全接触，而形成整流效应。当两个霍尔电极的焊点大小不等、热容量不同引起温差效应。从而导致了控制电流存在直流分量，通过不等位电极反映成霍尔电极上的直流寄生电势。寄生直流电势很容易导致输出漂移。因此在元件制作和安装时，应尽量使电极良好接触，均匀散热。

2）温度补偿

由于半导体材料的电阻率、迁移率和载流子浓度都随温度而变化，用此材料制成的霍尔元件的性能参数（如内阻、霍尔电势等）必然随温度变化，致使霍尔电势变化，产生温度误差。

为了减小温度误差，除选用温度系数较小的材料如砷化铟外，还可以采取一些恒温措施，或采用恒流源或恒压源配合补偿电阻供电，这样可以减小元件内阻随温度变化而引起的控制电流的变化。

① 恒流源供电，输入端并联电阻，如图 7-7 所示；或恒压源供电，输入端串联电阻，如图 7-8 所示。

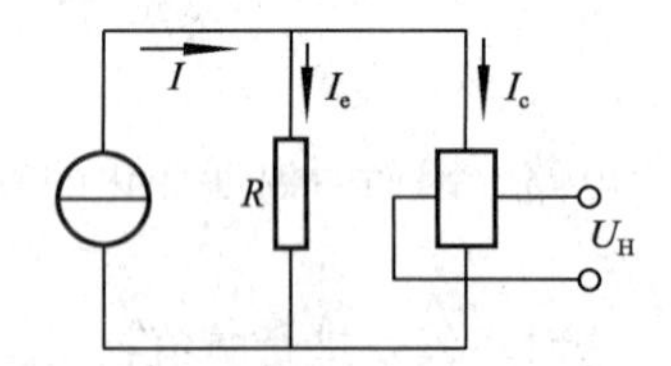

图 7-7 输入端并联电阻补偿

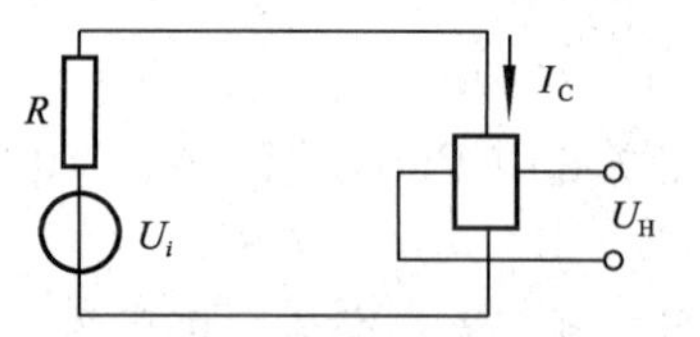

图 7-8 输入端串联电阻补偿

② 合理选择负载电阻。霍尔电压 U_H 和输出电阻 R_0 都是温度的函数，为使 U_L 不随温度变化，可使 $R_L = R_0(\beta/\alpha-1)$，（$\beta/\alpha>1$）。

3）采用热敏元件补偿

利用热敏元件参数随温度变化的特性进行补偿。图 7-9 给出了几种补偿电路的例子。其中图 7-9（a）、7-9（b）、7-9（c）为电压源输入，图 7-9（d）为电流源输入，R_i 为电压源内阻，R_T 和 R_T' 为热敏电阻。

例如对于图 7-9（b）的情况，如果 U_H 温度系数为负，$T\uparrow \rightarrow U_H\downarrow$，则选用电阻温度系数为负的热敏电阻 R_T。当 $T\uparrow \rightarrow R_T\downarrow \rightarrow I\uparrow \rightarrow U_H\uparrow$。当 R_T 阻值选用适当，就可使 U_H 在精度允许范围内保持不变。

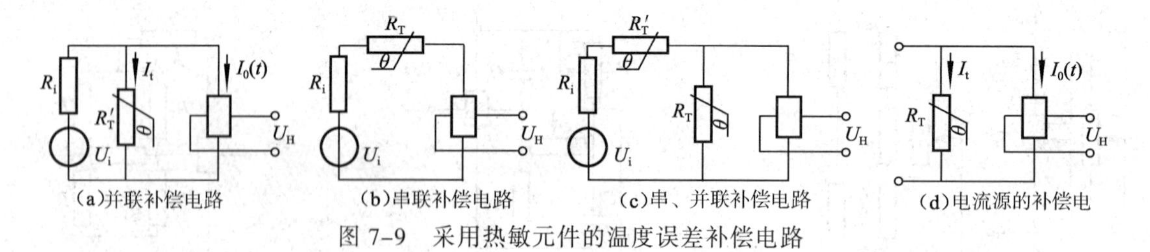

（a）并联补偿电路　（b）串联补偿电路　（c）串、并联补偿电路　（d）电流源的补偿电

图 7-9 采用热敏元件的温度误差补偿电路

5. 霍尔传感器应用

霍尔器件具有许多优点，它们的结构牢固，体积小，重量轻，寿命长，安装方便，功耗小，频率高（可达 1MHz），耐震动，不怕灰尘、油污、水汽及盐雾等的污染或腐蚀。

霍尔线性器件的精度高、线性度好；霍尔元件器件无触点、无磨损、输出波形清晰、无抖动、无回跳、位置重复精度高（可达 μm 级）。采用了各种补偿和保护措施的霍尔器件的工作温度范围宽，可达-55～+150℃。

1）霍尔元件常用测量电路

（1）霍尔元件的基本测量电路

霍尔器件分为霍尔元件和霍尔集成电路两大类，前者是一个简单的霍尔片，使用时常常需要将获得的霍尔电压进行放大。后者将霍尔片和信号处理电路集成在同一个芯片上，使用更为方便。

霍尔元件的基本测量电路如图 7-10（a）所示。为了获得更大的霍尔输出电势，可以采用几片叠加的连接方式。图 7-10（b）所示为交流供电情况，图 7-10（c）所示为直流供电情况。

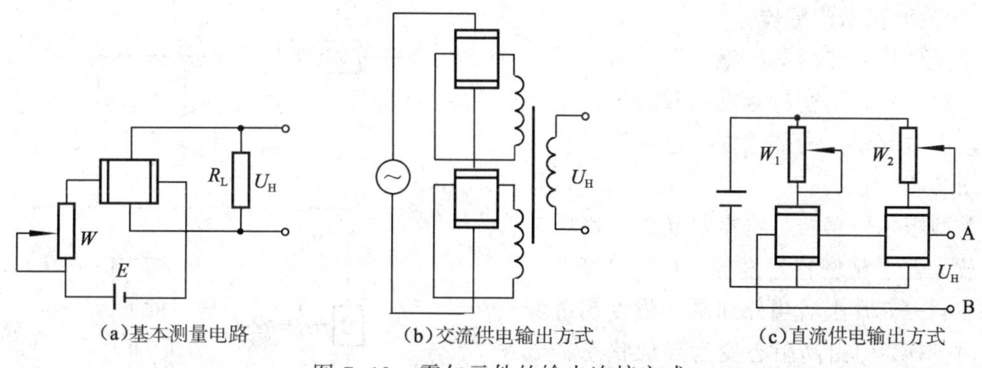

图 7-10　霍尔元件的输出连接方式

（2）霍尔集成电路传感器

霍尔集成电路可分为线性型和开关型两大类。前者输出模拟量，后者输出数字量。

① 线性型霍尔传感器：

线性型霍尔传感器由霍尔元件、线性放大器和射极跟随器组成，它输出模拟量。

霍尔线性集成传感器的输出电压与外加磁场强度呈线性比例关系。当有外加磁场时，霍尔元件产生与磁场成线性比例的电压，经放大器放大后输出。在实际电路设计中，为了提高传感器的性能，往往在电路中设置稳压、电流放大输出级、失调调整和线性度调整等电路。霍尔元件集成传感器的输出有低电平和高电平两种状态，而霍尔线性集成传感器的输出却是对外加磁场的线性感应。霍尔线性集成传感器有单端输出和双端输出两种，它们的电路结构如图 7-11 所示。

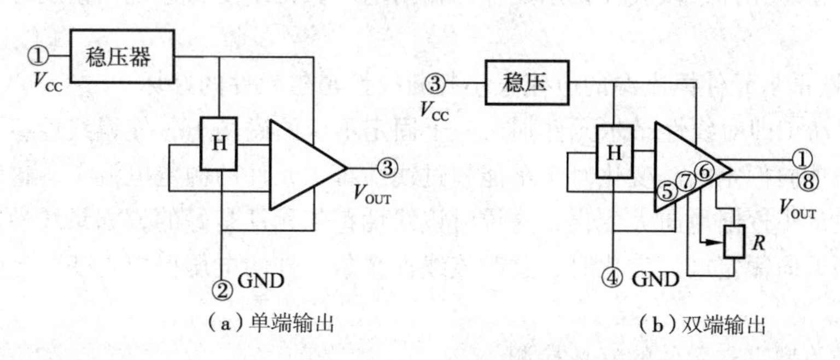

图 7-11　霍尔线性集成传感器电路结构

单端输出的传感器是一个三端器件，它的输出电压对外加磁场的微小变化能做出线性响应。通常将输出电压用电容耦合到外接放大器，将输出电压放大到较高的水平。其典型产品是 UGN－35017、UGN-3501U。它们都是塑料扁平封装的三端件，二者区别仅是厚度不同，T 形厚度为 2.03mm，U 形厚度为 1.54mm。

双端输出的传感器是一个 8 脚双列直插封装器件，它可提供差动射极跟随输出，还可提供输出失调调零。其典型的产品是 UGN-3501M 等。脚①和⑧为差动输出，脚②为空，脚③为 V_{CC}，脚④为 GND，脚⑤、⑥、⑦间接一调零电位器，用来微调并消除不等位电势引起的差动输出零点漂移，还可以改善线性，但灵敏度有所降低。

霍尔线性集成传感器的输出电压与外加磁场强度呈线性关系，且具有尺寸小、频响宽、动态特性好等特点，因此，被广泛应用在测量、自动控制等领域。

② 开关型霍尔传感器：

霍尔元件集成传感器由稳压器、霍尔元件、差分放大器，施密特触发器和输出级组成，它输出数字量。内部结构、电路符号及外形如图 7-12 所示。

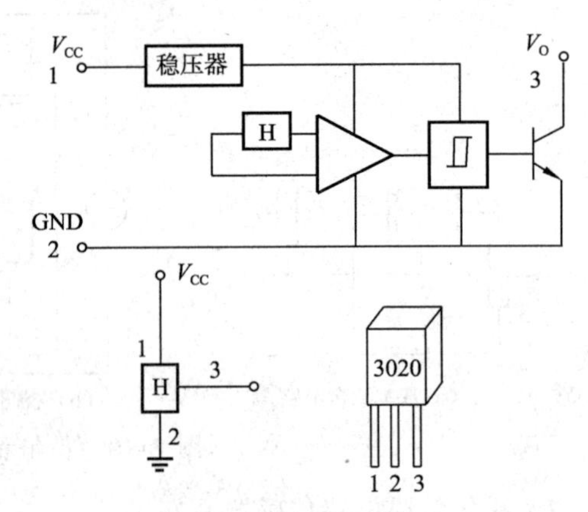

图 7-12　霍尔元件集成电路的结构、符号及外形

开关型霍尔传感器是将霍尔元件、稳压电路、放大器、施密特触发器、OC 门等电路集成在同一芯片上。当外加磁场强度超过工作点时，OC 门由高阻态变为导通状态，输出变为低电平；当外加磁场强度低于释放点时，OC 门重新变为高阻态，输出高电平。较典型的开关型霍尔器件有 UGN-3020 等。开关型霍尔传感器具有无触点、无磨损、输出无抖动、无回跳、位置重复精度高（可达 gm 级）等特点，输出电流可达几十毫安，可直接驱动小型继电器。

2）霍尔元件的判断方法

（1）线性霍尔元件的好坏判断

① 改变磁场的大小辨别线性霍尔元件的好坏：

将线性霍尔元件通电，输出端接上电压表，磁铁从远到近逐渐靠近线性霍尔元件时，该线性霍尔元件的输出电压逐渐从小到大变化，这说明该线性霍尔元件是好的，如果磁铁从远到近逐渐地靠近线性霍尔元件，该线性霍尔元件的输出电压保持不变，这说明该线性霍尔元件已被损坏。

② 改变线性霍尔元件恒流源的电流大小判断线性霍尔元件的好坏：

磁铁保持不动（即对线性霍尔元件加入一个固定不变的磁场），使得线性霍尔元件恒流源的电流从零逐渐地向额定电流变化时（不能超过线性霍尔元件的额定电流），这时线性霍尔元件的输出电压也从小逐渐地向大变化，这说时该线性霍尔元件是好的，如果线性霍尔元件恒流的电流从零逐渐地向额定电流变化时，这时该线性霍尔元件的电压保持不变，这说明该线性霍尔元件已损坏。

（2）单极开关型霍尔元件的好坏检测

将单极开关霍尔元件通电 5 V，输出端串联电阻，当磁铁远离开关霍尔元件时，开关霍尔元件的输出电压为高电平（+5 V），当磁铁靠近开关霍尔元件时，开关霍尔元件的输出电压为低电平（+0.2 V 左右），这说明该开关型霍尔元件是好的。如果不论靠近或离开霍尔元件，该霍尔元件的输出电平保持不变，则说明该霍尔元件已损坏。

（3）双极锁存霍尔元件的好坏检测

当磁铁N极或S极靠近霍尔元件，输出是高电平或低电平，然后拿走霍尔元件，电平保持不变，再用刚才相反的磁极得到与刚刚相反的电平，这时说明霍尔元件是好的，如果当磁铁靠近得到的电平，在磁铁离开后不锁存，说明霍尔元件是坏的，当磁铁用相反的极性靠近霍尔元件，得不到与另一个极性靠近霍尔元件所得出相反的电平，那么这个霍尔元件也是坏的。

实践应用

1．霍尔按键

图 7–13 所示为利用霍尔效应制成的霍尔按键结构。这种按键的结构，除了有键帽、键杆和复位弹簧外，还有产生磁场的磁钢（永久磁铁）和半导体霍尔器件。当按键没有被按下时，磁钢远离霍尔器件，无磁场作用或磁场作用很小，此时无霍尔电压输出；当按键被按下时，永久磁铁下移，由于磁场的作用增大，在霍尔器件的垂直方向上加有磁场，产生霍尔电压 U_H 输出。这种电压信号很弱，因此，需要经过相关电路放大。与电容式按键一样，霍尔按键只是利用磁钢与霍尔器件之间距离的改变而产生开关电脉冲信号，没有机械磨损和抖动。而且一般大气污染对它没有影响，所以它具有可靠性高、寿命长等优点，但制作成本较高。

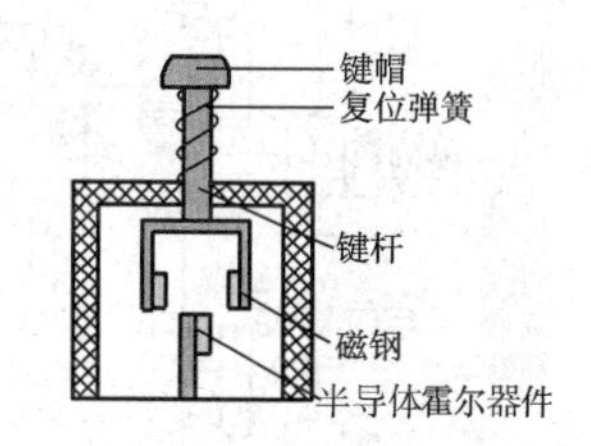

图 7–13　霍尔按键结构

2．公共汽车车门状态指示电路

图 7–14 所示为由或非门与霍尔传感器构成的公共汽车车门状态指示电路，可用于检测汽车车门是否关好，以保证行车的安全。

电路是将 3 片霍尔传感器分别装在汽车的前、中、后 3 个门的门框上，在车门的适当位置分别也固定一块磁钢。当车门开着时，磁钢远离霍尔传感器，故霍尔传感器输出高电平。前、中、后 3 个门中只要有一个门开着，H_1、H_2、H_3 就有一个传感器输出高电平，C038 或非门的 12 脚就会有低电平信号输出。该信号分为两路，路经电阻 R_4 加到 VT_1 的基极，该管为 NPN 型管，故其截止，绿色指示灯随即就会熄灭；另一路经电阻 R_5 加到 VT_2 的基极，该管为 PNP 型，故其正偏导通，红色指示灯随即点亮，表示现有车门未关牢，提醒驾驶员不能开车。

当 3 个门全部关上时，3 块磁钢均靠近各自对应的霍尔传感器，则 H_1、H_2、H_3 均输出低电平，此时 C038 或非门的 12 脚就会有高电平信号输出，该信号使 VT_1 导通，VT_2 截止，故红色指示灯熄灭，绿色指示灯点亮，以示驾驶员车门已关好，可以开车。

3．防盗报警器电路

图 7–15 所示为由霍尔传感器 TL3019 构成的防盗报警器电路，适用于家庭、库房等场所的防盗保护。

电路中的磁铁安装在门板上，TL3019 型霍尔传感器装在门框上。当门关上时，TL3019 内的霍尔元件输出低电平，报警电路不会工作。

一旦门被打开，LED 就会发光，压电报警器发声报警。NE555 组成单稳态定时器电路的⑥脚与⑦脚上的 1 μF（C_3）电容和 R_5（5.1kΩ）电阻决定了 IC1 集成块的 RC 时间常数，也决定了 LED 发光及报警器发声时间的长短。

4．霍尔式接近开关

用霍尔元件集成电路构成接近开关或无触点行程开关，有外围电路元器件少、信号强、抗干扰能力强、对环境条件要求不高等优点，广泛用作于位识别、停动识别、极限位置识别、运动方向识别、运动状态识别传感器及可逆计数传感器、N／S 极单稳态传感器等。

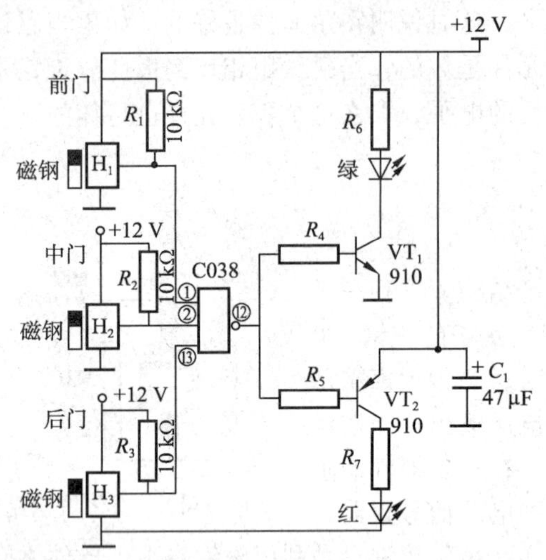

图 7-14　由或非门与霍尔传感器构成的车门状态指示电路

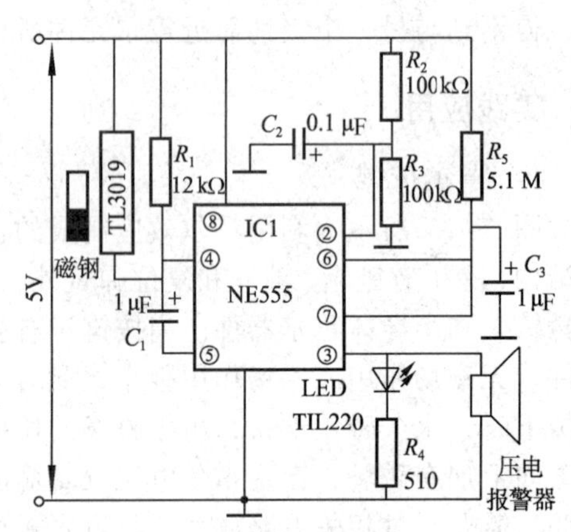

图 7-15　由 TL3019 构成的防盗报警器电路

图 7-16 为双位识别传感器的安装示意图。

① 可将发信磁钢直接嵌入旋转机构或直线往复运动机构部件中或将其嵌入转盘（用尼龙或 ABS 塑料做成）中，如图 7-16（a）所示转盘可安装在旋转机构转轴上，也可作为从动轮装入机械装置中；或将磁钢直接嵌入移动条（用尼龙或塑料做成）中，如图 7-16（b）所示，此时只要将移动条固定在直线往复运动机构部件上，使其与直线往复运动部件同步即可。

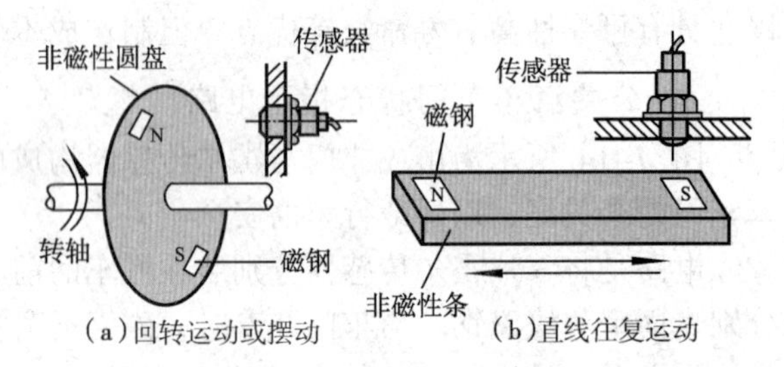

图 7-16　双工位识别传感器的安装方法

② 传感器固定安装在与磁钢相对应且处于其运动轨迹的中部位置上，并应使传感器端面与磁钢（磁场方向）垂直。

③ 检测距离 d（传感器端面与磁钢之间的垂直距离）一般以 2～10 mm 为宜，最大作用距离可达 25 mm。d 与所选磁场强度成正比，调节表面磁感应强度（饱和值）达到传感器灵敏度要求即可。

双位识别传感器属于万用型。可用于计数、测转速、定位、双位及多工位行程开关等。磁极 S 正对传感器时输出高电平（红色 LED 亮）；磁极 N 正对传感器时输出低电平（绿色 LED 亮）。其灵敏度可以抵抗工业铁屑剩磁和杂散磁场的干扰。

任务 2　使用磁敏电阻进行磁场检测

磁阻式磁敏传感器又称磁敏电阻，它包括使用锑化铟（InSb）材料制作的半导体磁敏电阻器与使用镍钴合金（CoNi）强磁材料制作的强磁性材料磁敏电阻器，它们统称为 MR（Magnetic Resistor）。除此之外，还有正在逐渐得到广泛使用的新型磁阻元件如巨磁阻效应器件（GMR）以及 Z 元件等。

知识链接

1．磁阻效应

位于磁场中的通电半导体，因洛伦兹力的作用，其载流子的漂移方向将发生偏转，致使与外加电场同方向的电流分量减小，电阻增大，这种现象称为磁阻效应。它包括物理磁阻效应与几何磁阻效应。

1）物理磁阻效应

物理磁阻效应是指长方形半导体片受到与电流方向垂直的磁场作用时所产生的电流密度下降、电阻率增大的现象。

半导体中，载流子的漂移速度是服从统计分布规律的。在霍尔电场 E_H 的作用下，只有一部分的电子其运动方向不发生偏转，而相当多的电子其运动方向都发生偏转，电子运动方向发生变化的直接结果是沿着电流原方向的电流密度减小，电阻率增大，这是物理磁阻效应的内部机理。

物理磁阻效应又可分为横向磁阻效应与纵向磁阻效应。

当电流和磁场的方向垂直时，称为横向磁阻效应；否则称为纵向磁阻效应。横向磁阻效应比纵向磁阻效应大。

设没有磁场时的电阻率为 ρ_0，施加磁场时的电阻率为 ρ_H，弱磁场时（$\rho_H-\rho_0$）$/\rho_0$ 与 B^2 成正比；随着磁场的增大，（$\rho_H-\rho_0$）$/\rho_0$ 与 B 成正比；当磁场增大到无限大时，电阻率 ρ 趋向于饱和。

2）几何磁阻效应

几何磁阻效应是指在相同磁场作用下，由于半导体片几何形状的不同而出现电阻值不同变化的现象。几何磁阻效应又称形状磁阻效应。

表 7-2 所示为几何磁阻效应的实验结果。可以看出，当外加磁场为 0 时，不同长宽比（L/W）半导体材料的磁阻比（磁场作用时半导体电阻与无磁场作用时半导体电阻的比值）是相同的。而外加磁场不为零时，L/W 越大，磁阻比越小，说明几何磁阻效应越弱。对同一种形状，磁场越强，磁阻比越大，几何磁阻效应越强。

表 7-2　磁阻效应实验结果磁场越来越强

磁阻比 / 磁场 / 形状（长宽比 L/W）	0	0.2	0.4	0.6	0.8	1.0
I	0.5	0.5	0.6	1.5	2.0	4.5
I	0.5	0.9	2.5	3.0	4.5	6.5
I	0.5	1.5	4.2	6.0	8.5	12.0
I	0.5	2.5	5.0	8.5	13.5	19.0

磁阻比越来越大（右侧：磁阻比越来越大）

3）磁敏电阻的温度特性

磁阻元件材料锑化铟的电阻随温度升高而下降，温度特性不好，元件的电阻值在不大的温度变化范围内减小的很快。经过适当的掺杂，能改善锑化铟磁敏电阻的温度特性。即便如此，一般也需要在电路中对锑化铟磁敏电阻的温度特性进行补偿。图 7-17 所示为磁敏电阻的温度特性曲线。

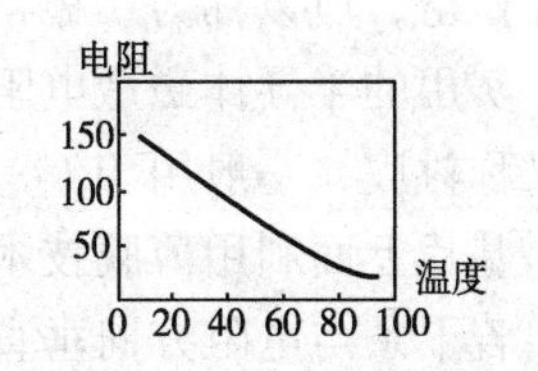

图 7-17　磁敏电阻的温度特性

2．磁敏电阻的结构

磁敏电阻根据制作材料不同，可分为半导体磁敏电阻和强磁性金属薄膜磁敏电阻。

1）半导体磁敏电阻

利用半导体材料的磁阻效应制成的磁敏电阻，如图 7-18 所示的几种形式，这些形状不同的半导体薄片都处在垂直于纸面向外的磁场中，电子运动的轨迹都将向左前方偏移（见图 7-19），因此出现图中箭头所示的路径（箭头代表电子运动方向）。

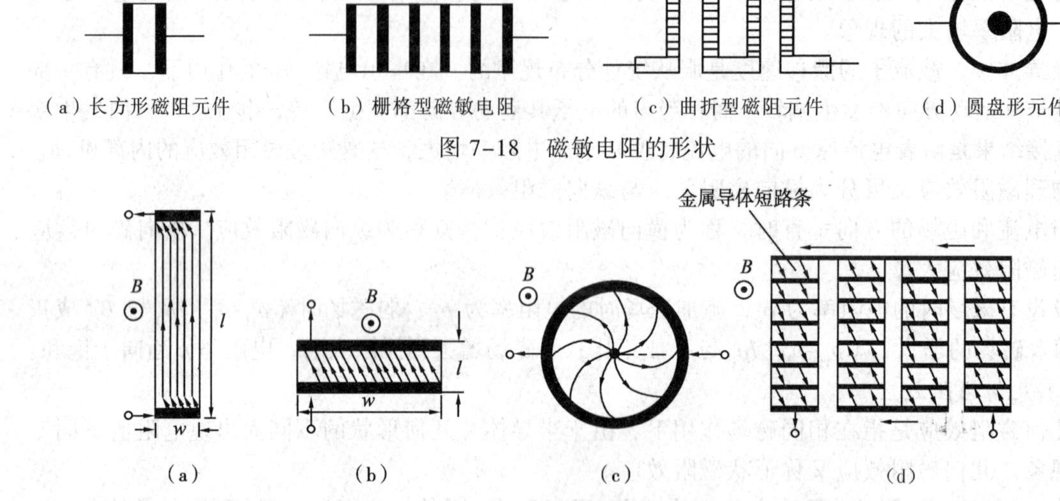

（a）长方形磁阻元件　（b）栅格型磁敏电阻　（c）曲折型磁阻元件　（d）圆盘形元件

图 7-18　磁敏电阻的形状

（a）　（b）　（c）　（d）

图 7-19　半导体磁敏电阻的几种形式及内电流分布

图 7-19（a）所示为器件长宽比 $l/w>>1$ 的纵长方形器件，由于电子运动偏向一侧，必然产生霍尔效应，当霍尔电场对电子施加的电场力和磁场对电子施加的洛伦兹力平衡时，电子运动轨迹就不再继续偏移，所以片内中段电子运动方向和长度的方向平行，只有两端才是倾斜的。这种情况电子运动路径增加得并不显著，电阻增加得也不多。

图 7-19（b）所示为 $l/w<<1$ 的横长方形器件，其磁阻效应效果比前者显著，这是因为器件较窄，来不及形成较大的霍尔电场。

图 7-19（c）所示为圆形片器件，电子由中央向边缘运动，其轨迹将是圆弧形，无论直径大小，圆片中任何地方都不会积累起电荷，不会产生霍尔电场，电流总是与半径方向成霍尔角弯曲，电流路径明显拉长，电阻增大最为明显。这种圆形片称为“科比诺（Corbino）圆盘”，由于它的初始电阻实在于小，很难实用。

图 7-19（d）按图 7-19（b）的原理把每个横长片串联而成的“弓”字形，片与片之间的粗黑线代表金属导体，这些导体把霍尔电压短路掉了，使之不能形成电场力，于是电子运动方向总是倾斜的，电阻增加得比较多。由于电子运动路径上有很多金属导体条，把半导体片分成多个栅格，所以称为“栅格式”磁敏电阻。

实用的半导体磁敏电阻通常制成栅格式，它由基片、电阻条和引线三个主要部分组成。基片又称衬底，一般用 0.1～0.5 mm 厚的高频陶瓷片或玻璃片，也可以用硅片经氧化处理后做基片。基片上面利用薄膜技术制作一层半导体电阻层，其典型厚度为 20 μm，然后用光刻的方法刻出若干条与电阻方向垂直排列的金属条（短路条），把电阻层分割成等宽的电阻栅格，其横长比 $w/l>40$；磁敏电阻就是由这些条形磁敏电阻串联而成的，初始电阻约为 100 Ω，栅格金属条在 100 根以上。通常用非铁磁质如 ϕ 50 ~ 100 μm 的硅丝或 ϕ 10～20 μm 的金线作磁敏电阻内引线，而用薄紫铜片做外引线。

2）强磁性金属薄膜磁敏电阻

强磁性金属薄膜磁敏电阻是 20 世纪 60 年代开发成功的利用铁磁材料中磁电阻的各向异性效应（1857 年由 W.汤姆逊发现）工作的磁敏器件。其电阻薄膜是铁磁体，具有很小的温度系数和较稳定的性能，灵敏度也比较高。工作范围通常在 10^{-3} ~ 10^{-2}T，常用作磁读头和旋转编码器的速度检测，包括三端、四端以及两维的集成电路等。

（1）铁磁材料磁电阻的各向异性效应

铁磁材料电阻率随流过它的电流密度 J 与外加磁场 H 夹角变化而变化的现象称为铁磁材料磁电阻的各向异性效应。

设铁磁材料中电流方向与磁场方向夹角为 θ 时的电阻率为 ρ，$\theta=90^{\circ}$ 时材料的电阻率为 $\rho_{\perp}$；$\theta=0^{\circ}$ 时材料的电阻率为 $\rho_{\parallel}$，零磁场时铁磁材料的电阻率为 ρ_0，则铁磁材料各向异性效应的强弱可用下式来表示

$$\frac{\Delta\rho}{\rho_0}=\frac{\rho_{\parallel}-\rho_{\perp}}{\rho_0} \tag{7-5}$$

上述比值越大，说明各向异性效应越强；比值越小，则各向异性效应越弱。当 $\rho_{\perp}=\rho_{\parallel}$时，为各向同性材料。$\rho$ 与 θ 的关系可以表示如下：

$$\frac{\rho_{\perp}}{\rho}\cdot\sin^2\theta+\frac{\rho_{\parallel}}{\rho}\cdot\cos^2\theta=1 \tag{7-6}$$

不同成分的铁磁材料磁阻效应（$\Delta\rho/\rho_0$）对比：80Ni-20Co　6.48%，98Ni-2Al　2.18%。

（2）金属薄膜磁敏电阻的结构与工作原理

① 金属薄膜磁敏电阻的结构与应用电路如图 7-20 所示。这是一种三端分压型结构的金属膜磁敏电阻（除此之外还有四端桥型结构），它包括水平和垂直排列而成的相互串联的两个几何结构，因此，它既符合各向异性的规律，又符合电阻串联的规律。

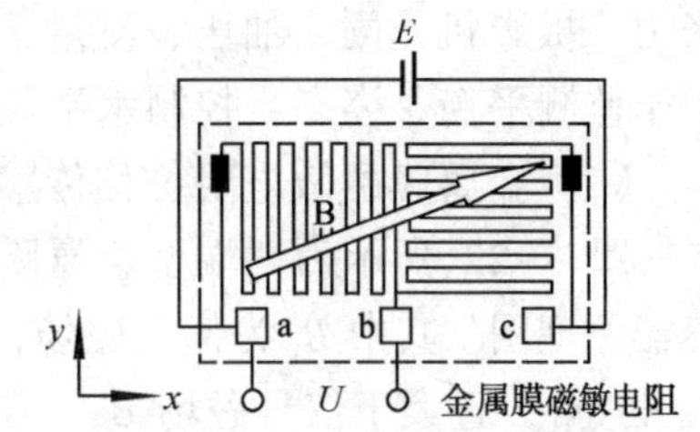

图 7-20　金属薄膜磁敏电阻模型

假定外加磁场 B 在 x,y 平面内，且与 y 轴成 θ 角，则 a-b 极间的电阻率以及 b-c 间的电阻率都与 θ 角有关。前者可用 $\rho_y(\theta)$表示，后者用 $\rho_x(\theta)$表示。$\rho_x(\theta)$和 $\rho_y(\theta)$表示式如下：

$$\begin{aligned}\rho_x(\theta)&=\rho_{\perp}\cdot\cos^2\theta+\rho_{\parallel}\cdot\sin^2\theta\\ \rho_y(\theta)&=\rho_{\perp}\cdot\sin^2\theta+\rho_{\parallel}\cdot\cos^2\theta\end{aligned} \tag{7-7}$$

假设金属膜宽度一致，a-c 两端所加电压是 E，则 b 端输出电压 $U(\theta)$可表示为

$$U(\theta)=\frac{R_x(\theta)}{R_x(\theta)R_y(\theta)}\cdot E=\frac{\rho_x(\theta)}{\rho_x(\theta)+\rho_y(\theta)}\cdot E=\frac{E}{2}-\frac{\Delta\rho\cos 2\theta}{2(\rho_{\parallel}+\rho_{\perp})} \tag{7-8}$$

上式表明：金属膜磁敏电阻 b 端的输出电压与磁场和 x 轴的夹角 θ 有关，与磁场大小无关。此外，$U(\theta)$随 θ 呈周期性变化，周期为 180°。

（3）金属膜磁敏电阻的特点

① 灵敏度高：平均角度灵敏度：±1 mV/1°（三端型），±2 mV/1°（四端型）。

② 温度特性好：电阻值、输出电压与温度均呈线性关系，补偿容易。

③ 频率特性好：信号频率小于 10 MHz 时即可保持输出不变。

④ 灵敏度与磁场方向有关：磁场平行于金属膜时灵敏度最好，垂直于金属膜时没有磁敏特性。

⑤ 饱和特性：磁场强度小于临界值时，电阻率与磁场大小有关；大于临界值时，电阻率达到饱和。

⑥ 倍频特性：输出电压的频率恰好等于磁场旋转频率的 2 倍，输出电压波形是正弦波。

（4）金属膜磁敏电阻的应用方向

金属膜磁敏电阻主要用于测量转速、角度位移、直线位移、无触点开关、无刷电动机、剩磁和漏磁、磁力探伤、远传压力表、远传水表、直流电表、音响设备及办公自动化设备等。

实践应用

（1）磁敏电阻器件

磁敏电阻器件一般在衬底上作 2 个相互串联的磁敏电阻，或 4 个磁敏电阻接成电桥形式，以便用于不同场合，其线路形式如图 7-21 所示。

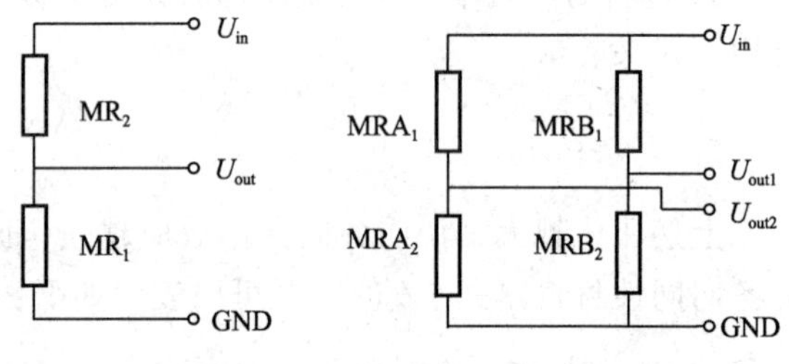

图 7-21　磁敏电阻线路结构

磁敏电阻的电阻值为 100 Ω 到几千欧不等，工作电压一般在 12 V 以下，具有频率特性好（可达兆赫）、动态范围宽、噪声低（信噪比高）等特点，因而得到了广泛的应用。磁敏电阻作为某些磁敏传感器的核心部件，可组成下列传感器：磁场强度或漏磁检测传感器；检测位移及与位移量有关的尺寸、厚度、位置和距离等机械量的非接触式线位移传感器；控制磁带张力、摄影机光阑、油压、流量、行程、开关等 360°无触点旋转电位器的非接触压力传感器；用于监测平衡、姿态，控制水平位置等精密测量倾角的传感器等。

（2）金属膜磁敏电阻位移传感器

图 7-22 所示为四端型金属膜磁敏电阻位移传感器原理图。其中 B_P 为偏置磁场，它与 ac 或 bd 均成 45° 角，且大于信号磁场 B_S。若 B_S 不变，则 U_{ac} 电压输出信号为零。如果在 x 方向上永磁体有一个位移，那么作用在磁敏电阻上的输入磁场在强度和方向上都会发生变化。输入磁场和偏置磁场的合成磁场也会改变，则输出电压 U 将随之变化。若将永磁体固定在被测物体上，就可测量出它的直线位移。

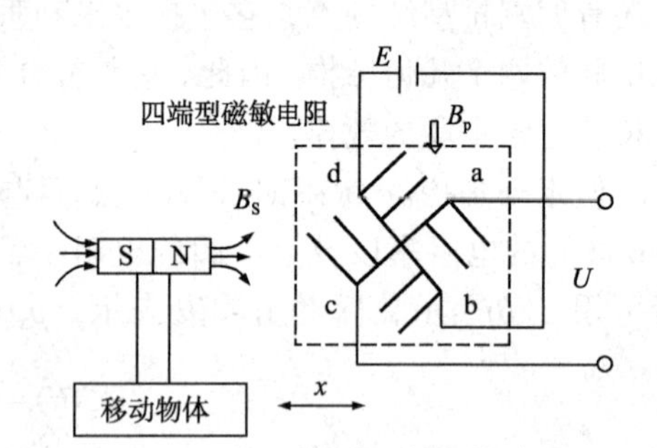

图 7-22　金属膜磁敏电阻位移传感器原理图

（3）磁阻式旋转传感器应用

利用磁阻旋转传感器可以检测磁性齿轴、齿轮的转数或转速，若采用四磁阻元件传感器，还能检测旋转的方向。

采用双元件的磁阻旋转传感器工作原理如图 7-23（a）所示。当齿轮的齿顶对准 MR_1，而齿根对准 MR_2 时，MR_1 的电阻增加，则 $U_{out} < U_{in}/2$；当齿轮的齿顶对准 MR_2，而齿根对准 MR_1 时，则 $U_{out} > U_{in}/2$；当齿顶（或齿根）在 MR_1 和 MR_2 之间时，$U_{out} \approx U_{in}/2$，其输出电压波形如图 7-23（b）所示。

采用四元件磁阻传感器时，其电路图如图 7-24（a）所示，传感器内磁阻元件与齿轮齿间间隔之间应满足

$$P_{\mathrm{A}}(1-2)=P_{\mathrm{B}}(1-2)=\frac{T}{2} \qquad P_{\mathrm{AB}}=\frac{T}{4} \tag{7-9}$$

式中：P_{A}（1-2）为 A 相元件 $\mathrm{MRA_1}$ 和 $\mathrm{MRA_2}$ 的间隔；P_{B}（1-2）为 B 相元件 $\mathrm{MRB_1}$ 和 $\mathrm{MRB_2}$ 的间隔；P_{AB} 为 A 相元件 $\mathrm{MRA_1}$ 和 B 相元件 $\mathrm{MRB_1}$ 的间隔；T 为齿轮的齿距。

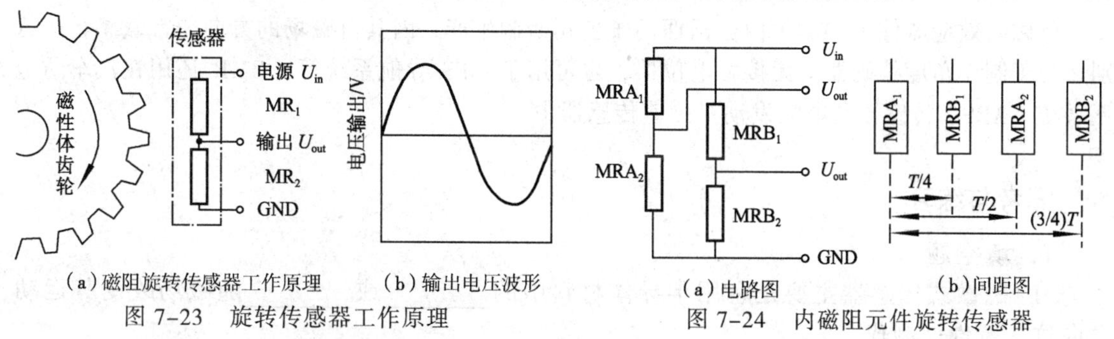

（a）磁阻旋转传感器工作原理　（b）输出电压波形

图 7-23　旋转传感器工作原理

（a）电路图　（b）间距图

图 7-24　内磁阻元件旋转传感器

由于 A 相与 B 相输出波形相位差 90°，所以很容易检测旋转方向和转速，转速的检测范围很宽，很适合于检测电动机的转速和方向。

小知识—— 巨磁阻效应器件（GMR）

所谓“巨磁电阻”效应，是指磁性材料的电阻率在有外磁场作用时较之无外磁场作用时存在巨大变化的现象。1988 年，费尔和格林贝格尔就各自独立发现了巨磁阻这一特殊现象。非常弱小的磁性变化就能导致磁性材料发生非常显著的电阻变化。那时，法国的费尔在铁、铬相间的多层膜电阻中发现，微弱的磁场变化可以导致电阻大小的急剧变化，其变化的幅度比通常高十几倍，他把这种效应命名为巨磁阻效应（Giant Magneto-Resistive，GMR）。有趣的是，就在此前 3 个月，德国优利希研究中心格林贝格尔教授领导的研究小组在具有层间反平行磁化的铁、铬、铁三层膜结构中也发现了完全同样的现象。瑞典皇家科学院 2007 年 10 月 9 日宣布，法国科学家阿尔贝・费尔和德国科学家彼得・格林贝格尔共同获得 2007 年诺贝尔物理学奖。

巨磁阻是一种量子力学效应，它产生于层状的磁性薄膜结构。这种结构是由铁磁材料和非铁磁材料薄层交替叠合而成。当铁磁层的磁矩相互平行时，载流子与自旋有关的散射最小，材料有最小的电阻。当铁磁层的磁矩为反平行时，与自旋有关的散射最强，材料的电阻最大。上下两层为铁磁材料，中间夹层是非铁磁材料。铁磁材料磁矩的方向是由加到材料的外磁场控制的，因而较小的磁场也可以得到较大电阻变化的材料。

根据这一效应开发的小型大容量计算机硬盘已得到广泛应用，这项技术被认为是“前途广阔的纳米技术领域的首批实际应用之一”。得益于“巨磁电阻”效应这一重大发现，最近 20 多年来，我们开始能够在笔记本式计算机、音乐播放器等所安装的越来越小的硬盘中存储海量信息。

在工业领域中，巨磁阻效应器件（GMR）是一种由多层金属薄膜制成的磁阻元件。其特点是：对磁场强度在 5～15 kA/m 内的范围变化不太敏感，但对磁场强度的方向变化却非常敏感。GMR 阻值随磁场强度方向的变化关系为

$$R=R_0+0.5\Delta R(1-\cos\alpha) \tag{7-10}$$

式中：R_0为 GMR 在无磁场作用时的电阻值（>700 Ω），ΔR 为 GMR 在有磁场作用时的电阻变化值，α 指磁场强度的空间方向，其值为 0～360°。

GMR 器件的有效检测距离为 25 mm，在弱磁场下灵敏度非常高（5～15 kA/m 范围内的灵敏度为≥4%），工作温度范围宽(-40～+120℃)，其标称阻值 R_0 和 ΔR 具有优良的线性温度特性（R_0 温度系数 0.09～0.12%/℃；ΔR 温度系数-0.12～-0.09%/℃，磁阻效应温度系数 $\Delta R/R_0$：-0.27～0.23%/℃）。除此之外，还有体积小、功耗低（工作电源电流为 7mA）等特点。

巨磁阻效应器件（GMR）由德国西门子公司研制生产，因其对磁场的方向非常敏感，故特别适合于制作角度编码器、无接触电位器，也可用于 GPS 导航系统等。GMR 还用在汽车防抱死系统（ABS）传感器及电喷发动机测速传感器中。

思考与练习

1．填空题

（1）磁敏式传感器主要是利用半导体材料中的________或________随磁场改变其运动方向这一特性而制成。

（2）霍尔效应是由于________在磁场中受到________的作用而产生的。

（3）霍尔元件采用的材料有________、________、________、________、及________等。

（4）霍尔元件的测量误差一般表现为________和________误差。

（5）物理磁阻效应又可分为________磁阻效应与________磁阻效应。

（6）磁敏电阻根据制作材料不同，可分为________磁敏电阻和________磁敏电阻。

（7）铁磁材料电阻率随流过它的________与________夹角变化而变化的现象称为铁磁材料磁电阻的各向异性效应。

（8）在相同磁场作用下，由于半导体片几何形状的不同而出现电阻值不同的现象称为________。

2．判断题

（1）霍尔效应是磁电效应的一种。（ ）

（2）霍尔元件一般都是由导体材料制成的。（ ）

（3）霍尔元件的厚度越大，灵敏度越高。（ ）

（4）温度变化对霍尔元件使用没有任何影响。（ ）

（5）霍尔集成电路可分为线性型和开关型两大类。前者输出模拟量，后者输出数字量。（ ）

（6）物理磁阻效应是指长方形半导体片受到与电流方向垂直的磁场作用时所产生的电流密度上升、电阻率增大的现象。（ ）

（7）同一种形状半导体片，磁场越强，磁阻比越大，几何磁阻效应越强。（ ）

（8）磁敏电阻的电阻值为 100 Ω 到几千欧不等，工作电压一般在 12 V 以下，具有频率特性好、动态范围宽、噪声低等特点。（ ）

3．简答题

（1）简述霍尔效应产生的原理。

（2）简述霍尔元件不等位电势及其补偿方法。

项目8　转 速 测 量

项目描述：

在工业生产领域里都活跃着各式各样的旋转机械，如何正确地测量这些旋转机械的转速，并加以控制，这对利用旋转机械，获得输出动力的用户来说，是一项不可缺少的工作。各种各样的速度传感器和测量相关电路根据其不同的使用目的和测量现场的具体情况，构成与现场情况相匹配的测量系统，以便快速准确地测量出旋转机械的实际转速，有着非常重要的意义，如汽车发动机转速，机床主轴转速等。

本项目通过讲解几种典型的转速传感器的基本知识，使读者熟悉此类传感器常见的转速检测方法，并了解其应用。

知识目标：

（1）理解转速传感器的定义分类；

（2）熟悉转速传感器的基本原理、特点、作用和组成。

技能目标：

（1）掌握转速传感器的简单判断方法；

（2）掌握常见转速检测方法及应用场合。

看一看： 观察一下，生活实践中，哪些地方需要测量转速？如汽车发动机转速；机床主轴或刀头转速；传动齿轮转速等。

任务1　了解转速测量的方法及测量方案

知识链接

1．转速测量方法

1）转速的概念

转速即为单位时间内转轴的平均旋转次数。转速用 n 表示，单位为转/每分（r/min）。如某电动机的转速为 1 446 r/min，即表示该电动机转子每分转动 1 446 转。

2）常用速度范围（即转速范围）

在日常工作中经常要判断被测物体运动的速度范围，从而正确选择测量方式及相关传感器。常用速度范围如表 8-1 所示。

表 8-1　常用速度范围

速 度 类 型	速度范围/（r/min）	速 度 类 型	速度范围/（r/min）
超低速	0.10～2.00	高速	500～200 000
低速	0.5～500	超高速	500～600 000
中高速	20～20 000	全速	0.10～600 000

2．转速测量方法

一般转速测量方法有：测频法（定时计数法）和测周法（定数计时法），下面依次进行介绍。

1）测频法

测频法又称定时计数法，即由标准时间发生器产生标准时钟 T，计测在 T 时间间隔内有 N 个脉冲信号,通过公式 $n=\frac{60N}{T}$ 得到相应转速，如图 8-1 所示。

转速传感器测量的脉冲信号经过整形放大电路送入加法计数器，加法计数器的工作时间受标准时钟 T 信号控制，标准时钟 T 信号由晶体振荡器产生的标准脉冲频率经脉冲分频器分频后得到。

如图 8-2 所示，被测信号通过放大整形进入加法计数器；晶体振荡器的频率信号通过分频产生秒（或分）信号，在计数显示控制器中生成寄存脉冲和清零脉冲。寄存脉冲将加法计数器的 BCD 码送入寄存器，通过译码驱动，LED 数码管显示 1s（或 1min）内的计数值，直到下一次寄存脉冲的到来；紧接着清零，进行下一轮计数、寄存（译码显示）；如此，不间断测频。加法计数器工作标准时间 T 后可得到 N 个转速传感器脉冲数。

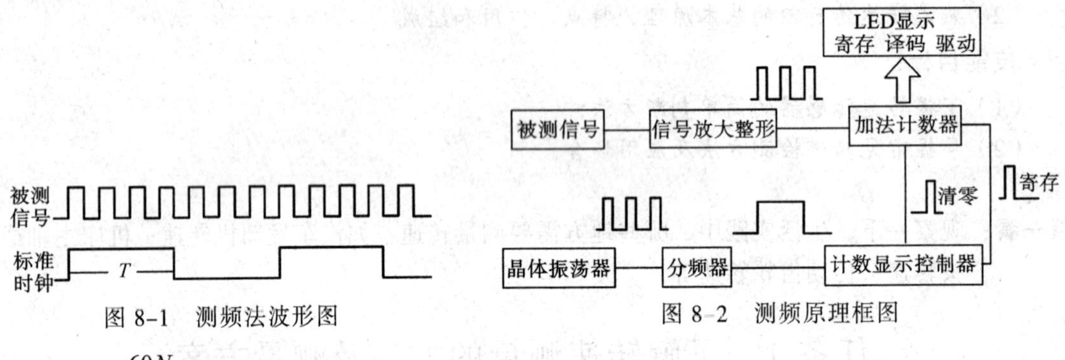

图 8-1　测频法波形图　　　　图 8-2　测频原理框图

由式 $n=\frac{60N}{T}$ 得到相应测量转速。

式中：T——标准时间；

N——转速传感器脉冲个数；

n——转速。

例：当标准时间信号为 0.1s 时，在 1 个标准时间内测量到 5 个转速传感器脉冲，则此时转速为 $n=\frac{60N}{T}=\frac{60\times5}{0.1}(\text{r/min})=3\,000(\text{r/min})$。如在 1 个标准时间内测量到 10 个转速传感器脉冲，则此时转速为 $n=\frac{60N}{T}=\frac{60\times10}{0.1}(\text{r/min})=6\,000(\text{r/min})$。

由于电路中存在一定时序误差，被计数脉冲有多计一个或少计一个的误差。如果被测频率为 10 000Hz，有多一个或少一个的误差，相对来讲只不过万分之一；如果被测频率为 2Hz，有多一个或少一个的误差，相对来讲就达到了百分之五十，不难看出频率越低，误差越大，而且还有一点，把 1 s 变成 1 min，误差就变小了。低频时，如不延长采样时间，要提高精度就要采用测周的方法，如图 8-3 所示。

2）测周法

测周法又称定数计时法。即在一个转动信号的周期 T_X 内，计测有 N 个周期为 T 的标准时钟脉冲。通过公式 $n=\dfrac{60}{N\times T}$ 得到相应转速，如图 8-3 所示。

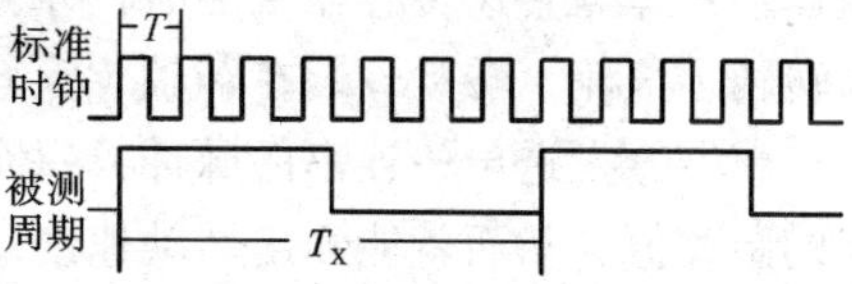

图 8-3　测周法波形图

由式 $n=\dfrac{60}{N\times T}$ 得到相应测量转速。

式中：T——标准时间；

N——标准时间脉冲个数；

n——转速。

例：当标准时间信号为 0.1s 时，在 1 个转动周期内测量到 5 个标准时间脉冲，则此时转速为 $n=\dfrac{60}{N\times T}=\dfrac{60}{5\times 0.1}=120(\text{r/min})$。在 1 个转动周期内测量到 10 个标准时间脉冲，则此时转速为 $n=\dfrac{60}{N\times T}=\dfrac{60}{10\times 0.1}=60(\text{r/min})$。

如图 8-4 所示，晶体振荡器的频率信号通过分频产生秒（或分）信号进入加法计数器，被测信号通过放大整形、分频形成周期信号 T_X，在计数显示控制器中生成寄存脉冲和清零脉冲。寄存脉冲将加法计数器的 BCD 码送入寄存器，通过译码驱动，LED 数码管显示 1s（或 1min）内的计数值，直到下一次寄存脉冲的到来；紧接着清零，进行下一轮计数、寄存（译码显示）;如此，不间断测频。加法计数器信号由转动周期信号 T_X 控制，测量在一个周期内得到的标准时间脉冲数。

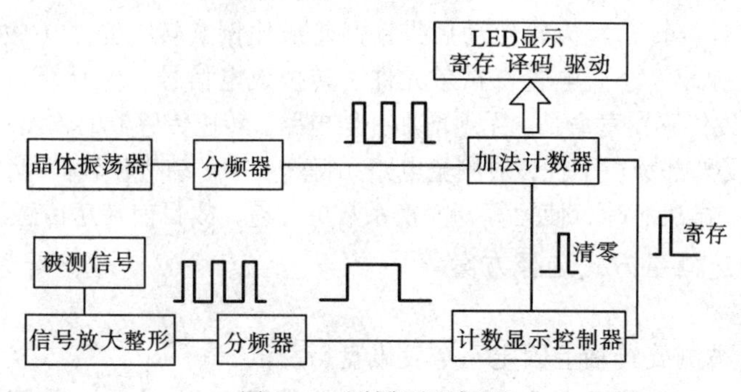

图 8-4　测周原理框图

将图 8-2 与图 8-4 进行比较，两者的差别在于晶体振荡器与被测信号的位置作了互换，像代数上的分子分母的颠倒，也正是体现了物理上的频率和周期互为倒数。

与测频相似，在测量过程中将会出现多一个或少一个时基脉冲的误差，晶体振荡器脉冲时间准确度越高误差越小，晶体振荡器脉冲频率越高误差也越小，被测频率越高误差越大；因此测量高频时，对被测信号进行分频，确实是提高测量精度的好方法。

实践应用

转速的测量大多使用转速传感器配合与测量相关电路来实现。转速传感器按安装形式分为接触式和非接触式两类。

1．接触式转速传感器

转速传感器与运动物体直接接触。如图 8-5 所示，当运动物体与转速传感器接触时，摩擦力带动传感器的转轴（滚轮）转动。装在转轴（滚轮）上的转动脉冲传感器，发送出一连串的脉冲，每个脉冲代表着一定的距离值，从而就能测出转动速度。

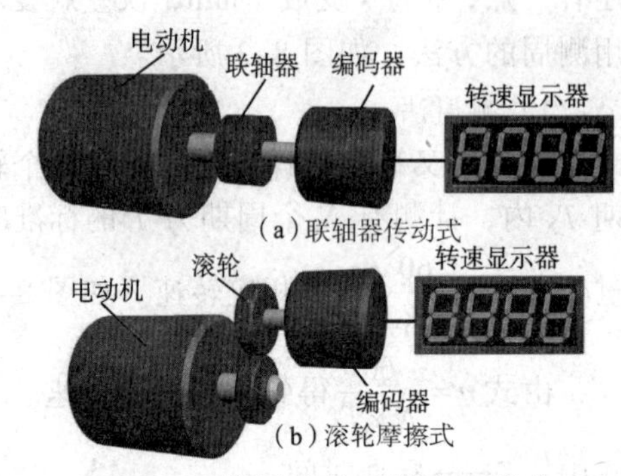

图 8-5　接触式传感器连接形式

接触式转速传感器结构简单，使用方便。但是滚轮式传感器的滚轮的直径是与运动物体始终接触着，滚轮的外周将磨损，而脉冲数对每个传感器又是固定的，从而影响滚轮的接触。要提高测量精度必须在二次仪表中增加补偿电路。接触式难免产生滑差，滑差的存在也将影响测量的准确性。因此传感器使用中必须施加一定的正压力或滚轮表面采用摩擦力系数大的材料，尽可能减小滑差。

这种测量方式一般适用中、低转速的测量。传感器与被测旋转轴，通过弹性联轴器连接，传感器安装固定时，要求连轴与被测旋转轴的轴心尽量保持同一条直线，在较高速时要求尤其严格。

这种测速方式一般选用的传感器有传统的机械传动方式，也有光电、磁电等形式。一般测速范围在 0～5 000 r/min。接触式传感器在测量 5000 r/min 以上时就不能满足要求，可选用非接触式测量方式。

2．非接触式转速传感器

采用非接触式测量方式测量转速时，转速传感器与运动物体无直接接触，如在叶轮的叶片边缘贴有反射膜（磁片），流体流动时带动叶轮旋转，叶轮每转动一周传输反光（反磁）一次，产生一个电脉冲信号。可由检测到的脉冲数，计算出流速。

再如风带动风速计旋转，经齿轮传动后带动凸轮成比例旋转。光线（磁场）被凸轮轮流遮断形成一串光（磁）脉冲，经光电管（霍尔元件）转换成电信号，经计算可检测出风速。

非接触式旋转速度传感器寿命长，无须增加补偿电路。转速传感器的输出信号为脉冲信号，其稳定性比较好，不易受外部噪声干扰，对测量电路无特殊要求。结构比较简单，成本低，性能稳定可靠。应用功能齐全的微机芯片，使运算，变换系数更容易，故目前转速传感器应用极为普遍。

3．非接触式转速测量方式选择方案

1）盘式磁性测量

如图 8-6 所示，被测旋转轴上固定一个发讯盘，发讯盘上一个同心圆上均匀分布若干个孔或凹槽，转速传感器可为磁电转速传感器或磁敏转速传感器。

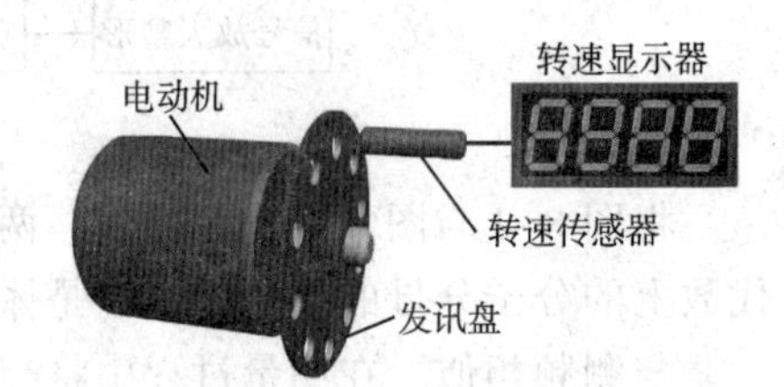

图 8-6　盘式磁性测量

发讯盘均匀分布 1～100 个孔或凹槽（发讯盘的材料为导磁材料），传感器的感应距离在 1 mm 左右；如发讯盘上均匀分布 2～8 个磁钢时（发讯盘的材料可以是非导磁材料），传感器的感应距离在 2～6 mm 左右。如选用接近开关，感应距离可达 4～6 mm。这种方案中的发讯盘，往往可以借用系统本身就有的齿轮、皮带轮等。

2）遮断式光电测量

如果发讯盘既不能选用导磁材料，也不能选用导电材料，还可以选用遮断式光电测量方案。如图 8-7、图 8-8 所示。

图 8-7 槽式光电传感器遮断式光电测量

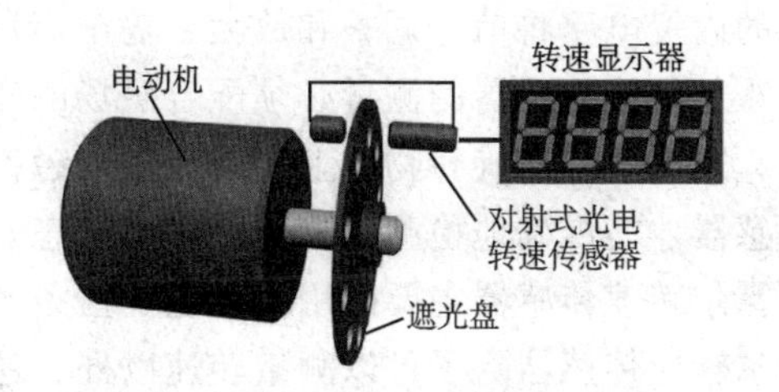

图 8-8 对射式传感器遮断式光电测量

发讯盘不管是什么材料，只要在遮光盘的同心圆上均匀分布若干个通光的孔或槽，槽形光电传感器固定在遮光盘工作的位置上，这种方案，一般不能用在粉尘较多的场合。

3）反射式光电测量

如图 8-9 所示，当被测轴上不能安装发讯盘或遮光盘时，可以直接在被测轴上粘贴反光标签（或在光洁的轴上涂黑），用光电传感器来测量。测量距离在 5～80 mm。反光标签容易污损的环境下，须及时更换，当然还可以用下面的方案。

4）轴式磁性测量

如图 8-10、图 8-11 所示，当被测轴上本身就有孔或凹槽，打一个凹坑拧一个螺钉或者镶嵌磁钢较容易时，可以选用磁敏、磁电转速传感器来测量。如轴式磁性测量，但要注意：

① 可以选用磁电转速传感器来测量；轴式磁性测量，要求轴或凸出的材料是导磁的钢铁，感应距离 1mm 左右。测量范围为 0～600 000 r/min。

② 在高速轴上打凹坑拧螺钉镶嵌磁钢时一定要考虑动平衡。

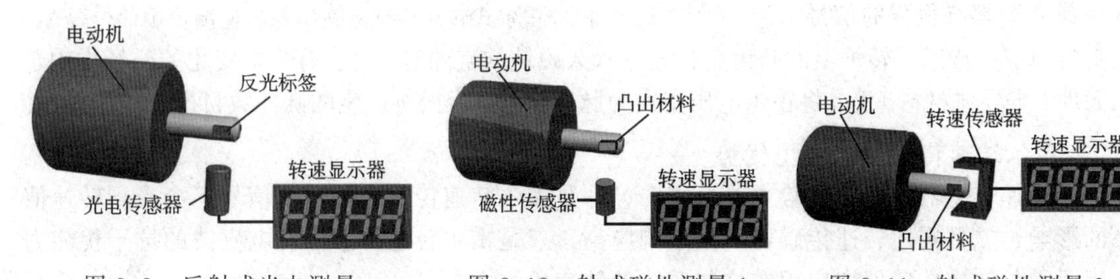

图 8-9 反射式光电测量　　图 8-10 轴式磁性测量 1　　图 8-11 轴式磁性测量 2

任务 2 使用霍尔式传感器进行速度测量

知识链接

霍尔转速传感器的主要工作原理是霍尔效应，霍尔转速传感器在测量机械设备的转速时，被测量机械的金属齿轮、齿条等运动部件会经过传感器的前端，引起磁场的相应变化，当运动部件穿过霍尔元件产生磁感线较为分散的区域时，磁场相对较弱，而穿过产生磁感线较为集中的区域时，磁场就相对较强。如图 8-12 所示，霍尔转速传感器就是在磁感线穿过传感器上的霍尔元件时，产生了霍尔电势。产生霍尔电势后，将其转换为交变电信号，最后由传

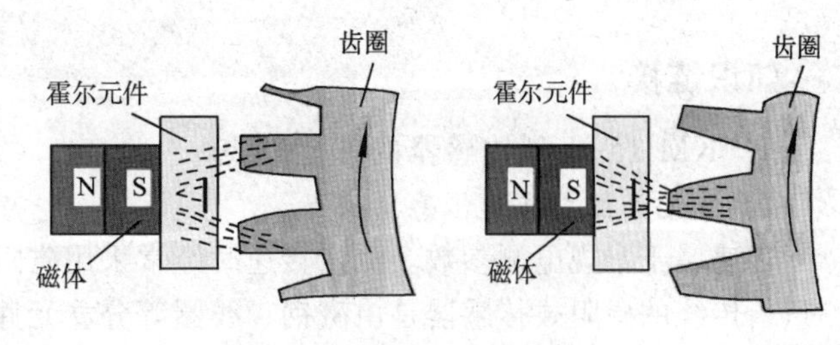

图 8-12 霍尔传感器工作原理

感器的内置电路将信号调整和放大，输出矩形脉冲信号。

霍尔转速传感器的测量必须配合磁场的变化，因此在霍尔转速传感器测量非铁磁材质的设备时，需要事先在旋转物体上安装专门的磁铁物质，用以改变传感器周围的磁场，这样霍尔转速传感器才能准确地检测到物体的运动状态。

霍尔转速传感器主要应用于齿轮、齿条、凸轮和特质凹凸面等设备的运动转速测量。高转速霍尔转速传感器除了可以测量转速以外，还可以测量物体的位移、周期、频率、扭矩、机械传动状态和测量运行状态等。

霍尔转速传感器目前在工业生产中的应用很是广泛，例如电力、汽车、航空、纺织和石化等领域，都采用霍尔转速传感器来测量和监控机械设备的转速状态，并以此来实施自动化管理与控制。

实践应用

1．霍尔式转速传感器在车轮转速测量中的应用

如图 8-13 所示，通过安装在前轮的齿盘和后轮的齿条对相应转速传感器进行感应计数。如使用电磁式转速传感器则其输出信号随车速的变化而变化，其响应过慢，抗电磁波干扰能力差。而霍尔式转速传感器就克服了这些缺点。能保证在很低的速度下都有很强的信号。当磁性材料制成的传感器转子上的凸齿交替经过永久磁铁的空隙时，就会有一个变化的磁场作用于霍尔元件（半导体材料）上，将霍尔电压变换为脉冲信号。根据所产生的脉冲数目即可检测转速。

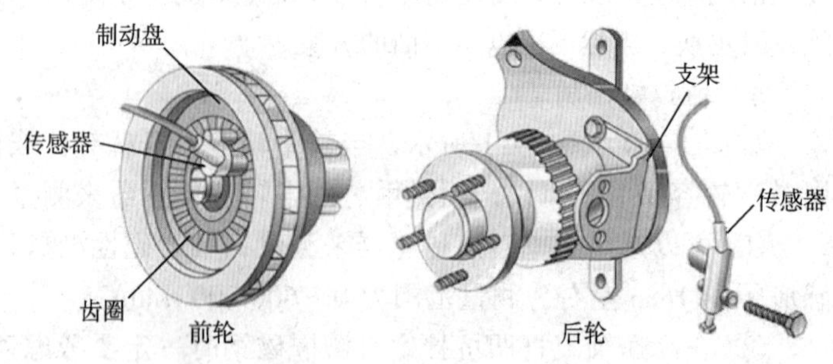

图 8-13　霍尔式转速传感器在车轮转速测量中的位置

2．霍尔转速传感器的应用优势

霍尔转速传感器的应用优势主要有三个，一是霍尔转速传感器的输出信号不会受到转速值大小的影响，二是霍尔转速传感器的频率响应高，三是霍尔转速传感器对电磁波的抗干扰能力强，因此霍尔转速传感器多应用在控制系统的转速检测中。

同时，霍尔转速传感器的稳定性好，抗外界干扰能力强，因此不易因环境的因素而产生误差。霍尔转速传感器的测量频率范围宽，远远高于电磁感应式无源传感器。霍尔转速传感器测量结果精确，输出信号可靠，可以防油、防潮，并且能在温度较高的环境中工作，普通霍尔转速传感器的工作温度可以达到 100℃。霍尔转速传感器的安装简单，使用方便，能实现远距离传输。

任务 3　集成转速传感器（KMI15 系列）的应用

知识链接

1．KMI15-1 型传感器的性能特点

1）传统分立式转速传感器缺点

转速属于常规电测参数。测量转速时经常采用磁阻式传感器或光电式传感器进行非接触性测量，传统的磁阻式传感器是由磁钢、线圈等分立元件构成的，这种传感器存在一些缺点：

① 灵敏度低，传感器与转动齿轮的最大间隙（又称磁感应距离）只有零点几毫米。超出这个距离会存在巨大误差，甚至检测不到信号。

② 在测量高速旋转物体的转速时，因安装不牢固或受机械振动时影响，容易与齿轮发生碰撞，安全性较差。

③ 这种传感器所产生的是幅度很低且变化缓慢的模拟电压信号，因此，需要经过放大、整形后变成前沿陡直的数字信号，才能送给数字转速仪或数字频率计测量转速，而且外围电路比较复杂。

④ 它无法测量非常低（接近于零）的转速，因为这时磁阻式传感器可能检测不到转速信号。

目前，转速传感器正朝着高灵敏度、高可靠性和全集成化的方向发展，典型产品有飞利浦（Philips）公司生产的 KMI15 系列磁阻式集成转速传感器。该传感器性能优良，安全性好，稳定性强，是分立式转速传感器理想的升级换代产品。下面就以 KMI15-1 为例来介绍该系列集成转速传感器的工作原理与具体应用方法。

2）KMI15-1 型传感器的特点

KMI15-1 芯片内含高性能磁钢、磁敏电阻传感器和信号变换 IC（集成电路）。其输出的电流信号频率与被测转速成正比，电流信号的变化幅度为 7～14 mA。由于其外围电路比较简单，因而很容易配二次仪表测量转速。

KMI15-1 器件的测量范围宽，灵敏度高，它的齿轮转动频率范围是 0～25 kHz，而且即使在转动频率接近于零时，它也能够进行测量。传感器与齿轮的最大磁感应距离为 2.9 mm（典型值），由于与齿轮相距较远，因此使用比较安全。

该传感器抗干扰能力强，同时具有方向性，它对轴向振动不敏感。另外，芯片内部还有电磁干扰（EMI）滤波器、电压控制器以及恒流源，从而保证了其工作特性不受外界因素的影响。

KMI15-1 的体积较小，其最大外形尺寸为 8 mm×6 mm×21 mm，能可靠固定在齿轮附近。KMI15 采用+12 V 电源供电(典型值)，最高不超过 16 V。工作温度范围宽为-40～+85℃。

2．KMI15-1 集成转速传感器的工作原理

KMI15-1 型集成转速传感器的外形如图 8-14 所示，它的两个引脚分别为 U_{CC}（接+12V 电源端）和 $U-$（方波电流信号输出端）。为使 IC 处于较低的环境温度中，设计时专门将 IC 与传感元件分开，以改善传感器的高温工作性能。

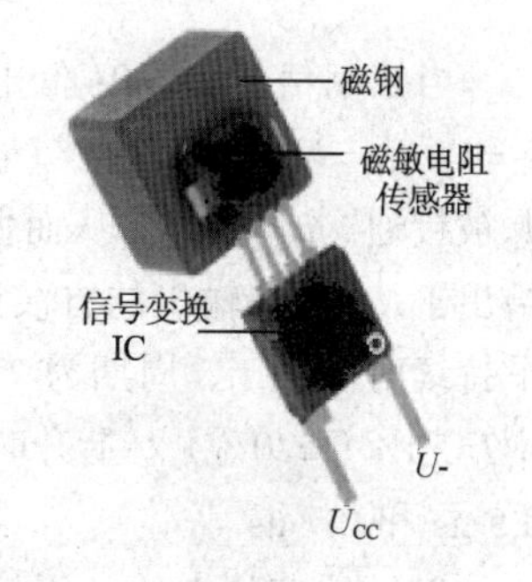

图 8-14　KMI15-1 集成转速传感器外形图

该传感器的简化电路如图 8-15 所示。其内部主要包括：磁敏电阻传感器、前置放大器 A_1、施密特触发器、开关控制式电流源、恒流源和电压控制器六部分。

实际上，该传感器是由 4 只磁敏电阻构成的一个桥路，可固定在靠近齿轮的地方，其测量原理如图 8-16 所示。

当齿轮沿 Y 轴方向转动时，由于气隙处的磁感线发生变化，磁路中的磁阻也随之改变，从而可在传感器上产生电信号。此外，该传感器具有很强的方向性，它对沿 Y 轴转动的物体十分敏感，而对沿 Z 轴方向的振动或抖动量很不敏感。这正是测量转速所需要的。

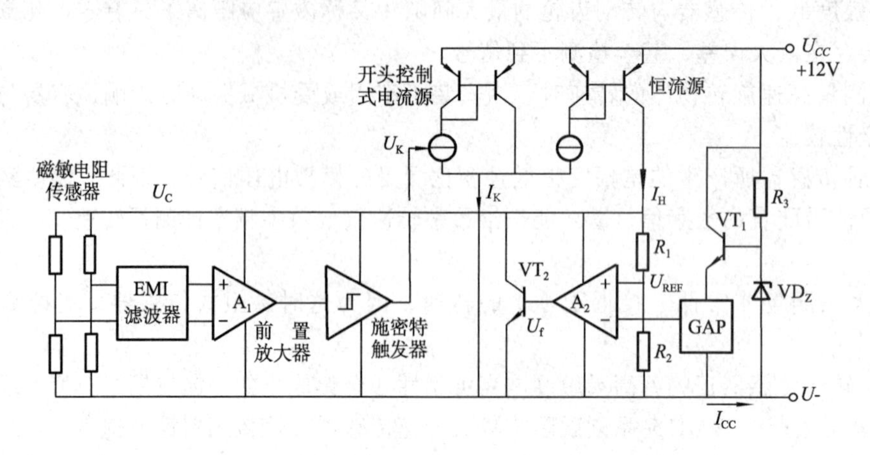

图 8-15 KMI15-1 集成转速传感器简化电路图

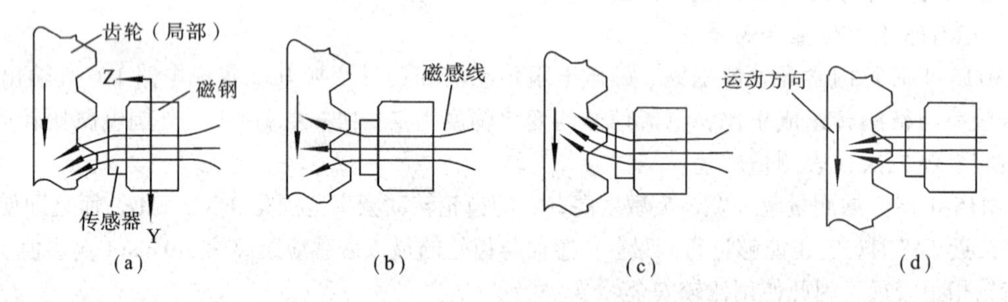

图 8-16 测量原理分析

工作时，传感器产生的电信号首先通过 EMI 滤波器滤除高频电磁干扰，然后经过前置放大器，再利用施密特触发器进行整形以获得控制信号 U_K，并将其加到开关控制式电流源的控制端。KMI15-1 的输出电流信号 I_{CC} 是由两个电流叠加而成的，一个是由恒流源提供的 7mA 恒定电流 I_H，另一个是由开关控制式电流源输出的可变电流 I_K。它们之间的关系式为

$$I_{CC}=I_H+I_K$$

当控制信号 $U_K=0$（低电平）时，该电流源关断，$I_K=0$，$I_{CC}=I_H=7$ mA。当 $U_K=1$（高电平）时，电流源被接通，$I_K=7$ mA，从而使得 $I_{CC}=14$ mA。图 8-17 给出了从 U-端输出的方波电流信号的波形，其高电平持续时间为 t_1，周期为 T。输出波形的占空比 $D=t_1/T=50\%$（±20%）。上升时间和下降时间分别仅为 0.5 μs 和 0.7 μs。

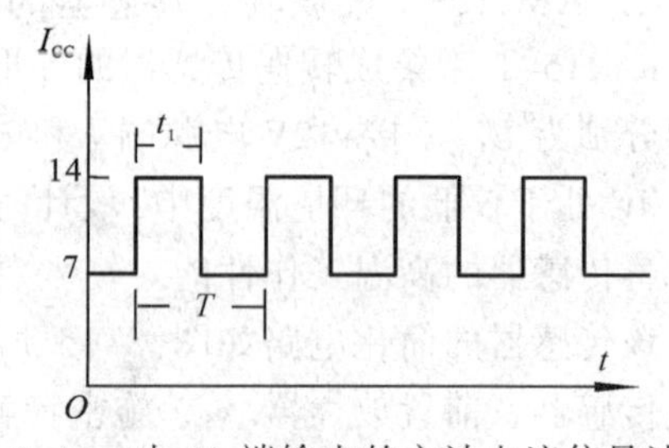

图 8-17 由 U-端输出的方波电流信号波形

KMI15 芯片中的电压控制器实际上是一个并联调整式稳压器，可用于为传感器提供稳定的工作电压 U_C。而电阻 R_3、稳压管 VD_Z 和晶体管 VT_1 则可构成取样电路，其中 VT_1 接成射极跟随器。A_2 为误差放大器，VT_2 为并联式调整管。这样，IH 在经过 R_1、R_2 分压后可给 A_2 提供基准电压 U_{REF}，从而在 U_{CC} 发生变化时，由 A_2 对取样电压与基准电压进行比较后产生误差电压 U_r，同时通过改变 VT_2 上的电流来使 U_C 保持不变。

实践应用

1．KMI15-1 的安装方法

KMI15-1 应当安装在转动齿轮的旁边。若被测转动工件上没有齿轮，亦可在转盘外缘处钻一个小孔，套上螺扣，再拧上一个螺杆并用弹簧垫圈压紧，以防止受振动后松动，并以此代替齿尖获得转速标记信号。

2．典型应用电路

KMI15-1 型集成转速传感器的典型应用电路如图 8-18（a）所示。工作时，转速传感器输出方波电流信号，从而在负载电阻 R_L 与负载电容 C_L 上形成电压频率信号 $U_O(f)$，并送至二次仪表。通常取 R_L=115Ω、C_L=0.1μF。需要指出，KMI15-1 输出的是齿轮转动频率 f（单位是 Hz，即次/s）信号，要得到转速 n（r/min），还应将 f 除以齿轮上的齿数 N，并将时间单位改成分钟，公式如下：

$$n=60f/N$$

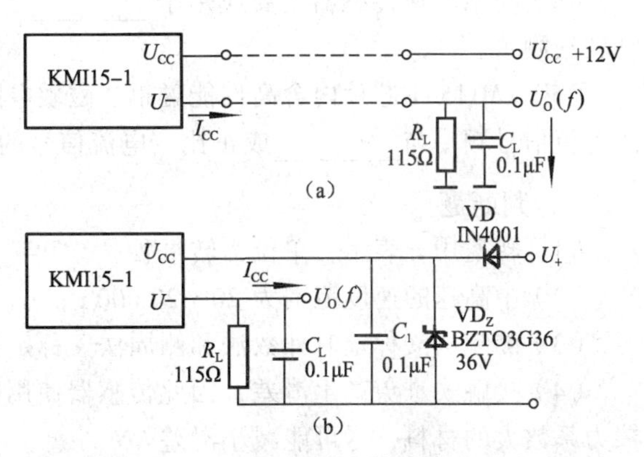

图 8-18　KMI15-1 集成转速传感器典型应用电路

图 8-18（b）所示电路是由二极管 VD、稳压管 VD_Z 和电容 C_1 构成的静电放电（ESD）保护电路，该电路可吸收 2 kV 的 ESD 电压，因而可对芯片起到保护作用。此外，还需注意，在存放 KMI15 系列产品时，不要将多个芯片放在一起以防磁化。

3．由集成转速传感器 KMI15-1 构成的转速测量电路

在工业现场测量转速或者测量汽车发动机转速时，外界的干扰信号很强，必须采取相应的措施。一种可应用于工业现场的转速测量电路如图 8-19 所示。由 R_2、R_3 和 C_4 构成上限频率为 1 kHz 的低通滤波器。比较器 LM393 单独由 U_{DD} 供电。U_{DD} 经过 R_4、R_5 分压后获得参考电压 U_1，加至 LM393 的反相输入端，转速信号 U_2 则接同相输入端。利用 R_8、R_9 和 R_6 将比较器的滞后电压设定为 50 mV。保护电路中的 VD 可防止将电源极性接反。VD_z 为钳位二极管，起保护作用。C_2 为电源滤波电容，C_3 为消噪电容。

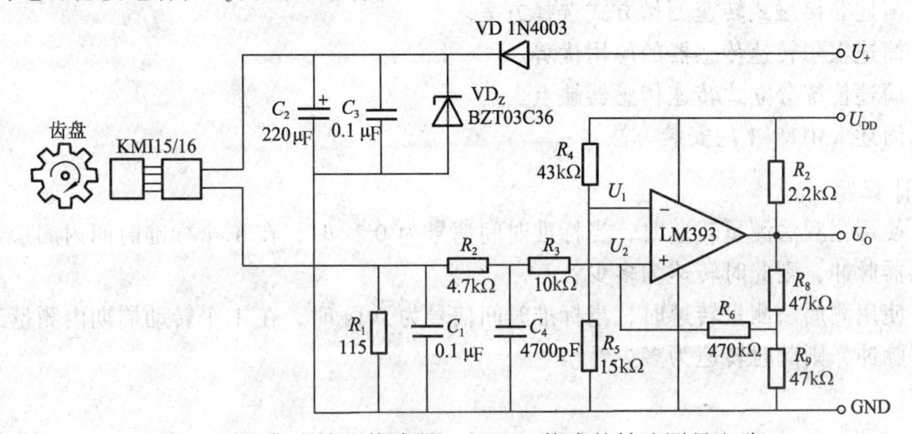

图 8-19　集成转速传感器 KMI15-1 构成的转速测量电路

思考与练习

1．填空题

（1）一般转速测量方法有________法和________法。

（2）转速传感器按安装形式分为________式和________式两类。

（3）非接触式转速测量方式有________、________、________、________。

（4）霍尔转速传感器主要应用于________、________、________和________等设备的运动转速测量。

（5）KMI15-1芯片内含高性能磁钢、磁敏电阻传感器和信号变换IC（集成电路）。其输出的电流信号频率与________成正比，电流信号的变化幅度为________ mA。

2．判断题

（1）转速用 n 表示，单位为转每秒。 （ ）

（2）中高速的速度范围为20～20 000 r/min。 （ ）

（3）测频法又称定时计数法和测周法又称定数计时法。 （ ）

（4）接触式难免产生滑差，因此传感器使用中必须施加一定的正压力或者滚轮表面采用摩擦力系数大的材料，尽可能减小滑差。 （ ）

（5）接触式传感器适合测量5 000 r/min以上转速。 （ ）

（6）非接触式旋转速度传感器寿命长，无须增加补偿电路。 （ ）

（7）遮断式光电测量方案，一般不能用在粉尘较多的场合。 （ ）

（8）电磁式转速传感器具有输出信号大小随转速的变化而变化，响应过慢，抗电磁波干扰能力差等缺点。 （ ）

（9）KMI15-1器件的测量范围宽，灵敏度高，它的齿轮转动频率范围是0～25 kHz，而且即使在转动频率接近于零时，它也能够进行测量。 （ ）

（10）KMI15采用+24 V电源供电。工作温度范围宽达-40～+85℃。 （ ）

3．简答题

（1）根据测频原理框图分析测频法测量转速的原理。

（2）根据测周原理框图分析测周法测量转速的原理。

（3）简述非接触式转速测量方式选择方案。

（4）简述霍尔转速传感器的应用优势。

（5）简述传统分立式转速传感器缺点。

（6）简述KMI15-1的安装方法。

4．计算题

（1）使用测频法测量转速时，当标准时间信号为0.2s时，在1个标准时间内测量到10个转速传感器脉冲，则此时转速为多少？

（2）使用测周法测量转速时，当标准时间信号为0.1s时，在1个转动周期内测量到10个标准时间脉冲，则此时转速为多少？

附表1　B型热电偶分度表

（铂铑30-铂铑6热电偶（B型）$E(t)$分度表热电动势/mV）

T/℃	0	10	20	30	40	50	60	70	80	90
0	0.000	−0.002	−0.003	−0.002	−0.000	0.002	0.006	0.011	0.017	0.025
100	0.033	0.043	0.053	0.065	0.078	0.092	0.107	0.123	0.141	0.159
200	0.178	0.199	0.220	0.243	0.267	0.291	0.317	0.344	0.372	0.401
300	0.431	0.462	0.494	0.527	0.561	0.596	0.632	0.669	0.707	0.746
400	0.787	0.828	0.870	0.913	0.957	1.002	1.048	1.095	1.143	1.192
500	1.242	1.293	1.344	1.397	1.451	1.505	1.561	1.617	1.675	1.733
600	1.792	1.852	1.913	1.975	2.037	2.101	2.165	2.230	2.296	2.363
700	2.431	2.499	2.569	2.639	2.710	2.782	2.854	2.928	3.002	3.078
800	3.154	3.230	3.308	3.386	3.466	3.546	3.626	3.708	3.790	3.873
900	3.957	4.041	4.127	4.213	4.299	4.387	4.475	4.564	4.653	4.734
1000	4.834	4.926	5.018	5.111	5.205	5.299	5.394	5.489	5.585	5.682
1100	5.780	5.878	5.976	6.075	6.175	6.276	6.377	6.478	6.580	6.683
1200	6.786	6.890	6.995	7.100	7.205	7.311	7.417	7.524	7.632	7.740
1300	7.848	7.957	8.066	8.176	8.286	8.397	8.508	8.620	8.731	8.844
1400	8.956	9.069	9.182	9.296	9.410	9.524	9.639	9.753	9.868	9.984
1500	10.099	10.215	10.331	10.447	10.536	10.679	10.796	10.913	11.029	11.146
1600	11.263	11.380	11.497	11.614	11.731	11.848	11.965	12.082	12.199	12.316
1700	12.433	12.549	12.666	12.782	12.898	13.014	13.130	13.246	13.361	13.476
1800	13.591	13.706	13.820							

附表 2　K 型热电偶分度表

（镍铬—镍硅热电偶（K 型）E（t）分度表热电动势/mV）

T/℃	0	10	20	30	40	50	60	70	80	90
−300				−6.458	−6.441	−6.404	−6.344	−6.262	−6.158	−6.035
−200	−5.891	−5.730	−5.550	−5.354	−5.341	−4.913	−4.669	−4.411	−4.138	−3.852
−100	−3.554	−3.243	−2.920	−2.587	−2.243	−1.889	−1.527	−1.156	−0.778	−0.392
0	0.000	0.397	0.798	1.203	1.612	2.023	2.436	2.851	3.267	3.682
100	4.096	4.509	4.920	5.328	5.735	6.138	6.540	6.941	7.340	7.739
200	8.138	8.539	8.940	9.343	9.747	10.153	10.561	10.971	11.382	11.795
300	12.209	12.624	13.040	13.457	13.874	14.293	14.713	15.133	15.554	15.975
400	16.397	16.820	17.243	17.667	18.091	18.561	18.941	19.366	19.792	20.218
500	20.644	21.071	21.497	21.924	22.350	22.766	23.203	23.629	24.055	24.480
600	24.905	25.330	25.755	26.179	26.602	27.025	27.447	27.869	28.289	28.710
700	29.129	29.548	29.965	30.382	30.798	31.213	31.628	32.041	32.453	32.865
800	33.275	33.685	34.093	34.501	34.908	35.313	35.718	36.121	36.524	36.925
900	37.326	37.725	38.124	38.522	38.918	39.314	39.708	40.101	40.949	40.885
1000	41.276	41.665	42.035	42.440	42.826	43.211	43.595	43.978	44.359	44.740
1100	45.119	45.497	45.873	46.249	46.623	46.995	47.367	47.737	48.105	48.473
1200	48.838	49.202	49.565	49.926	50.286	50.644	51.000	51.355	51.708	52.060
1300	52.410	52.759	53.106	53.451	53.795	54.138	54.479	54.819		

附表 3　T 型热电偶分度表

（铜—铜镍合金（康铜）热电偶（T 型）E（t）分度表热电动势/mV）

T/℃	0	10	20	30	40	50	60	70	80	90
−300				−6.258	−6.232	−6.180	−6.105	−6.007	−5.888	−5.735
−200	−5.603	−5.439	−5.261	−5.070	−4.865	−4.648	−4.419	−4.117	−3.923	−3.657
−100	−3.379	−3.089	−2.788	−2.476	−2.153	−1.819	−1.475	−1.121	−0.757	−0.383
0	0.000	0.391	0.790	1.196	1.612	2.036	2.468	2.909	3.358	3.814
100	4.279	4.750	5.228	5.714	6.206	6.704	7.209	7.720	8.237	8.759
200	9.288	9.822	10.362	10.907	11.458	12.013	12.574	13.139	13.709	14.283
300	14.826	15.445	16.032	16.624	17.219	17.819	18.422	19.030	19.641	20.255
400	20.872									

附表 4　E 型热电偶分度表

（镍铬—铜镍合金（康铜）热电偶（E 型）E（t）分度表热电动势/mV）

T/℃	0	10	20	30	40	50	60	70	80	90
−300				−9.835	−9.797	−9.718	−9.604	−9.455	−9.274	−9.036
−200	−8.825	−8.561	−9.273	−7.963	−7.632	−7.297	−6.907	−6.516	−6.107	−5.681
−100	−5.237	−4.777	−4.302	−3.811	−3.306	−2.787	−2.255	−1.709	−1.152	−0.582
0	0.000	0.591	1.192	1.801	2.420	3.048	3.685	4.330	4.985	5.648
100	6.319	6.998	7.685	8.379	9.081	9.789	10.503	11.244	11.951	12.684
200	13.421	14.164	14.912	15.664	16.420	17.181	17.945	18.713	19.484	20.259
300	21.036	21.817	22.600	23.386	24.174	24.964	25.757	26.552	27.384	28.146
400	28.946	29.747	30.550	31.354	32.159	32.965	33.772	34.579	35.387	36.196
500	37.005	37.815	38.624	39.434	40.243	41.053	41.826	42.671	43.479	44.286
600	45.093	45.900	46.705	47.509	48.313	49.116	49.917	50.718	51.517	52.315
700	53.112	53.908	54.703	55.497	56.289	57.080	57.870	58.659	59.446	60.232
800	61.017	61.801	62.583	63.364	64.144	64.922	65.698	66.473	67.246	68.017
900	68.787	69.554	70.319	71.082	71.844	72.603	73.360	74.115	74.869	75.621
1000	76.373									

附表 5　Pt100 热电阻分度表

温度/℃	0	1	2	3	4	5	6	7	8	9
	电阻值/Ω									
-200	18.52									
-190	22.83	22.40	21.97	21.54	21.11	20.68	20.25	19.82	19.38	18.95
-180	27.10	26.67	26.24	25.82	25.39	24.97	24.54	24.11	23.68	23.25
-170	31.34	30.91	30.49	30.07	29.64	29.22	28.80	28.37	27.95	27.52
-160	35.54	35.12	34.70	34.28	33.86	33.44	33.02	32.60	32.18	31.76
-150	39.72	39.31	38.89	38.47	38.05	37.64	37.22	36.80	36.38	35.96
-140	43.88	43.46	43.05	42.63	42.22	41.80	41.39	40.97	40.56	40.14
-130	48.00	47.59	47.18	46.77	46.36	45.94	45.53	45.12	44.70	44.29
-120	52.11	51.70	51.29	50.88	50.47	50.06	49.65	49.24	48.83	48.42
-110	56.19	55.79	55.38	54.97	54.56	54.15	53.75	53.34	52.93	52.52
-100	60.26	59.85	59.44	59.04	58.63	58.23	57.82	57.41	57.01	56.60
-90	64.30	63.90	63.49	63.09	62.68	62.28	61.88	61.47	61.07	60.66
-80	68.33	67.92	67.52	67.12	66.72	66.31	65.91	65.51	65.11	64.70
-70	72.33	71.93	71.53	71.13	70.73	70.33	69.93	69.53	69.13	68.73
-60	76.33	75.93	75.53	75.13	74.73	74.33	73.93	73.53	73.13	72.73
-50	80.31	79.91	79.51	79.11	78.72	78.32	77.92	77.52	77.12	76.73
-40	84.27	83.87	83.48	83.08	82.69	82.29	81.89	81.50	81.10	80.70
-30	88.22	87.83	87.43	87.04	86.64	86.25	85.85	85.46	85.06	84.67
-20	92.16	91.77	91.37	90.98	90.59	90.19	89.80	89.40	89.01	88.62
-10	96.09	95.69	95.30	94.91	94.52	94.12	93.73	93.34	92.95	92.55
0	100.00	99.61	99.22	98.83	98.44	98.04	97.65	97.26	96.87	96.48
0	100.00	100.39	100.78	101.17	101.56	101.95	102.34	102.73	103.12	103.51
10	103.90	104.29	104.68	105.07	105.46	105.85	106.24	106.63	107.02	107.40
20	107.79	108.18	108.57	108.96	109.35	109.73	110.12	110.51	110.90	111.29
30	111.67	112.06	112.45	112.83	113.22	113.61	114.00	114.38	114.77	115.15
40	115.54	115.93	116.31	116.70	117.08	117.47	117.86	118.24	118.63	119.01
50	119.40	119.78	120.17	120.55	120.94	121.32	121.71	122.09	122.47	122.86
60	123.24	123.63	124.01	124.39	124.78	125.16	125.54	125.93	126.31	126.69
70	127.08	127.46	127.84	128.22	128.61	128.99	129.37	129.75	130.13	130.52
80	130.90	131.28	131.66	132.04	132.42	132.80	133.18	133.57	133.95	134.33
90	134.71	135.09	135.47	135.85	136.23	136.61	136.99	137.37	137.75	138.13

续表

温度/℃	0	1	2	3	4	5	6	7	8	9
	电阻值/Ω									
100	138.51	138.88	139.26	139.64	140.02	140.40	140.78	141.16	141.54	141.91
110	142.29	142.67	143.05	143.43	143.80	144.18	144.56	144.94	145.31	145.69
120	146.07	146.44	146.82	147.20	147.57	147.95	148.33	148.70	149.08	149.46
130	149.83	150.21	150.58	150.96	151.33	151.71	152.08	152.46	152.83	153.21
140	153.58	153.96	154.33	154.71	155.08	155.46	155.83	156.20	156.58	156.95
150	157.33	157.70	158.07	158.45	158.82	159.19	159.56	159.94	160.31	160.68
160	161.05	161.43	161.80	162.17	162.54	162.91	163.29	163.66	164.03	164.40
170	164.77	165.14	165.51	165.89	166.26	166.63	167.00	167.37	167.74	168.11
180	168.48	168.85	169.22	169.59	169.96	170.33	170.70	171.07	171.43	171.80
190	172.17	172.54	172.91	173.28	173.65	174.02	174.38	174.75	175.12	175.49
200	175.86	176.22	176.59	176.96	177.33	177.69	178.06	178.43	178.79	179.16
210	179.53	179.89	180.26	180.63	180.99	181.36	181.72	182.09	182.46	182.82
220	183.19	183.55	183.92	184.28	184.65	185.01	185.38	185.74	186.11	186.47
230	186.84	187.20	187.56	187.93	188.29	188.66	189.02	189.38	189.75	190.11
240	190.47	190.84	191.20	191.56	191.92	192.29	192.65	193.01	193.37	193.74
250	194.10	194.46	194.82	195.18	195.55	195.91	196.27	196.63	196.99	197.35
260	197.71	198.07	198.43	198.79	199.15	199.51	199.87	200.23	200.59	200.95
270	201.31	201.67	202.03	202.39	202.75	203.11	203.47	203.83	204.19	204.55
280	204.90	205.26	205.62	205.98	206.34	206.70	207.05	207.41	207.77	208.13
290	208.48	208.84	209.20	209.56	209.91	210.27	210.63	210.98	211.34	211.70
300	212.05	212.41	212.76	213.12	213.48	213.83	214.19	214.54	214.90	215.25
310	215.61	215.96	216.32	216.67	217.03	217.38	217.74	218.09	218.44	218.80
320	219.15	219.51	219.86	220.21	220.57	220.92	221.27	221.63	221.98	222.33
330	222.68	223.04	223.39	223.74	224.09	224.45	224.80	225.15	225.50	225.85
340	226.21	226.56	226.91	227.26	227.61	227.96	228.31	228.66	229.02	229.37
350	229.72	230.07	230.42	230.77	231.12	231.47	231.82	232.17	232.52	232.87
360	233.21	233.56	233.91	234.26	234.61	234.96	235.31	235.66	236.00	236.35
370	236.70	237.05	237.40	237.74	238.09	238.44	238.79	239.13	239.48	239.83
380	240.18	240.52	240.87	241.22	241.56	241.91	242.26	242.60	242.95	243.29
390	243.64	243.99	244.33	244.68	245.02	245.37	245.71	246.06	246.40	246.75
400	247.09	247.44	247.78	248.13	248.47	248.81	249.16	249.50	245.85	250.19
410	250.53	250.88	251.22	251.56	251.91	252.25	252.59	252.93	253.28	253.62
420	253.96	254.30	254.65	254.99	255.33	255.67	256.01	256.35	256.70	257.04
430	257.38	257.72	258.06	258.40	258.74	259.08	259.42	259.76	260.10	260.44
440	260.78	261.12	261.46	261.80	262.14	262.48	262.82	263.16	263.50	263.84
450	264.18	264.52	264.86	265.20	265.53	265.87	266.21	266.55	266.89	267.22
460	267.56	267.90	268.24	268.57	268.91	269.25	269.59	269.92	270.26	270.60
470	270.93	271.27	271.61	271.94	272.28	272.61	272.95	273.29	273.62	273.96
480	274.29	274.63	274.96	275.30	275.63	275.97	276.30	276.64	276.97	277.31
490	277.64	277.98	278.31	278.64	278.98	279.31	279.64	279.98	280.31	280.64

续表

温度/℃	0	1	2	3	4	5	6	7	8	9
	电阻值/Ω									
500	280.98	281.31	281.64	281.98	282.31	282.64	282.97	283.31	283.64	283.97
510	284.30	284.63	284.97	285.30	285.63	285.96	286.29	286.62	286.85	287.29
520	287.62	287.95	288.28	288.61	288.94	289.27	289.60	289.93	290.26	290.59
530	290.92	291.25	291.58	291.91	292.24	292.56	292.89	293.22	293.55	293.88
540	294.21	294.54	294.86	295.19	295.52	295.85	296.18	296.50	296.83	297.16
550	297.49	297.81	298.14	298.47	298.80	299.12	299.45	299.78	300.10	300.43
560	300.75	301.08	301.41	301.73	302.06	302.38	302.71	303.03	303.36	303.69
570	304.01	304.34	304.66	304.98	305.31	305.63	305.96	306.28	306.61	306.93
580	307.25	307.58	307.90	308.23	308.55	308.87	309.20	309.52	309.84	310.16
590	310.49	310.81	311.13	311.45	311.78	312.10	312.42	312.74	313.06	313.39
600	313.71	314.03	314.35	314.67	314.99	315.31	315.64	315.96	316.28	316.60
610	316.92	317.24	317.56	317.88	318.20	318.52	318.84	319.16	319.48	319.80
620	320.12	320.43	320.75	321.07	321.39	321.71	322.03	322.35	322.67	322.98
630	323.30	323.62	323.94	324.26	324.57	324.89	325.21	325.53	325.84	326.16
640	326.48	326.79	327.11	327.43	327.74	328.06	328.38	328.69	329.01	329.32
650	329.64	329.96	330.27	330.59	330.90	331.22	331.53	331.85	332.16	332.48
660	332.79									

附表 6 Cu50 热电阻分度表

（*R*（0℃)=50.00 Ω 工业铜热电阻（Cu50）分度表）

T/℃	0	−1	−2	−3	−4	−5	−6	−7	−8	−9
−40	41.400	41.184	40.969	40.753	40.537	40.322	40.106	39.890	39.674	39.458
−30	43.555	43.339	43.124	42.009	42.693	42.478	42.262	42.047	41.831	41.616
−20	45.706	45.491	45.276	45.061	44.846	44.631	44.416	44.200	43.985	43.770
−10	47.854	47.639	47.425	47.210	46.995	46.780	46.566	46.351	46.136	45.921
−0	50.000	49.786	49.571	49.356	49.142	48.927	48.713	48.498	48.284	48.069
T/℃	0	1	2	3	4	5	6	7	8	9
0	50.000	50.214	50.429	50.643	50.858	51.072	51.386	51.505	51.715	51.929
10	52.144	52.358	52.572	52.786	53.000	53.215	53.429	53.643	53.857	54.071
20	54.285	54.500	54.714	51.928	55.142	55.356	55.570	55.784	55.988	56.071
30	56.426	56.640	56.854	57.068	57.282	57.496	57.710	57.924	58.137	58.351
40	58.565	58.779	58.993	59.207	59.421	59.635	59.848	60.062	60.276	60.490
50	60.704	60.918	61.132	61.345	61.559	61.773	61.987	62.201	62.415	62.628
60	62.842	63.056	63.270	63.484	63.698	63.911	64.125	64.339	64.553	64.767
70	64.981	65.194	65.408	65.622	65.836	66.050	66.246	66.478	66.692	66.906
80	67.120	67.333	67.547	67.761	67.975	68.189	68.403	68.617	68.831	69.045
90	69.259	69.473	69.687	69.901	70.115	70.329	70.544	70.726	70.972	71.186
100	71.400	71.614	71.828	72.042	72.257	72.471	72.685	72.899	73.114	73.328
110	73.542	73.751	73.971	74.185	74.400	74.614	74.828	75.043	75.258	75.472
120	75.686	75.901	76.115	76.330	76.545	76.759	76.974	77.189	77.404	77.618
130	77.833	78.048	78.263	78.477	78.692	78.907	79.122	79.337	79.552	79.767
140	79.982	80.197	80.412	80.627	80.834	81.058	81.273	81.788	81.704	81.919
150	82.134									

参 考 文 献

[1] 冯成龙.传感器应用技术项目化教程[M]. 北京：清华大学出版社，2009.

[2] 崔维群.自动检测技术及应用[M]. 北京：国防工业出版社，2009.

[3] 周润景，郝晓霞.传感器与检测技术[M]. 北京：电子工业出版社，2009.

[4] 陈圣林.图解传感器技术及应用电路[M]. 北京：中国电力出版社，2009.

[5] 刘君华，等.传感器技术及应用实例[M]. 北京：电子工业出版社，2008.

[6] 徐余凯.传感器应用电路 300 例[M]. 北京：电子工业出版社，2008.

[7] 王煜东.传感器应用技术[M]. 北京：西安电子科技大学出版社，2006.

[8] 金发庆.传感器技术与应用[M]. 2 版. 北京：机械工业出版社，2006.

[9] 于彤.传感器原理及应用[M].北京：机械工业出版社，2009.